Deepen Your Mind

前言

　　三年前，CSDN 推出了一個產品——ink，旨在提供一個高品質寫作環境。那時，我想寫一系列關於設計模式的文章，於是就在 ink 裡開始寫作，陸陸續續寫了三篇文章，後來不知道什麼原因這個產品下架了，我的三篇文章也沒了，這事也就一直被我擱置下來。直到 2017 年，知識付費盛行，各類付費的社區、產品如雨後春筍般崛起，而技術類的付費閱讀產品更是大行其道（GitChat 便是其中一種）。在 GitChat 的盛情邀請之下，我寫作設計模式這一系列文章的想法又重新被點燃。2017 年年底，我開始在 GitChat 上寫「從生活中領悟設計模式（Python）」課程。2018 年，我對這一課程進行了一次升級。

　　隨著這一課程被越來越多的讀者熟知，不少出版社編輯找到我，他們覺得這一課程的內容非常有特色，希望能把它重新整理，出版成書，於是便有了本書。

本書的特色

　　設計模式作為物件導向程式的設計思維和方法論，本身是非常抽象和難以理解的，需要有一定的程式碼量和程式設計經驗才能更深入地理解。如果能用一種有趣的方式來講解設計模式，將會使這些枯燥乏味的概念變得更易於理解！

　　本書每一章以一個輕鬆有趣的小故事開始，然後用程式碼來模擬故事劇情，再從模擬程式碼中逐步提煉出設計模式的模型和原理，最後配合一個具體的應用案例，告訴你每一種模式的使用方法和應用場景。以由淺入深的方式帶你瞭解每一種模式，思考每一種模式，總結每一種模式。

　　本書力求用更通俗的語言闡述難懂的概念，用更簡單的語法實現複雜的邏輯，用更短小的程式碼寫出強悍的程式！希望能帶給讀者一種全新的閱讀體驗和思考方式。

內容概述

本書分為 3 篇：

- 「基礎篇」講解了 23 種經典設計模式，其中 19 種常用設計模式分別用單獨的章節講解，其餘設計模式作為一個合集放在一章中講解；

- 「進階篇」講解了由基礎設計模式衍生出的各種程式設計機制，包括篩檢程式模式、物件集區技術、回檔機制和 MVC 模式，它們在各大程式設計語言中都非常重要而且常見；

- 「經驗篇」結合工作經驗和專案積累，分享了對設計模式、設計原則、專案重構的理解和看法。

讀者對象

一線互聯網軟體發展者

如果你想提升物件導向的思維方式，提高自己的軟體設計能力，本書會對你非常有幫助。本書每一章會抽象和總結出對應設計模式的模型和原理，並結合具體的應用案例告訴你該模式的應用場景、特點和注意事項。

IT 職場新人

如果你是 IT 新人，想透過學習設計模式來提升自己的技術能力和程式碼理解能力，本書將非常適合你。本書每一章以一個輕鬆有趣的小故事開始，由淺入深地講述一個模式，讓你輕鬆愉悅地學會每一種模式。

對設計模式和程式設計思維感興趣的人士

設計模式能讓你的程式碼具有更高的再使用性、更好的靈活性和可拓展性，更易被人閱讀和理解，因此學習設計模式是每一個程式師程式設計生涯中必不可少的一個環節。

為什麼叫設計模式

什麼是設計模式

設計模式最初是由 GoF 於 1995 年提出的。GoF 全稱是 Gang of Four（四人幫），即 Erich Gamma、Richard Helm、Ralph Johnson 和 John Vlissides。他們四人於 1995 年出版了一本書 *Design Patterns: Elements of Reusable Object-Oriented Software*（翻譯成中文是《設計模式：可複用物件導向軟體的基礎》），第一次將設計模式提升到理論高度，並將之規範化，該書提出了 23 種經典的設計模式。

設計模式是一套被反覆使用、多數人知曉、無數工程師實踐的程式碼設計經驗的總結，它是物件導向思維的高度提煉和範本化。使用設計模式是為了讓程式碼具有更高的再使用性、更好的靈活性和可拓展性，更易被人閱讀和理解。

設計模式與生活有什麼聯繫

我一直堅信：**程式源于生活，又高於生活！程式的靈魂在於思維的方式，而思維的靈感來源於精彩的生活**。互聯網是一個虛擬的世界，而程式本身就是對生活場景的虛擬和抽象，每一種模式我都能在生活中找到它的影子。比如，說到狀態模式，我能想到水有固、液、氣三種狀態，而人也有少、壯、老三個階段；提起仲介模式，我能立刻想到房產仲介；看到裝飾模式，我能聯想到人的穿衣搭配……

設計模式是物件導向的高度抽象和總結，而越抽象的東西越難以理解。本書的寫作目的就是降低設計模式的閱讀門檻，以生活中的小故事開始，用風趣的方式，由淺入深地講述每一種模式。讓你再次看到設計模式時，不覺得它只是一種模式，還是生活中的一個「小確幸」！**程式不是冷冰冰的程式碼，它還有生活的樂趣和特殊意義**。

為什麼要學設計模式

設計模式是軟體發展人員在軟體發展過程中面臨的一般問題的解決方案。這些解決方案是眾多軟體發展人員經過相當長的一段時間的試驗總結出來的。所以不管你是新手還是老手，學習設計模式對你都有莫大的幫助。

學習設計模式的理由有很多，這裡只列出幾個最實際的：

（1）擺脫面試的窘境，不管你是前端工程師還是後端工程師，或是全端工程師，設計模式都是不少面試官必問的。

（2）讓你的程式設計能力有一個質的提升，不再寫一堆結構複雜、難以維護的爛程式碼。

（3）使你對物件導向的思維有一個更高層次的理解。

如何進行學習

熟悉一門物件導向語言

首先，你至少要熟悉一門物件導向的電腦語言。如果沒有，請根據自己的興趣、愛好或希望從事的工作，先選擇一門物件導向語言（C++、Java、Go、Python 等都可以）進行學習和實戰，對抽象、繼承、多態、封裝有一定的基礎之後，再來閱讀本書。

本書是以 Python 為實作物件導向之電腦語言。

瞭解 Python 的基本語法

對 Python 的基本語法有一個簡單瞭解。Python 的語法非常簡單，只要你有一定的（其他）程式設計語言基礎，透過「第 0 章 啟程之前，請不要錯過我」的學習就能很快地理解 Python 的語法。

學會閱讀 UML 圖

UML（Unified Modeling Language）稱為統一模組化語言或標準建模語言，是物件導向軟體的標準化建模語言。UML 類別圖表示不同的實體（人、事物和資料）如何彼此相關，換句話說，它顯示了系統的靜態結構。想進一步瞭解類別圖中的各種關係，可參考閱讀「第 0 章 啟程之前，請不要錯過我」的「0.2　UML 精簡概述」部分。

閱讀本書

透過閱讀本書內容，可以輕鬆愉快地學習設計模式和程式設計思維。本書「基礎篇」「進階篇」「經驗篇」的內容是逐步進階和提升的，但每一篇內的不同章之間是沒有閱讀的先後順序的（第 0 章和有特殊說明的除外），每一章都單獨成文，可從任意一章開始閱讀。例如,對於基礎篇的 23 種設計模式,你可以從中任意挑選一章開始閱讀。

為什麼選擇 Python

雖然設計模式與程式設計語言沒有關係,它是對物件導向思維的靈活應用和高度概括,你可以用任何一種語言來實現它,但總歸是需要用一種語言進行舉例的。本書的所有程式實例均使用 Python 編寫(有特殊說明的除外),選擇 Python 主要基於以下兩個原因。

彌補市場空缺

設計模式於 1995 由 GoF 提出,被廣泛應用於熱門的物件導向語言。目前用 Java、C++ 描述的設計模式的書籍和資料已經非常多了,但用 Python 來描述的真是太少了;我在當當網上搜尋「Python 設計模式」,只有零星的幾本書。而對於程式設計語言中排名第一的 Python 語言,這明顯是不夠的。Python 已經越來越成熟,也越來越多地被使用,作為一個追求技術的 IT 人,有必要瞭解以 Python 程式碼為基礎的設計模式。

大勢所趨,Python 已然成風

C 語言誕生於 1972 年,卻隨著 UNIX 的誕生才深深根植於各大作業系統;C++ 誕生於 1983 年,卻因微軟的視覺化桌面作業系統才得以廣泛傳播;Java 誕生於 1995 年,卻因互聯網的迅速崛起才變得家喻戶曉;Python 誕生於 1991 年,而下一場技術革命已然開始,AI 時代已然到來,在 AI 領域中已經被廣泛使用的 Python 必將成為下一個時代的第一開發語言!

最熱門的 AI 開源框架 PyTorch 和 TensorFlow 都已經採用了 Python 作為介面和開發語言。除此之外,還有一堆 AI 相關的框架庫,也都紛紛採用了 Python,如SKlearn、PyML 等。一門如此有前途的語言,我們必然是要去學習和使用的。

勘誤和支持

由於本人水準和經驗有限,書中難免會有一些錯誤或理解不準確的地方,懇請廣大讀者批評指正。

如果你在閱讀過程中發現錯誤，或有更好的建議，歡迎發郵件給我（E-mail：luoweifu@ 126.com，永久有效）。

最新的勘誤內容可透過以下方式查看：關注公眾號「SunLogging」，在功能表列中選擇「我的書箱」→「最新勘誤」。

致謝

從在 GitChat 上寫課程，到與出版社合作，寫完本書的書稿，大概經歷了一年半的時間，經過無數次與編輯的反覆校對。寫作是一件非常考驗人耐心和細心的事，為了讓讀者更易理解，有些章節我進行了反覆的推敲和修改。比如，為了講清楚單例模式的每一種實現方式的原理，硬是增加兩個附錄，閱讀了十幾篇文章，並做了驗證性的實驗，整整花了三周時間才寫完。

感謝每一位在本書寫作過程中給予幫助的人，是你們的鼓勵和支持，才讓本書能順利完成。在此，要特別感謝電子出版社的首席策劃編輯董英，在寫書過中給予的諸多建議；也感謝GitChat的編輯馬翠翠，在寫線上課程「從生活中領悟設計模式（Python）」時給予的很多幫助；還要感謝 Sophia「小朋友」，在原書封面設計過程中提出的非常細緻的改進意見！最後，我也要感謝我的朋友和同事對我寫書的鼓勵和支持。

（編註：為維持作者原創性，書中部分內文維持作者原作之簡體中文語意）

目錄

第一篇　基礎篇

第 5 章　單例模式 (Singleton Pattern)

第 6 章　克隆模式 (Clone Pattern)

第 7 章　職責模式 (Chain of Responsibility Pattern)

第 8 章　代理模式 (Proxy pattern)

第 9 章　面板模式 (Facade Pattern)

第 10 章　反覆運算模式 (Iterator Pattern)

第 11 章　組合模式 (Composite Pattern)

第 12 章　構建模式 (Builder Pattern)

第 13 章　適配模式 (Wrapper Pattern)

第 14 章　策略模式 (Strategy Pattern)

第 15 章　工廠模式 (Factory Pattern)

第 16 章　命令模式 (Command Pattern)

第 17 章　備忘模式 (Memento Pattern)

第 18 章 享元模式 (Flyweight Pattern)

第 19 章 存取模式 (Visitor Pattern)

第 20 章　其他經典設計模式

第二篇　進階篇

第 21 章　深入解讀篩檢程式模式

第 22 章　深入解讀物件集區技術

第 23 章　深入解讀回檔機制

第 24 章　深入解讀 MVC 模式

第三篇　經驗篇

第 25 章　關於設計模式的理解

第 26 章　關於設計原則的思考

第 27 章　關於專案重構的思考

附錄 A　23 種經典設計模式的索引對照表

附錄 B　Python 中 _new_、_init_ 和 _call_ 的用法

附錄 C　Python 中 metaclass 的原理

第一篇

基礎篇

第 0 章

啟程之前，請不要錯過我

0.1　Python 精簡入門

　　設計模式與程式設計語言沒有關係，它是對物件導向思維的靈活應用和高度概括，你可以用任何一種語言來實現它，但還是需要用一種語言來舉例。除特別說明外，本書的所有程式實例，均採用 Python 實現。如果你初次接觸 Python，請務必先閱讀本章的內容；如果你已經很熟悉 Python，可直接跳過本章的內容。

0.1.1　Python 的特點

　　Python 崇尚優美、清晰、簡單，是一種優秀並被廣泛使用的語言。

　　與 Java 和 C++ 這些語言相比，Python 最大的幾個特點是：

　　（1）語句結束不用分號 ";"。

　　（2）程式碼區塊用縮進來控制，而不用大括弧 "{}"。

　　（3）變數使用前不用事先聲明。

　　從其他語言剛轉到 Python 的時候可能會有點不適應，用一段時間就好了！

　　個人覺得，所有高階電腦語言中，Python 是最接近人類的自然語言。Python 的語法、風格都與英文的書寫習慣非常接近，Python 的這種風格被稱為 Pythonic。如條件運算式，在 Java 和 C++ 語言中是這樣的：

```
int min = x < y ? x : y
```

　　而在 Python 語言中是這樣的：

```
min = x if x < y else y
```

　　有沒有覺得第二種方式更接近人類的自然思維？

0.1.2　基本語法

① 資料類型

　　Python 是一種動態語言，定義變數時不需要在前面加類型說明，而且不同類型之間可以方便地相互轉換。Python 有六個標準的資料類型：

（1）Numbers（數字）

（2）String（字串）

（3）List（列表）

（4）Tuple（元組）

（5）Dictionary（字典）

（6）Set（集合）

其中 List、Tuple、Dictionary、Set 為容器，將在下一部分介紹。Python 支援四種不同的數位類型：int（有符號整型）、float（浮點型）、complex（複數）（說明：Python 3 中已去除 long 類型，與 int 類型合併）。

每個變數在使用前都必須賦值，變數賦值以後才會被建置。

程式實例 p0_1.py

```
# p0_1py
age = 18        # int
weight = 62.51  # float
name = "Tony"       # string
print("age:", age)
print("weight:", weight)
print("name:", name)
# 變數的類型可以直接改變
age = name
print("age:", age)


a = b = c = 5
# a、b、c 三個變數指向相同的記憶體空間，具有相同的值
print("a:", a, "b:", b, "c:", c)
print("id(a):", id(a), "id(b):", id(b), "id(c):", id(c))
```

執行結果
```
================= RESTART: D:/Design_Patterns/ch0/p0_1.py =================
age: 18
weight: 62.51
name: Tony
age: Tony
a: 5 b: 5 c: 5
id(a): 1474152640 id(b): 1474152640 id(c): 1474152640
```

1）List

List（列表）是 Python 中使用最頻繁的資料類型，用 "[ ]" 標識。清單可以完成大多數集合類的資料結構實現，類似於 Java 中的 ArrayList 和 C++ 中的 Vector。此外，一個 List 中還可以同時包含不同類型的資料，支援字元、數位、字串，甚至可以包含清單（即嵌套）。

（1）列表中值的切割也可以用到變數 [頭下標 : 尾下標]，這樣就可以截取相應的列表，從左到右索引預設從 0 開始，從右到左索引預設從 -1 開始，下標可以為空（表示取到頭或尾）。

（2）加號（ + ）是列表連接運算子，星號（ * ）是重複操作。

程式實例 p0_2.py

```
# p0_2.py
list = ['Thomson', 78, 12.58, 'Sunny', 180.2]
tinylist = [123, 'Tony']
print("list:", list)  # 輸出完整列表
print("list[0]:", list[0])  # 輸出清單的第一個元素
print("list[1:3]:", list[1:3])  # 輸出第二個至第三個元素
print("list[2:]:", list[2:])  # 輸出從第三個開始至清單末尾的所有元素
print("tinylist * 2 :", tinylist * 2)  # 輸出列表兩次
print("list + tinylist :", list + tinylist)  # 列印組合的清單
list[1] = 100
print(" 設置 list[1]:", list)  # 輸出完整列表
list.append("added data")
print("list 添加元素 :", list)  # 輸出增加後的列表
```

執行結果

```
================== RESTART: D:/Design_Patterns/ch0/p0_2.py ==================
list: ['Thomson', 78, 12.58, 'Sunny', 180.2]
list[0]: Thomson
list[1:3]: [78, 12.58]
list[2:]: [12.58, 'Sunny', 180.2]
tinylist * 2 : [123, 'Tony', 123, 'Tony']
list + tinylist : ['Thomson', 78, 12.58, 'Sunny', 180.2, 123, 'Tony']
設置list[1]: ['Thomson', 100, 12.58, 'Sunny', 180.2]
list添加元素: ['Thomson', 100, 12.58, 'Sunny', 180.2, 'added data']
```

2）Tuple

Tuple（元組）是另一種資料類型，用 "()" 標識，內部元素用逗號隔開。元組不能二次賦值，相當於唯讀列表，用法與 List 類似。Tuple 相當於 Java 中的 final 陣列和 C++ 中的 const 陣列。

程式實例 p0_3.py

```
# p0_3.py
tuple = ('Thomson', 78, 12.58, 'Sunny', 180.2)
tinytuple = (123, 'Tony')
print("tuple:", tuple)  # 輸出完整元組
print("tinytuple:", tinytuple)  # 輸出完整元組
print("tuple[0]:", tuple[0])  # 輸出元組的第一個元素
print("tuple[1:3]:", tuple[1:3])  # 輸出第二個至第三個元素
print("tuple[2:]:", tuple[2:])  # 輸出從第三個開始至清單末尾的所有元素
print("tinytuple * 2:", tinytuple * 2)  # 輸出元組兩次
print("tuple + tinytuple:", tuple + tinytuple)  # 列印組合的元組
# tuple[1] = 100 # 不能修改元組內的元素
```

執行結果

```
================= RESTART: D:/Design_Patterns/ch0/p0_3.py =================
tuple: ('Thomson', 78, 12.58, 'Sunny', 180.2)
tinytuple: (123, 'Tony')
tuple[0]: Thomson
tuple[1:3]: (78, 12.58)
tuple[2:]: (12.58, 'Sunny', 180.2)
tinytuple * 2: (123, 'Tony', 123, 'Tony')
tuple + tinytuple: ('Thomson', 78, 12.58, 'Sunny', 180.2, 123, 'Tony')
```

3）Dictionary

Dictionary（字典）是 Python 中除列表以外最靈活的內置資料結構類型。字典用 "{ }" 標識，由索引（key）和它對應的值 value 組成。相當於 Java 和 C++ 中的 Map。

清單是有序的物件集合，字典是無序的物件集合。兩者之間的區別在於：字典中的元素透過鍵存取，而不透過偏移存取。

程式實例 p0_4.py

```
# p0_4.py
dict = {}
dict['one'] = "This is one"
```

```
dict[2] = "This is two"
tinydict = {'name': 'Tony', 'age': 24, 'height': 177}

print("tinydict:", tinydict) # 輸出完整的字典
print("tinydict.keys():", tinydict.keys())  # 輸出所有鍵
print("tinydict.values():", tinydict.values())  # 輸出所有值
print("dict['one']:", dict['one'])  # 輸出鍵為 'one' 的值
print("dict[2]:", dict[2])  # 輸出鍵為 2 的值
```

執行結果

```
================= RESTART: D:/Design_Patterns/ch0/p0_4.py =================
tinydict: {'name': 'Tony', 'age': 24, 'height': 177}
tinydict.keys(): dict_keys(['name', 'age', 'height'])
tinydict.values(): dict_values(['Tony', 24, 177])
dict['one']: This is one
dict[2]: This is two
```

③ **類別的定義**

　　使用 class 語句來創建一個新類別，class 之後為類別的名稱並以冒號結尾，實例如下：

```
class ClassName:
    ' 類別的説明資訊 '         # 類別文檔字串
    class_suite    # 類別體
```

　　類別的説明資訊可以透過 ClassName._doc_ 查看，類別體（class_suite）由類別成員、方法、資料屬性組成，舉例如下。

程式實例 p0_5.py

```
# P0_5.py
class Test:
    " 這是一個測試類別別 "
    def _init_(self):
        self._ivalue = 5
    def getvalue(self):
        return self._ivalue
```

　　其中 _init_ 為初始化函數，相當於構造函數。

1）存取權限

foo：定義的是特殊方法，一般是系統定義名字，類似 _init_()。

_foo：以單底線開頭時表示的是 protected 類型的變數，即保護類型只允許其本身與子類別進行存取，不能用於 from module import *。

_foo：以雙底線開頭時，表示的是私有類型（private）的變數，即只允許這個類別本身進行存取。

2）類別的繼承

類別的繼承語法結構如下：

```
class 派生類別名（基類別名）：類別體
```

Python 中繼承中的一些特點：

（1）在繼承中基類別的初始化方法 _init_() 不會被自動呼叫，它需要在其派生類別的構造中親自專門呼叫。

（2）在呼叫基類別的方法時，需要使用 super() 首碼。

（3）Python 總是首先查找對應類別型的方法，不能在派生類別中找到對應的方法時，它才開始到基類別中逐個查找（先在本類別中查找呼叫的方法，找不到才去基類別中找）。

如果在繼承元組中列了一個以上的類別，那麼它就被稱作 " 多重繼承 "。

3）基礎重載方法

Python 的類別中有很多內置的基礎重載方法，我們可以透過重寫這些方法來實現一些特殊的功能。這些方法如表 0-1 所示。

表 0-1 基礎重載方法

序號	方　　法	描　　述	簡單的呼叫
1	_init_ (self [,args...])	構造函數	obj = className(args)
2	_del_(self)	析構方法，刪除一個物件	del obj
3	_repr_(self)	轉化為供解譯器讀取的形式	repr(obj)
4	_str_ (self)	用於將值轉化為適於人閱讀的形式	str(obj)
5	_cmp_ (self, x)	物件比較	cmp(obj, x)

0.1.3　一個例子讓你頓悟

我們將一段 Java 程式碼對應到 Python 中來實現，進行對比閱讀，相信你很快就能明白其中的用法。

程式實例　Java 程式碼

```java
class Person {
    public static int visited;
    Person(String name, int age, float height) {
        this.name = name;
        this.age = age;
        this.height = height;
    }
    public String getName() {
        return name;
    }
    public int getAge() {
        return age;
    }
    public void showInfo() {
        System.out.println("name:" + name);
        System.out.println("age:" + age);
        System.out.println("height:" + height);
        System.out.println("visited:" + visited);
        Person.visited ++;
    }
    private String name;
    protected int age;
    public  float height;
}

class Teacher extends Person {
    Teacher(String name, int age, float height) {
        super(name, age, height);
    }
    public String getTitle() {
        return title;
```

```java
    }
    public void setTitle(String title) {
        this.title = title;
    }
    public void showInfo() {
        System.out.println("title:" + title);
        super.showInfo();
    }
    private String title;
}
public class Test {
    public static void main(String args[]) {
        Person tony = new Person("Tony", 25, 1.77f);
        tony.showInfo();
        System.out.println();
        Teacher jenny = new Teacher("Jenny", 34, 1.68f);
        jenny.setTitle(" 教授 ");
        jenny.showInfo();
    }
}
```

程式實例 p0_7.py　對應的 Python 程式碼

```python
# p0_7.py
class Person:
    " 人 "
    visited = 0
    def _init_(self, name, age, height):
        self._name = name          # 私有成員，存取權限為 private
        self._age = age            # 保護成員，存取權限為 protected
        self.height = height       # 公有成員，存取權限為 public
    def getName(self):
        return self._name
    def getAge(self):
        return self._age
    def showInfo(self):
        print("name:", self._name)
        print("age:", self._age)
```

```python
        print("height:", self.height)
        print("visited:", self.visited)
        Person.visited = Person.visited +1

class Teacher(Person):
    " 老師 "
    def _init_(self, name, age, height):
        super()._init_(name, age, height)
        self._title = None
    def getTitle(self):
        return self._title
    def setTitle(self, title):
        self._title = title
    def showInfo(self):
        print("title:", self._title)
        super().showInfo()

def testPerson():
    " 測試方法 "
    tony = Person("Tony", 25, 1.77)
    tony.showInfo()
    print();
    jenny = Teacher("Jenny", 34, 1.68);
    jenny.setTitle(" 教授 ");
    jenny.showInfo();

testPerson()
```

程式實例 0-6 和程式實例 0-7 的結果是一樣的，如下：

```
================== RESTART: D:/Design_Patterns/ch0/p0_7.py ==================
name: Tony
age: 25
height: 1.77
visited: 0

title: 教授
name: Jenny
age: 34
height: 1.68
visited: 1
```

0.1.4　重要說明

（1）為了降低程式複雜度，本書用到的所有範例程式碼均不考慮多執行緒安全，請讀者注意。

（2）本書所有程式實例均在 Python 3.6.3 下編寫，Python 3.0 以上都可正常運行。

（3）源碼位址：https://github.com/luoweifu/PyDesignPattern，本書所有簡體中文原始程式碼可在此免費閱讀和下載。繁體中文請至深智數位公司官網下載。

0.2　UML 精簡概述

0.2.1　UML 的定義

UML 是英文 Unified Modeling Language 的縮寫，簡稱 UML（統一模組化語言），它是一種由一整套圖組成的標準化建模語言，用於說明系統開發人員闡明、設計和構建軟體系統。

UMI 的這一整套圖被分為兩組，一組叫結構性圖，包含類別圖、組件圖、部署圖、物件圖、包圖、組合結構圖、輪廓圖；一組叫行為性圖，包含用例圖、活動圖（也叫流程圖）、狀態機圖、序列圖、通信圖、交互圖、時序圖。其中類別圖是應用最廣泛的一種圖，經常被用於軟體架構設計中。

0.2.2　常見的關係

類別圖用於表示不同的實體（人、事物和資料），以及它們彼此之間的關係。該圖描述了系統中物件的類型以及它們之間存在的各種靜態關係，是一切物件導向方法的核心建模工具。

UML 類別圖中最常見的幾種關係有：泛化（Generalization）、實現（Realization）、組合（Composition）、聚合（Aggregation）、關聯（Association）和依賴（Dependency）。這些關係的強弱順序為：泛化 = 實現 > 組合 > 聚合 > 關聯 > 依賴。

1. 泛化

泛化（Generalization）是一種繼承關係，表示一般與特殊的關係，它指定了子類別如何特化父類別的所有特徵和行為。

如：哺乳動物具有恒溫、胎生、哺乳等生理特徵，貓和牛都是哺乳動物，也都具有這些特徵，但除此之外，貓會捉老鼠，牛會耕地，如圖 0-1 所示。

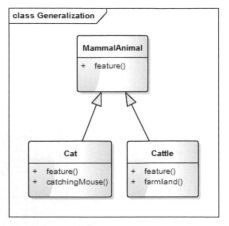

圖 0-1　泛化

2. 實現

實現（Realization）是一種類別與介面的關係，表示類別是介面所有特徵和行為的實現。

如：蝙蝠也是哺乳動物，它除具有哺乳動物的一般特徵之外，還會飛，我們可以定義一個 IFlyable 的介面，表示飛行的動作，而蝙蝠需要實現這個介面，如圖 0-2 所示。

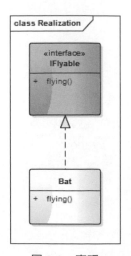

圖 0-2　實現

3. 組合

組合（Composition）也表示整體與部分的關係，但部分離開整體後無法單獨存在。因此，組合與聚合相比是一種更強的關係。

如：我們的電腦由 CPU、主機板、硬碟、記憶體組成，電腦與 CPU、主機板、硬碟、記憶體是整體與部分的關係，但如果讓 CPU、主機板等元件單獨存在，就無法工作，因此沒有意義，如圖 0-3 所示。

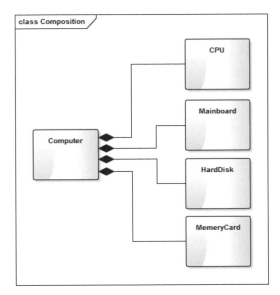

圖 0-3　組合

4. 聚合

聚合（Aggregation）是整體與部分的關係，部分可以離開整體而單獨存在。

如：一個公司會有多個員工，但員工可以離開公司單獨存在，離職了依然可以好好地活著，如圖 0-4 所示。

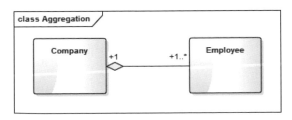

圖 0-4　聚合

5. 關聯

關聯（Association）是一種擁有關係，它使一個類別知道另一個類別的屬性和方法。關聯可以是雙向的，也可以是單向的。

如：一本書會有多個讀者，一個讀者也可能會有多本書，書和讀者是一種雙向的關係（也就是多對多的關係）；但一本書通常只會有一個作者，是一種單向的關係（就是一對一的關係，也可能是一對多的關係，因為一個作者可能會寫多本書），如圖 0-5 所示。

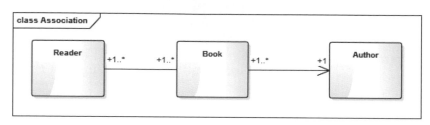

圖 0-5　關聯

6. 依賴

依賴（Dependency）是一種使用的關係，即一個類別的實現需要另一個類別的協助，所以儘量不要使用雙向的互相依賴。

如：所有的動物都要吃東西才能生存，動物與食物就是一種依賴關係，動物依賴食物而生存，如圖 0-6 所示。

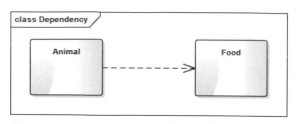

圖 0-6　依賴

第 1 章

監聽模式 (Observer Pattern)

1.1　從生活中領悟監聽模式

1.1.1　故事劇情—幻想中的智慧熱水器

　　剛剛大學畢業的 Tony 隻身來到北京這個大城市，開始了北漂生活。但剛剛畢業的他身無絕技、包無分文，為了生活只能住在沙河鎮一個偏僻的村子裡，每天坐著程式師專線（13 號線）穿梭於昌平區與西城區⋯⋯

　　在寒冷的冬天，Tony 坐 2 個小時的 " 地鐵＋公交 " 回到住處，拖著疲憊的身體，準備洗一個熱水澡暖暖身體，奈何簡陋的房子中用的還是 20 世紀 90 年代的熱水器。因為熱水器沒有警報，更沒有自動切換模式的功能，所以燒熱水必須得守著，不然時間長了成 " 殺豬燙 "，時間短了又 " 冷成狗 "。無奈的 Tony 背靠著牆，頭望著天花板，深夜中做起了白日夢：一定要努力工作，過兩個月我就可以自己買一個智慧熱水器了，水燒好了就發一個警報，我就可以直接去洗澡。還要能自己設定模式，既可以燒開了用來喝，又可以燒暖了用來洗澡⋯⋯

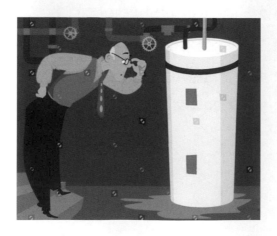

1.1.2　用程式來類比生活

　　Tony 陷入白日夢中⋯⋯他的夢雖然不能在現實世界中立即實現，但在程式世界裡可以。程式來源於生活，下面我們就用程式碼來模擬 Tony 的白日夢。

程式實例 p1_1.py　模擬故事劇情

```
#p1_1.py
from abc import ABCMeta, abstractmethod
# 引入 ABCMeta 和 abstractmethod 來定義抽象類別和抽象方法

class WaterHeater:
    """ 熱水器：戰勝寒冬的有利武器 """
    def _init_(self):
        self._observers = []
        self._temperature = 25
    def getTemperature(self):
        return self._temperature
    def setTemperature(self, temperature):
        self._temperature = temperature
        print(" 當前溫度是：" + str(self._temperature) + " ")
        self.notifies()
    def addObserver(self, observer):
        self._observers.append(observer)
    def notifies(self):
        for o in self._observers:
            o.update(self)


class Observer(metaclass=ABCMeta):
    " 洗澡模式和飲用模式的父類別 "
    @abstractmethod
    def update(self, waterHeater):
        pass


class WashingMode(Observer):
    """ 該模式用於洗澡 """
    def update(self, waterHeater):
        if waterHeater.getTemperature() >= 50 and waterHeater.getTemperature() < 70:
            print(" 水已燒好！溫度正好，可以用來洗澡了。")


class DrinkingMode(Observer):
    """ 該模式用於飲用 """
    def update(self, waterHeater):
        if waterHeater.getTemperature() >= 100:
```

```
            print(" 水已燒開！可以用來飲用了。")

heater = WaterHeater()
washingObser = WashingMode()
drinkingObser = DrinkingMode()
heater.addObserver(washingObser)
heater.addObserver(drinkingObser)
heater.setTemperature(40)
heater.setTemperature(60)
heater.setTemperature(100)
```

執行結果

```
================= RESTART: D:\Design_Patterns\ch1\p1_1.py =================
當前溫度是：40℃
當前溫度是：60℃
水已燒好！溫度正好，可以用來洗澡了。
當前溫度是：100℃
水已燒開！可以用來飲用了。
```

1.2　從劇情中思考監聽模式

　　這個程式碼非常簡單，水溫在 50 ～ 70 時，會發出警告：可以用來洗澡了！水溫在 100 時也會發出警告：可以用來飲用了！在這裡洗澡模式和飲用模式扮演了監聽的角色，而熱水器則是被監聽的物件。一旦熱水器中的水溫度發生變化，監聽者就能即時知道並做出相應的判斷和動作。這就是程式設計中監聽模式的生動展現。

1.2.1　什麼是監聽模式

> Define a one-to-many dependency between objects so that when one object changes state, all its dependents are notified and updated automatically.
>
> 在物件間定義一種一對多的依賴關係，當這個物件狀態發生改變時，所有依賴它的物件都會被通知並自動更新。

　　監聽模式是一種一對多的關係，可以有任意個（一個或多個）觀察者物件同時監聽某一個物件。監聽的物件叫觀察者（後面提到監聽者，其實就指觀察者，兩者是相同的），被監聽的物件叫被觀察者（Observable，也叫主題，即 Subject）。被觀察者物件在狀態或內容（資料）發生變化時，會通知所有觀察者物件，使它們能夠做出相應的變化（如自動更新自己的資訊）。

1.2.2 監聽模式設計思維

　　監聽模式又稱觀察者模式，顧名思義就是觀察與被觀察的關係。比如你在燒開水的時候看著它開了沒，你就是觀察者，水就是被觀察者；再比如你在帶小孩，你關注他是不是餓了，是不是渴了，是不是撒尿了，你就是觀察者，小孩就是被觀察者。觀察者模式是物件的行為模式，又叫發佈 / 訂閱（Publish/Subscribe）模式、模型 / 視圖（Model/View）模式、源 / 監聽器（Source/Listener）模式或從屬者（Dependents）模式。當你看這些模式的時候，不要覺得陌生，它們就是監聽模式。

　　監聽模式的核心思維就是在被觀察者與觀察者之間建立一種自動觸發的關係。

1.3 監聽模式的模型抽象

1.3.1 程式碼框架

　　模擬故事劇情的程式碼（程式實例 p1_1.py）還是相對比較粗糙的，我們可以對它進行進一步的重構和優化，抽象出監聽模式的框架模型。

程式實例 p1_2.py　監聽模式的框架模型

```python
#p1_2.py
from abc import ABCMeta, abstractmethod
# 引入 ABCMeta 和 abstractmethod 來定義抽象類別和抽象方法
class Observer(metaclass=ABCMeta):
    """ 觀察者的基類別 """
    @abstractmethod
    def update(self, observable, object):
        pass


class Observable:
    """ 被觀察者的基類別 """
    def _init_(self):
        self._observers = []
    def addObserver(self, observer):
        self._observers.append(observer)
    def removeObserver(self, observer):
```

```
        self._observers.remove(observer)
    def notifyObservers(self, object=0):
        for o in self._observers:
            o.update(self, object)
```

1.3.2　類別圖

上面的程式碼框架可用圖表示，如圖 1-1 所示。

Observable 是 被 觀 察 者 的 抽 象 類 別，Observer 是 觀 察 者 的 抽 象 類 別。addObserver、removeObserver 分別用於添加和刪除觀察者，notifyObservers 用於內容或狀態變化時通知所有的觀察者。因為 Observable 的 notifyObservers 會呼叫 Observer 的 update 方法，所有觀察者不需要關心被觀察的物件什麼時候會發生變化，只要有變化就會自動呼叫 update，所以只需要關注 update 實現就可以了。

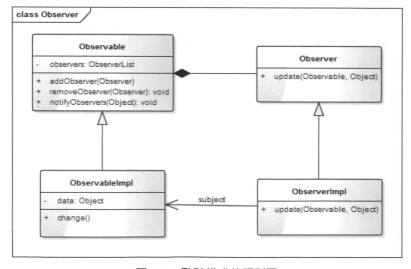

圖 1-1　監聽模式的類別圖

1.3.3　基於框架的實現

有了程式實例 1-2 的程式碼框架之後，我們要實現範例程式碼的功能就更簡單了。假設最開始的範例程式碼為 Version 1.0，下面看看基於框架的 Version 2.0 吧。

程式實例 **p1_3.py**　Version 2.0 的實現

```python
# p1_3.py
from abc import ABCMeta, abstractmethod
from p1_2 import Observer, Observable
# 引入 ABCMeta 和 abstractmethod 來定義抽象類別和抽象方法

class WaterHeater(Observable):
    """ 熱水器：戰勝寒冬的有力武器 """
    def _init_(self):
        super()._init_()
        self._temperature = 25
    def getTemperature(self):
        return self._temperature
    def setTemperature(self, temperature):
        self._temperature = temperature
        print(" 當前溫度是：" + str(self._temperature) + " ")
        self.notifyObservers()

class WashingMode(Observer):
    """該模式用於洗澡 """
    def update(self, observable, object):
        if isinstance(observable, WaterHeater) \
                and observable.getTemperature() >= 50 and observable.getTemperature() < 70:
            print(" 水已燒好！溫度正好，可以用來洗澡了。")

class DrinkingMode(Observer):
    " 該模式用於飲用 "

    def update(self, observable, object):
        if isinstance(observable, WaterHeater) and observable.getTemperature() >= 100:
            print(" 水已燒開！可以用來飲用了。")

heater = WaterHeater()
washingObser = WashingMode()
drinkingObser = DrinkingMode()
heater.addObserver(washingObser)
heater.addObserver(drinkingObser)
```

```
heater.setTemperature(40)
heater.setTemperature(60)
heater.setTemperature(100)
```

執行結果 與 p1_1.py 相同。

1.3.4　模型說明

1. 設計要點

在設計監聽模式的程式時要注意以下幾點。

（1）要明確誰是觀察者誰是被觀察者，只要明白誰是應該關注的物件，問題也就明白了。一般觀察者與被觀察者之間是多對一的關係，一個被觀察物件可以有多個監聽物件（觀察者）。如一個編輯方塊，有滑鼠點擊的監聽者，也有鍵盤的監聽者，還有內容改變的監聽者。

（2）Observable 在發送廣播通知的時候，無須指定具體的 Observer，Observer 可以自己決定是否訂閱 Subject 的通知。

（3）被觀察者至少需要有三個方法：添加監聽者、移除監聽者、通知 Observer 的方法。觀察者至少要有一個方法：更新方法，即更新當前的內容，做出相應的處理。

（4）添加監聽者和移除監聽者在不同的模型稱謂中可能會有不同命名，如在觀察者模型中一般是 addObserver/removeObserver；在源 / 監聽器（Source/Listener）模型中一般是 attach/detach，應用在桌面程式設計的視窗中還可能是 attachWindow/detachWindow 或 Register/UnRegister。不要被名稱弄迷糊了，不管它們是什麼名稱，其實功能都是一樣的，就是添加或刪除觀察者。

2. 推模型和拉模型

監聽模式根據其側重的功能還可以分為推模型和拉模型。

推模型：被觀察者物件向觀察者推送主題的詳細資訊，不管觀察者是否需要，推送的資訊通常是主題物件的全部或部分資料。一般在這種模型的實現中，會把被觀察者物件中的全部或部分資訊透過 update 參數傳遞給觀察者（update(Object obj)，透過 obj 參數傳遞）。

　　如某 App 的服務要在凌晨 1:00 開始進行維護，1:00—2:00 所有服務會暫停，這裡你就需要向所有的 App 用戶端推送完整的通知消息："本服務將在凌晨 1:00 開始進行維護，1:00—2:00 所有服務會暫停，感謝您的理解和支持！"不管用戶想不想知道，也不管用戶會不會在這期間存取 App，消息都需要被準確無誤地發送到。這就是典型的推模型的應用。

　　拉模型：被觀察者在通知觀察者的時候，只傳遞少量資訊。如果觀察者需要更具體的資訊，由觀察者主動到被觀察者物件中獲取，相當於觀察者從被觀察者物件中拉資料。一般在這種模型的實現中，會把被觀察者物件自身透過 update 方法傳遞給觀察者（update(Observable observable)，透過 observable 參數傳遞），這樣在觀察者需要獲取資料的時候，就可以透過這個引用來獲取了。

　　如某 App 有新的版本推出，需要發送一個版本升級的通知消息，而這個通知消息只會簡單地列出版本號和下載位址，如果需要升級 App，還需要呼叫下載介面去下載安裝套件完成升級。這其實也可以理解成拉模型。

　　推模型和拉模型其實更多的是語義和邏輯上的區別。我們前面的程式碼框架，從介面 [update(self, observer, object)] 上你應該可以知道是同時支援推模型和拉模型的。作為推模型時，observer 可以傳空，推送的資訊全部透過 object 傳遞；作為拉模型時，observer 和 object 都傳遞資料，或只傳遞 observer，需要更具體的資訊時透過 observer 引用去取資料。

1.4　實戰應用

　　在互聯網廣泛普及和快速發展的時代，資訊安全被越來越多的人重視，其中帳戶安全是資訊安全最重要的一個部分。很多網站都會有一個帳號異常登錄檢測和診斷機制。當帳戶異常登錄時，會以訊息或郵件的方式將登錄資訊（登錄的時間、地區、IP 位址等）發送給已經綁定的手機或郵箱。

　　登錄異常其實就是登錄狀態的改變。伺服器會記錄你最近幾次登錄的時間、地區、IP 位址，從而得知你常用的登錄地區；如果哪次檢測到你登錄的地區與常用登錄地區相差非常大（說明是登錄地區的改變），則認為是一次異常登錄。而訊息和郵箱的發送機制我們可以認為是登錄的監聽者，只要登錄異常一出現就自動發送資訊。

邏輯分析清楚之後就可以設計我們的程式碼，首先設計類別圖，如圖 1-2 所示。

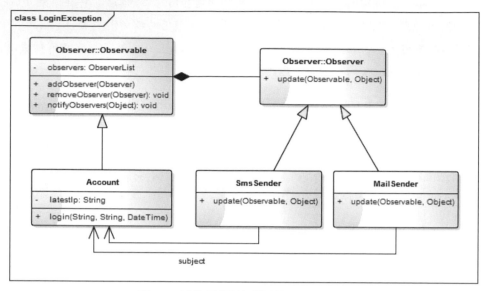

圖 1-2　登錄異常檢測機制的設計類別圖

程式實例 p1_4.py　登錄異常的檢測與提醒

```python
# p1_4.py
import time
from abc import ABCMeta, abstractmethod
from p1_2 import Observer, Observable
# 導入時間處理模組

class Account(Observable):
    """ 用戶帳戶 """
    def _init_(self):
        super()._init_()
        self._latestIp = {}
        self._latestRegion = {}
    def login(self, name, ip, time):
        region = self._getRegion(ip)
        if self._isLongDistance(name, region):
            self.notifyObservers({"name": name, "ip": ip, "region": region, "time": time})
        self._latestRegion[name] = region
```

```
        self._latestIp[name] = ip
    def _getRegion(self, ip):
        # 由 IP 位址獲取地區資訊。這裡只是模擬，真實項目中應該呼叫 IP 位址解析服務
        ipRegions = {
            "101.47.18.9": " 浙江省杭州市 ",
            "67.218.147.69":" 美國洛杉磯 "
        }
        region = ipRegions.get(ip)
        return "" if region is None else region
    def _isLongDistance(self, name, region):
        # 計算本次登錄與最近幾次登錄的地區差距
        # 這裡只是簡單地用字串匹配來類比，真實的專案中應該呼叫地理資訊相關的服務
        latestRegion = self._latestRegion.get(name)
        return latestRegion is not None and latestRegion != region;


class SmsSender(Observer):
    """ 訊息發送器 """
    def update(self, observable, object):
        print("[訊息發送] " + object["name"] + "您好！檢測到您的帳戶可能登錄異常。最近一次登錄資訊:
\n"
            + " 登錄地區：" + object["region"] + " 登錄 ip：" + object["ip"] + " 登錄時間："
            + time.strftime("%Y-%m-%d %H:%M:%S", time.gmtime(object["time"])))


class MailSender(Observer):
    """ 郵件發送器 """
    def update(self, observable, object):
        print("[ 郵件發送 ] " + object["name"] + " 您好！檢測到您的帳戶可能登錄異常。最近一次登錄
資訊：\n"
            + " 登錄地區：" + object["region"] + " 登錄 ip：" + object["ip"] + " 登錄時間："
            + time.strftime("%Y-%m-%d %H:%M:%S", time.gmtime(object["time"])))


def testLogin():
    accout = Account()
    accout.addObserver(SmsSender())
    accout.addObserver(MailSender())
    accout.login("Tony", "101.47.18.9", time.time())
    accout.login("Tony", "67.218.147.69", time.time())
```

```
testLogin()
```

執行結果
```
================= RESTART: D:\Design_Patterns\ch1\p1_4.py =================
[短信發送] Tony您好！檢測到您的帳戶可能登錄異常。最近一次登錄資訊：
登錄地區：美國洛杉磯　登錄ip：67.218.147.69　登錄時間：2019-10-03 18:46:00
[郵件發送] Tony您好！檢測到您的帳戶可能登錄異常。最近一次登錄資訊：
登錄地區：美國洛杉磯　登錄ip：67.218.147.69　登錄時間：2019-10-03 18:46:00
```

在實際的專案中，使用者資訊（如用戶名、密碼）都是放在資料庫中的，登錄時還要進行使用者資訊的校驗；使用者最近幾次的登錄資訊也存在資料庫中。這裡，為類比程式簡單起見，省去資料庫操作這一步，只記錄上一次的登錄資訊到 Account 物件中。

1.5　應用場景

（1）對一個物件狀態或資料的更新需要其他物件同步更新，或者一個物件的更新需要依賴另一個物件的更新。

（2）物件僅需要將自己的更新通知給其他物件而不需要知道其他物件的細節，如消息推送。

學習設計模式，更應該領悟其設計思維，不應該局限於程式碼的層面。監聽模式還可以用於網路中的用戶端和伺服器，比如手機中的各種 App 的消息推送，服務端是被觀察者，各個手機 App 是觀察者，一旦伺服器上的資料（如 App 升級資訊）有更新，就會被推送到手機用戶端。在這個應用中你會發現伺服器程式碼和 App 用戶端程式碼其實是兩套完全不一樣的程式碼，它們是透過網路介面進行通信的，所以如果你只停留在程式碼層面是無法理解的！

第 2 章

狀態模式 (State Pattern)

2.1　從生活中領悟狀態模式

2.1.1　故事劇情—人有少、壯、老，水之固、液、氣

　　一個天氣晴朗的週末，Tony 想去圖書館給自己充充電。於是背了一個雙肩包，坐了一個多小時地鐵，來到了首都圖書館。走進一個閱覽室，Tony 看到一個青澀的小女孩拿著一本中學物理教科書，認真地看著熱力學原理……女孩的容貌像極了 Tony 中學的物理老師，不知不覺 Tony 想起了他那可愛的老師，想起了那最難忘的一節課……

　　Viya 老師站在一個三尺講臺上，拿著一本教科書，給大家講著水的特性。人有少年、壯年、老年三個不同的階段；少年活潑可愛，壯年活力四射，老年充滿智慧。水也一樣，水有三種不同的狀態：固態—冰，堅硬寒冷，液態—水，清澈溫暖，氣態—水蒸氣，虛無縹緲。更有意思的是水不僅有三種狀態，而且三種狀態還可以相互轉換。冰吸收熱量可以融化成水，水吸收熱量可以汽化為水蒸氣，水蒸氣釋放熱量可以凝固成冰……

　　雖然時隔近十年，但 Viya 老師那優雅的容貌和生動的課堂依然歷歷在目！

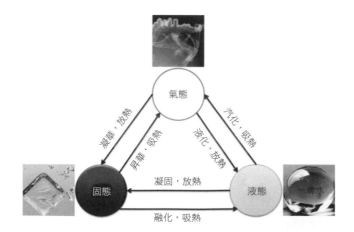

2.1.2　用程式來類比生活

　　水是世界上最奇特的物質之一，不僅滋潤萬物，更是變化萬千！你很難想像冰、水、水蒸氣其實是同一個東西 H₂O，看到冰你可能會聯想到玻璃、石頭，看到水你可能會聯想到牛奶、可樂，看到水蒸氣你可能會聯想到空氣、氧氣。三個不同狀態下的水好像是三種不同的東西。

　　水的狀態變化萬千，程式也可以實現萬千的功能。那麼如何用程式來類比水的三種不同狀態及相互轉化呢？

　　我們從物件的角度來考慮會有哪個類別，首先不管它是什麼狀態，物件始終是水（H₂O），所以會有一個 Water 類別；而它又有三種狀態，我們可以定義三個狀態類別：SolidState、LiquidState、GaseousState；從 SolidState、LiquidState、GaseousState 這三個單詞中我們會發現都有一個 State 尾碼，於是我們會想它們之間是否有一些共性，能否提取出一個更抽象的類別，這個類別就是狀態類別（State）。這些類別之間的關係可用圖表示，如圖 2-1 所示。

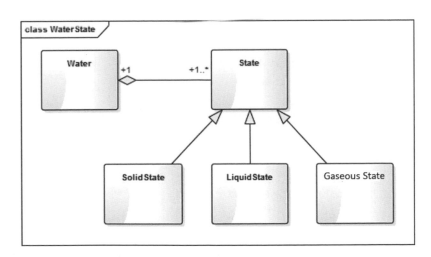

圖 2-1　水的三態相關類別之間的關係

　　好了，我們已經知道了大概的關係，開始設計程式實現吧，在實現的過程中不斷完善。

程式實例 p2_1.py　模擬故事劇情

```
# p2_1.py
from abc import ABCMeta, abstractmethod
# 引入 ABCMeta 和 abstractmethod 來定義抽象類別和抽象方法

class Water:
    """ 水 (H2O)"""
    def _init_(self, state):
        self._temperature = 25 # 默認常溫為 25℃
        self._state = state
    def setState(self, state):
        self._state = state
    def changeState(self, state):
        if (self._state):
            print(" 由 ", self._state.getName(), " 變為 ", state.getName())
        else:
            print(" 初始化為 ", state.getName())
        self._state = state
    def getTemperature(self):
        return self._temperature
    def setTemperature(self, temperature):
        self._temperature = temperature
        if (self._temperature <= 0):
            self.changeState(SolidState(" 固態 "))
        elif (self._temperature <= 100):
            self.changeState(LiquidState(" 液態 "))
        else:
            self.changeState(GaseousState(" 氣態 "))
    def riseTemperature(self, step):
        self.setTemperature(self._temperature + step)
    def reduceTemperature(self, step):
        self.setTemperature(self._temperature - step)
    def behavior(self):
        self._state.behavior(self)

class State(metaclass=ABCMeta):
    """ 狀態類別 """
```

```python
    def _init_(self, name):
        self._name = name
    def getName(self):
        return self._name
    @abstractmethod
    def behavior(self, water):
        """ 不同狀態下的行為 """
        pass


class SolidState(State):
    """ 固態 """
    def _init_(self, name):
        super()._init_(name)
    def behavior(self, water):
        print(" 我性格高冷，當前體溫 " + str(water.getTemperature()) +
            "℃，我堅如鋼鐵，仿如一冷血動物，請用我砸人，嘿嘿……")


class LiquidState(State):
    """ 液態 """
    def _init_(self, name):
        super()._init_(name)
    def behavior(self, water):
        print(" 我性格溫和，當前體溫 " + str(water.getTemperature()) +
            "℃，我可滋潤萬物，飲用我可讓你活力倍增……")


class GaseousState(State):
    """ 氣態 """
    def _init_(self, name):
        super()._init_(name)
    def behavior(self, water):
        print(" 我性格熱烈，當前體溫 " + str(water.getTemperature()) +
            "℃，飛向天空是我畢生的夢想，在這你將看不到我的存在，我將達到無我的境界……")


def testState():
    water = Water(LiquidState(" 液態 "))
    # water = Water()
    water.behavior()
```

```
    water.setTemperature(-4)
    water.behavior()
    water.riseTemperature(18)
    water.behavior()
    water.riseTemperature(110)
    water.behavior()

testState()
```

執行結果

```
================== RESTART: D:\Design_Patterns\ch2\p2_1.py ==================
我性格溫和，當前體溫25℃，我可滋潤萬物，飲用我可讓你活力倍增……
由 液態 變為 固態
我性格高冷，當前體溫-4℃，我堅如鋼鐵，仿如一冷血動物，請用我砸人，嘿嘿……
由 固態 變為 液態
我性格溫和，當前體溫14℃，我可滋潤萬物，飲用我可讓你活力倍增……
由 液態 變為 氣態
我性格熱烈，當前體溫124℃，飛向天空是我畢生的夢想，在這你將看不到我的存在，我將
達到無我的境界……
```

2.2　從劇情中思考狀態模式

2.2.1　什麼是狀態模式

> Allow an object to alter its behavior when its internal state changes. The object will appear to change its class.
>
> 允許一個物件在其內部狀態發生改變時改變其行為，使這個物件看上去就像改變了它的類別型一樣。

如水一般，**狀態**即事物所處的某一種形態。**狀態模式**是說一個物件在其內部狀態發生改變時，其表現的行為和外在屬性不一樣，這個物件看上去就像改變了它的類別型一樣。因此，狀態模式又稱為物件的行為模式。

2.2.2　狀態模式設計思維

從故事劇情的示例中我們知道，水有三種不同狀態：冰、水、水蒸氣。三種不同的狀態有著完全不一樣的外在特性：冰，質堅硬，無流動性，表面光滑；水，具有流動性；水蒸氣，質輕，肉眼看不見，卻存在於空氣中。這三種狀態的特性是不是相差巨大？

簡直就不像是同一種東西，但事實卻是不管它在什麼狀態，其內部組成都是一樣的，都是水分子（H2O）。這也許就是水的至柔至剛之道吧！

狀態模式的核心思維就是一個事物（物件）有多種狀態，在不同的狀態下所表現出來的行為和屬性不一樣。

2.3 狀態模式的模型抽象

2.3.1 程式碼框架

模擬故事劇情的程式碼（程式實例 p2_1.py）還是相對比較粗糙的，也有一些不太合理的實現，如：

（1）Water 的 setTemperature（self, temperature）方法不符合程式設計中的開放封閉原則。雖然水只有三種狀態，但在其他的應用場景中可能會有更多的狀態，如果要再加一個狀態（State），則要在 SetTemperature 中再加一個 if else 判斷。

（2）表示狀態的類別應該只會有一個實例，因為不可能出現 " 固態 1"" 固態 2" 的情形，所以狀態類的實現要使用單例，關於單例模式會在第 5 章中進一步講述。

針對這些問題，我們可以對它進行進一步的重構和優化，抽象出狀態模式的框架模型。

程式實例 p2_2.py　狀態模式的框架模型

```
# p2_2.py
from abc import ABCMeta, abstractmethod
# 引入 ABCMeta 和 abstractmethod 來定義抽象類別和抽象方法


class Context(metaclass=ABCMeta):
    """ 狀態模式的上下文環境類別 """
    def _init_(self):
        self._states = []
        self._curState = None
        # 狀態發生變化依賴的屬性，當這一變數由多個變數共同決定時可以將其單獨定義成一個類
        self._stateInfo = 0
    def addState(self, state):
```

```
        if (state not in self._states):
            self._states.append(state)
    def changeState(self, state):
        if (state is None):
            return False
        if (self._curState is None):
            print(" 初始化為 ", state.getName())
        else:
            print(" 由 ", self._curState.getName(), " 變為 ", state.getName())
        self._curState = state
        self.addState(state)
        return True
    def getState(self):
        return self._curState
    def _setStateInfo(self, stateInfo):
        self._stateInfo = stateInfo
        for state in self._states:
            if( state.isMatch(stateInfo) ):
                self.changeState(state)
    def _getStateInfo(self):
        return self._stateInfo


class State:
    """ 狀態的基類別 """
    def _init_(self, name):
        self._name = name
    def getName(self):
        return self._name
    def isMatch(self, stateInfo):
        " 狀態的屬性 stateInfo 是否在當前的狀態範圍內 "
        return False
    @abstractmethod
    def behavior(self, context):
        pass
```

2.3.2 類別圖

程式實例 p2_2.py 的程式碼框架可用類別圖表示，如圖 2-2 所示。

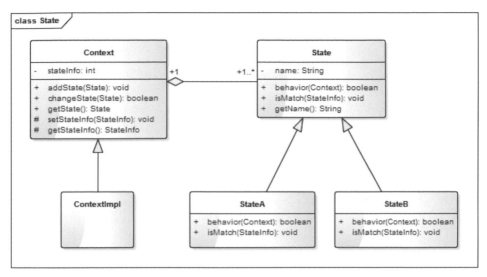

圖 2-2 狀態模式的類別圖

State 是抽象狀態類別（基類別），負責狀態的定義和介面的統一。StateA 和 StateB 是具體的狀態類別，如故事劇情中的 SolidState、LiquidState 、GaseousState。Context 是上下文環境類別，負責具體狀態的切換。

2.3.3 基於框架的實現

有了上面的程式碼框架之後，我們要實現範例程式碼的功能就更簡單了。我們假設最開始的範例程式碼為 Version 1.0，下面看看基於框架的 Version 2.0 吧。

程式實例 p2_3.py Version 2.0 的實現

```
# p2_3.py
from abc import ABCMeta, abstractmethod
# 引入 ABCMeta 和 abstractmethod 來定義抽象類別和抽象方法

class Context(metaclass=ABCMeta):
    """ 狀態模式的上下文環境類別 """
```

```python
    def _init_(self):
        self._states = []
        self._curState = None
        # 狀態發生變化依賴的屬性 , 當這一變數由多個變數共同決定時可以將其單獨定義成一個類別
        self._stateInfo = 0
    def addState(self, state):
        if (state not in self._states):
            self._states.append(state)
    def changeState(self, state):
        if (state is None):
            return False
        if (self._curState is None):
            print(" 初始化為 ", state.getName())
        else:
            print(" 由 ", self._curState.getName(), " 變為 ", state.getName())
        self._curState = state
        self.addState(state)
        return True
    def getState(self):
        return self._curState
    def _setStateInfo(self, stateInfo):
        self._stateInfo = stateInfo
        for state in self._states:
            if( state.isMatch(stateInfo) ):
                self.changeState(state)
    def _getStateInfo(self):
        return self._stateInfo

class State:
    """ 狀態的基類別 """
    def _init_(self, name):
        self._name = name
    def getName(self):
        return self._name
    def isMatch(self, stateInfo):
        " 狀態的屬性 stateInfo 是否在當前的狀態範圍內 "
        return False
```

```python
    @abstractmethod
    def behavior(self, context):
        pass


class Water(Context):
    """ 水 (H2O)"""
    def _init_(self):
        super()._init_()
        self.addState(SolidState(" 固態 "))
        self.addState(LiquidState(" 液態 "))
        self.addState(GaseousState(" 氣態 "))
        self.setTemperature(25)
    def getTemperature(self):
        return self._getStateInfo()
    def setTemperature(self, temperature):
        self._setStateInfo(temperature)
    def riseTemperature(self, step):
        self.setTemperature(self.getTemperature() + step)
    def reduceTemperature(self, step):
        self.setTemperature(self.getTemperature() - step)
    def behavior(self):
        state = self.getState()
        if(isinstance(state, State)):
            state.behavior(self)


# 單例的裝飾器
def singleton(cls, *args, **kwargs):
    " 構造一個單例的裝飾器 "
    instance = {}
    def _singleton(*args, **kwargs):
        if cls not in instance:
            instance[cls] = cls(*args, **kwargs)
        return instance[cls]
    return _singleton


@singleton
class SolidState(State):
```

```
    """ 固態 """
    def _init_(self, name):
        super()._init_(name)
    def isMatch(self, stateInfo):
        return stateInfo < 0
    def behavior(self, context):
        print(" 我性格高冷，當前體溫 ", context._getStateInfo(),
                " ，我堅如鋼鐵，仿如一冷血動物，請用我砸人，嘿嘿……")


@singleton
class LiquidState(State):
    """ 液態 """
    def _init_(self, name):
        super()._init_(name)
    def isMatch(self, stateInfo):
        return (stateInfo >= 0 and stateInfo < 100)
    def behavior(self, context):
        print(" 我性格溫和，當前體溫 ", context._getStateInfo(),
                " ，我可滋潤萬物，飲用我可讓你活力倍增……")


@singleton
class GaseousState(State):
    """ 氣態 """
    def _init_(self, name):
        super()._init_(name)
    def isMatch(self, stateInfo):
        return stateInfo >= 100
    def behavior(self, context):
        print(" 我性格熱烈，當前體溫 ", context._getStateInfo(),
                " ，飛向天空是我畢生的夢想，在這你將看不到我的存在，我將達到無我的境界……")


def testState():
    #water = Water(LiquidState(" 液態 "))
    water = Water()
    water.behavior()
    water.setTemperature(-4)
    water.behavior()
```

```
    water.riseTemperature(18)
    water.behavior()
    water.riseTemperature(110)
    water.behavior()

testState()
```

執行結果

```
================= RESTART: D:\Design_Patterns\ch2\p2_3.py =================
初始化為 液態
我性格溫和，當前體溫 25 ℃，我可滋潤萬物，飲用我可讓你活力倍增……
由 液態 變為 固態
我性格高冷，當前體溫 -4 ℃，我堅如鋼鐵，仿如一冷血動物，請用我砸人，嘿嘿……
由 固態 變為 液態
我性格溫和，當前體溫 14 ℃，我可滋潤萬物，飲用我可讓你活力倍增……
由 液態 變為 氣態
我性格熱烈，當前體溫 124 ℃，飛向天空是我畢生的夢想，在這你將看不到我的存在，我
將達到無我的境界……
```

讀者可以發現輸出結果和之前的是一樣的。

2.3.4　模型說明

1. 設計要點

（1）在實現狀態模式的時候，實現的場景狀態有時候會非常複雜，決定狀態變化的因素也非常多，我們可以把決定狀態變化的屬性單獨抽象成一個類別 StateInfo，這樣判斷狀態屬性是否符合當前的狀態 isMatch 時就可以傳入更多的資訊。

（2）每一種狀態應當只有唯一的實例。

2. 狀態模式的優缺點

優點：

（1）封裝了狀態的轉換規則，在狀態模式中可以將狀態的轉換程式碼封裝在環境類別中，對狀態轉換程式碼進行集中管理，而不是分散在一個個業務邏輯中。

（2）將所有與某個狀態有關的行為放到一個類別中（稱為狀態類別），使開發人員只專注于該狀態下的邏輯開發。

（3）允許狀態轉換邏輯與狀態物件合為一體，使用時只需要注入一個不同的狀態物件即可使環境物件擁有不同的行為。

缺點：

（1）會增加系統類別和物件的個數。

（2）狀態模式的結構與實現都較為複雜，如果使用不當容易導致程式結構和程式碼的混亂。

2.4　應用場景

（1）一個物件的行為取決於它的狀態，並且它在運行時可能經常改變它的狀態，從而改變它的行為。

（2）一個操作中含有龐大的多分支的條件陳述式，這些分支依賴於該物件的狀態，且每一個分支的業務邏輯都非常複雜時，我們可以使用狀態模式來拆分不同的分支邏輯，使程式有更好的可讀性和可維護性。

第 3 章

仲介模式 (Mediator Pattern)

3.1　從生活中領悟仲介模式

3.1.1　故事劇情—找房子問仲介

人在江湖漂，豈能總是順心如意？大多數畢業生的第一份工作很難持續兩年以上，與他們一樣，Tony 也在一家公司工作了一年半後，換了一個東家。

在北京這個大城市裡，換工作基本就意味著換房子。不得不說，找房子是一件煩心而累人的事情！

首先，要清楚自己要怎樣的房子：多大面積（多少平方米），什麼價位，是否有窗戶，是否有獨立衛浴。

然後，要上網查找各種房源資訊，找到最匹配的幾個戶型。

之後，還要電話諮詢，過濾虛假資訊和過時資訊。

接著，是最累人的一步，還要實地考察，看看真實的房子與網上的資訊是否相符，房間是否有異味，周圍設施是否齊全。這一步你可能會從東城穿越到西城，再來到南城，而後又折騰去北城……想想都累！

最後，還要與各種脾性的房東周旋，討價還價。

Tony 想了想，還是找仲介了。在北京這座城市，你幾乎找不到一手房東，因為 90% 的房源資訊都掌握在房屋仲介手中！既然都找不到一手房東，還不如找一家正規點的仲介。

於是 Tony 找到了我愛我家，認識了裡面的職員 Wingle。Wingle 問他對房子的要求，Tony 說："18 平方米左右，要有獨立衛浴，要有窗戶，最好朝南，有廚房更好！價位在 2000 元左右。"Wingle 立馬就說：" 上地西裡有一間，但沒有廚房；當代城市家園有兩間，一間主臥，一間次臥，但衛浴是共用的；金隅美和園有一間，比較適合你，但價格會貴一點。"Wingle 對房源真是瞭若指掌啊！說完就帶著我開始看房了……

一天就找到了還算合適的房子。但不得不再次吐槽：北京的房子真的貴得離譜啊，16 平方米，精裝修，有朝南窗戶，一個超小（1 平方米寬不到）的陽臺，衛浴 5 人共用，廚房共用，價格是每月 2600 元。押一付三，加一個月的仲介費，一次交了一萬多元，Tony 要開始吃土了，內心滴了無數滴血……

3.1.2　用程式來類比生活

　　在上面的生活場景中，Tony 透過仲介來找房子，因為找房子的過程實在太煩瑣了，而且對房源資訊也不瞭解。透過仲介，他省去了很多麻煩的細節，合約也是直接跟仲介簽的，甚至都不知道房東是誰！

　　我們透過程式來類比一下上面找房子的過程。

程式實例 p3_1.py　模擬故事劇情

```python
# p3_1.py
class HouseInfo:
    """ 房源訊息 """
    def _init_(self, area, price, hasWindow, hasBathroom, hasKitchen, address, owner):
        self._area = area
        self._price = price
        self._hasWindow = hasWindow
        self._hasBathroom = hasBathroom
        self._hasKitchen = hasKitchen
        self._address = address
        self._owner = owner
    def getAddress(self):
        return self._address
    def getOwnerName(self):
        return self._owner.getName()
    def showInfo(self, isShowOwner = True):
        print(" 面積 :" + str(self._area) + " 平方米 ",
              " 價格 :" + str(self._price) + " 元 ",
              " 窗戶 :" + (" 有 " if self._hasWindow else " 沒有 "),
```

```python
                    "衛浴 :" + self._hasBathroom,
                    "廚房 :" + ("有 " if self._hasKitchen else " 沒有 "),
                    "位址 :" + self._address,
                    "房東 :" + self.getOwnerName() if isShowOwner else "")


class HousingAgency:
    """ 房屋仲介 """
    def _init_(self, name):
        self._houseInfos = []
        self._name = name
    def getName(self):
        return self._name
    def addHouseInfo(self, houseInfo):
        self._houseInfos.append(houseInfo)
    def removeHouseInfo(self, houseInfo):
        for info in self._houseInfos:
            if(info == houseInfo):
                self._houseInfos.remove(info)
    def getSearchCondition(self, description):
        """ 這裡有一個將使用者描述資訊轉換成搜尋條件的邏輯
        ( 為節省篇幅這裡原樣返回描述 )"""
        return description
    def getMatchInfos(self, searchCondition):
        """ 根據房源資訊的各個屬性查找最匹配的資訊
        ( 為節省篇幅這裡略去匹配的過程，全部輸出 )"""
        print(self.getName(), " 為您找到以下最適合的房源 :")
        for info in self._houseInfos:
            info.showInfo(False)
        return  self._houseInfos
    def signContract(self, houseInfo, period):
        """ 與房東簽訂協定 """
        print(self.getName(), " 與房東 ", houseInfo.getOwnerName(), " 簽訂 ",
houseInfo.getAddress(),
            " 的房子的租賃合約，租期 ", period, " 年。 合約期內 ", self.getName(),
" 有權對其進行使用和轉租！ ")
    def signContracts(self, period):
        for info in self._houseInfos :
            self.signContract(info, period)
```

```python
class HouseOwner:
    """ 房東 """
    def _init_(self, name):
        self._name = name
        self._houseInfo = None
    def getName(self):
        return self._name
    def setHouseInfo(self, address, area, price, hasWindow, bathroom, kitchen):
        self._houseInfo = HouseInfo(area, price, hasWindow, bathroom, kitchen, address, self)
    def publishHouseInfo(self, agency):
        agency.addHouseInfo(self._houseInfo)
        print(self.getName() + " 在 ", agency.getName(), " 發佈房源出租資訊：")
        self._houseInfo.showInfo()


class Customer:
    """ 用戶，租房的貧下中農 """
    def _init_(self, name):
        self._name = name
    def getName(self):
        return self._name
    def findHouse(self, description, agency):
        print(" 我是 " + self.getName() + ", 我想要找一個 \"" + description + "\" 的房子 ")
        print()
        return agency.getMatchInfos(agency.getSearchCondition(description))
    def seeHouse(self, houseInfos):
        """ 去看房，選擇最實用的房子
        ( 這裡省略看房的過程 )"""
        size = len(houseInfos)
        return houseInfos[size-1]
    def signContract(self, houseInfo, agency, period):
        """ 與仲介簽訂協定 """
        print(self.getName(), " 與仲介 ", agency.getName(), " 簽訂 ", houseInfo.getAddress(),
                " 的房子的租賃合約，租期 ", period, " 年。合約期內 ", self._name, " 有權對其進行使用！ ")


def testRenting():
    myHome = HousingAgency(" 我 我家 ")
    zhangsan = HouseOwner(" 三 ");
    zhangsan.setHouseInfo(" 上地西里 ", 20, 2500, 1, " 立 生   ", 0)
    zhangsan.publishHouseInfo(myHome)
```

```
lisi = HouseOwner(" 李四 ")
lisi.setHouseInfo(" 代城市家园 ", 16, 1800, 1, " 公用 生   ", 0)
lisi.publishHouseInfo(myHome)
wangwu = HouseOwner(" 王五 ")
wangwu.setHouseInfo(" 金隅美和园 ", 18, 2600, 1, " 立 生   ", 1)
wangwu.publishHouseInfo(myHome)
print()


myHome.signContracts(3)
print()


tony = Customer("Tony")
houseInfos = tony.findHouse("18 平米左右，要有獨衛，要有窗戶，最好是朝南，有厨房更好！
                                   价位在 2000 左右 ", myHome)
print()
print(" 正在看房， 找最合适的住巢……")
print()
AppropriateHouse = tony.seeHouse(houseInfos)
tony.signContract(AppropriateHouse, myHome, 1)


testRenting()
```

執行結果

```
================== RESTART: D:\Design_Patterns\ch3\p3_1.py ==================
张三在 我爱我家 發佈房源出租資訊：
面積:20平方米 價格:2500元 窗戶:有 衛生間:独立卫生间 厨房:沒有 地址:上地西里 房東
:张三
李四在 我爱我家 發佈房源出租資訊：
面積:16平方米 價格:1800元 窗戶:有 衛生間:公用卫生间 厨房:沒有 地址:当代城市家园
房東:李四
王五在 我爱我家 發佈房源出租資訊：
面積:18平方米 價格:2600元 窗戶:有 衛生間:独立卫生间 厨房:有 地址:金隅美和园 房東
:王五

我爱我家 與房東 张三 簽訂 上地西里 的房子的租賃合同，租期 3 年。 合同期內 我爱我
家 有權對其進行使用和轉租！
我爱我家 與房東 李四 簽訂 当代城市家园 的房子的租賃合同，租期 3 年。 合同期內 我
爱我家 有權對其進行使用和轉租！
我爱我家 與房東 王五 簽訂 金隅美和园 的房子的租賃合同，租期 3 年。 合同期內 我爱
我家 有權對其進行使用和轉租！

我是Tony，我想要找一個"18平米左右，要有独卫，要有窗戶，最好是朝南，有厨房更好！
价位在2000左右"的房子

我爱我家 為您找到以下最適合的房源：
面積:20平方米 價格:2500元 窗戶:有 衛生間:独立卫生间 厨房:沒有 地址:上地西里
面積:16平方米 價格:1800元 窗戶:有 衛生間:公用卫生间 厨房:沒有 地址:当代城市家园
面積:18平方米 價格:2600元 窗戶:有 衛生間:独立卫生间 厨房:有 地址:金隅美和园

正在看房，寻找最合适的住巢……

Tony 與仲介 我爱我家 簽訂 金隅美和园 的房子的租賃合同，租期 1 年。合同期內 Tony
有權對其進行使用！
```

3.2　從劇情中思考仲介模式

3.2.1　什麼是仲介模式

Define an object that encapsulates how a set of objects interact. Mediator promotes loose coupling by keeping objects from referring to each other explicitly, and it lets you vary their interaction independently.

用一個仲介物件來封裝一系列的物件交流，仲介者使各物件不需要顯式地相互引用，從而使其耦合鬆散，而且可以獨立地改變它們之間的交流。

在前面的故事劇情中，由仲介來承接房客與房東之間的交流過程，可以使得整個過程更加暢通、高效。這在程式中叫作**仲介模式**，仲介模式又稱為調停模式。

3.2.2　仲介模式設計思維

從故事劇情的示例中我們知道，Tony 找房子並不需要與房東進行直接交涉，甚至連房東是誰都不知道，他只需要與仲介進行交涉即可，一切都可透過仲介完成。這使得他找房子的過程，由如圖 3-1 所示的狀態變成了如圖 3-2 所示的狀態，這無疑為他減少了不少麻煩。

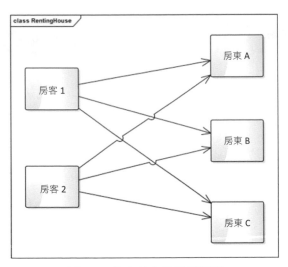

圖 3-1　沒有仲介的找房過程

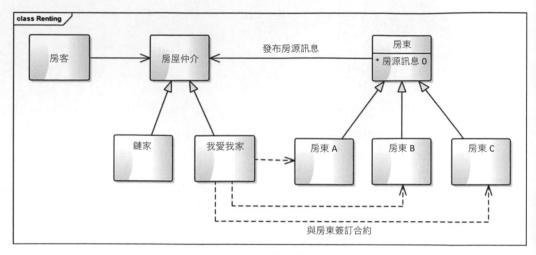

圖 3-2　有仲介的找房過程

　　在很多系統中，多個類別很容易相互耦合，形成網狀結構。仲介模式的作用就是將這種網狀結構（如圖 3-3 所示）分離成星型結構（如圖 3-4 所示）。這樣調整之後，使得物件間的結構更加簡潔，交流更加順暢。

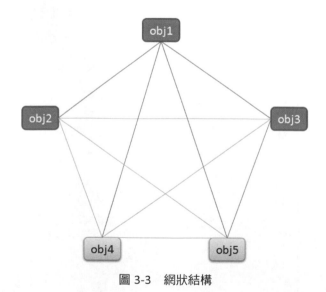

圖 3-3　網狀結構

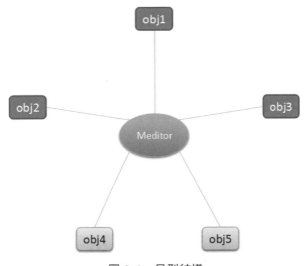

圖 3-4 星型結構

3.3 仲介模式的模型抽象

3.3.1 程式碼框架

從模擬故事劇情（程式實例 p3_1.py）的程式碼中，我們可以抽象出仲介模式的框架模型。

程式實例 3_2.py 仲介模式的框架模型

```python
# p3_2.py
class InteractiveObject:
    """ 進行交流的物件 """
    pass


class InteractiveObjectImplA:
    """ 實現類別 A """
    pass


class InteractiveObjectImplB:
    """ 實現類別 B """
    pass
```

```
class Meditor:
    """ 仲介類別 """
    def _init_(self):
        self._interactiveObjA = InteractiveObjectImplA()
        self._interactiveObjB = InteractiveObjectImplB()
    def interative(self):
        """ 進行交流的操作 """
        # 透過 self._interactiveObjA 和 self._interactiveObjB 完成相應的交交流操作
        Pass
```

3.3.2　類別圖

根據上面的範例程式碼，我們可以大致地構建出仲介模式的類別圖，如圖 3-5 所示。

Mediator 就是仲介類別，用來協調物件間的交流，如故事劇情中的 Housing-Agency。仲介類別可以有多個具體實現類別，如 MediatorImplA 和 MediatorImplB。InteractiveObject 是要進行交流的物件，如故事劇情中的 HouseOwner 和 Customer。InteractiveObject 可以是互不相干的多個類別的物件，也可以是具有繼承關係的相似類別。

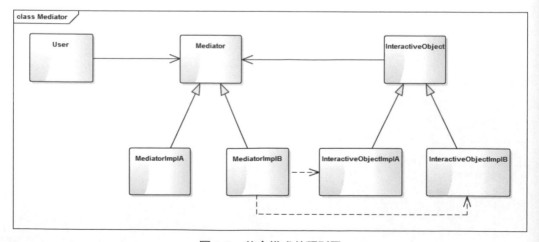

圖 3-5　仲介模式的類別圖

3.3.3　模型說明

1. 設計要點

仲介模式主要有以下三個角色，在設計仲介模式時要找到並區分這些角色：

（1）交流物件（InteractiveObject）：要進行交流的一系列物件。

（2）仲介者（Mediator）：負責協調各個物件之間的交流。

（3）具體仲介者（Mediator）：仲介的具體實現。

2. 仲介模式的優缺點

優點：

（1）Mediator 將原本分佈於多個物件間的行為集中在一起，作為一個獨立的概念並將其封裝在一個物件中，簡化了物件之間的交流。

（2）將多個呼叫者與多個實現者之間多對多的交流關係，轉換為一對多的交流關係，一對多的交流關係更易於理解、維護和擴展，大大減少了多個物件之間相互交叉引用的情況。

透過仲介找房子給我們帶來了很多的便利，但也存在諸多明顯問題：

（1）很容易遇到黑仲介（也許你正深陷其中）。

（2）高昂的仲介費（給本就受傷的心靈又多補了一刀）。

仲介模式也有很多缺點：

（1）仲介者承接了所有的交流邏輯，交流的複雜度轉變成了仲介者的複雜度，仲介者類別會變得越來越龐大和複雜，以至於難以維護。

（2）仲介者出問題會導致多個使用者同時出問題。

3.4　實戰應用

再舉一個實際應用中的例子。不管是 QQ、釘釘這類支援視訊通訊的社交軟體，還是 51Talk、ABC360 這類互聯網線上教育產品，都需要和通信設備（揚聲器、麥克風、攝影鏡頭）進行交流。在行動平台，各類別通信設備一般只會有一個，但在 PC 端（尤其是 Windows 系統下），你可能會有多個揚聲器、多個麥克風，甚至多個攝影鏡頭，還可能會在通話的過程中由麥克風 A 切換到麥克風 B。

　　如何與這些繁雜的設備進行交流呢？聰明的你一定會想：用仲介模式啊！對，就是它，我們先看一下程式的設計結構，如圖 3-6 所示。

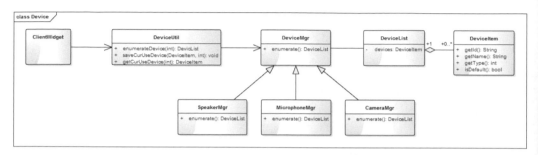

圖 3-6　設備交流程式的設計結構

　　圖 3-6 中的 DeviceUtil 其實就是仲介者，用戶端介面透過 DeviceUtil 這個仲介者與設備進行交流，這樣介面類別 ClientWidget 就不用同時維護三個 DeviceMgr 的物件，而只要與一個 DeviceUtil 的物件進行交流就可以了。ClientWidget 可透過 DeviceUtil 枚舉各種類別型的設備（揚聲器、麥克風、攝影鏡頭），同時可以透過 DeviceUtil 讀取和保存當前正在使用的各種類別型設備。

　　可能有讀者要問了：為什麼 DeviceUtil 到 DeviceMgr 的依賴指向與模型圖不一樣呢？因為這個應用中，ClientWidget 與 DeviceMgr 是單向交流的，只有 ClientWidget 呼叫 DeviceMgr，而一般不會有 DeviceMgr 呼叫 ClientWidget 的情況。而模型圖同時支援雙向的交流，InteractiveObject 透過直接依賴與 Mediator 進行交流，而 User 也透過 Mediator 間接地與 InteractiveObjectImplA、InteractiveObjectImplB 進行交流（如圖 3-5 中虛線所示）。

　　下面，我們根據設計圖來實現程式碼。

程式實例 3_3.py　裝置管理員

```
# 基於框架的實現
#=============================
from abc import ABCMeta, abstractmethod
```

```python
# 引入 ABCMeta 和 abstractmethod 來定義抽象類別和抽象方法
from enum import Enum
# Python 3.4 之後支援枚舉 Enum 的語法


class DeviceType(Enum):
    " 設備類別型 "
    TypeSpeaker = 1
    TypeMicrophone = 2
    TypeCamera = 3


class DeviceItem:
    """ 設備項 """
    def _init_(self, id, name, type, isDefault = False):
        self._id = id
        self._name = name
        self._type = type
        self._isDefault = isDefault
    def _str_(self):
        return "type:" + str(self._type) + " id:" + str(self._id) \
                + " name:" + str(self._name) + " isDefault:" + str(self._isDefault)
    def getId(self):
        return self._id
    def getName(self):
        return self._name
    def getType(self):
        return self._type
    def isDefault(self):
        return self._isDefault


class DeviceList:
    """ 設備清單 """
    def _init_(self):
        self._devices = []
    def add(self, deviceItem):
        self._devices.append(deviceItem)
    def getCount(self):
        return len(self._devices)
```

```python
    def getByIdx(self, idx):
        if idx < 0 or idx >= self.getCount():
            return None
        return self._devices[idx]
    def getById(self, id):
        for item in self._devices:
            if( item.getId() == id):
                return item
        return None


class DeviceMgr(metaclass=ABCMeta):
    @abstractmethod
    def enumerate(self):
        """ 枚舉設備清單
        ( 在程式初始化時，有設備插拔時都要重新獲取設備清單 )"""
        pass
    @abstractmethod
    def active(self, deviceId):
        """ 選擇要使用的設備 """
        pass
    @abstractmethod
    def getCurDeviceId(self):
        """ 獲取當前正在使用的設備 ID"""
        pass


class SpeakerMgr(DeviceMgr):
    """ 揚聲器設備管理類別 """
    def _init_(self):
        self._curDeviceId = None
    def enumerate(self):
        """ 枚舉設備清單
        ( 真實的專案應該透過驅動程式去讀取設備資訊，這裡只用初始化來模擬 )"""
        devices = DeviceList()
        devices.add(DeviceItem("369dd760-893b-4fe0-89b1-671eca0f0224", "Realtek High
Definition Audio", DeviceType.TypeSpeaker))
        devices.add(DeviceItem("59357639-6a43-4b79-8184-f79aed9a0dfc", "NVIDIA High
Definition Audio", DeviceType.TypeSpeaker, True))
```

```
            return devices
        def active(self, deviceId):
            """ 啟動指定的設備作為當前要用的設備 """
            self._curDeviceId = deviceId
        def getCurDeviceId(self):
            return self._curDeviceId


class DeviceUtil:
    """ 設備工具類別 """
    def _init_(self):
        self._mgrs = {}
        self._mgrs[DeviceType.TypeSpeaker] = SpeakerMgr()
        # 為節省篇幅，MicrophoneMgr 和 CameraMgr 不再實現
        # self._microphoneMgr = MicrophoneMgr()
        # self._cameraMgr = CameraMgr
    def _getDeviceMgr(self, type):
        return self._mgrs[type]
    def getDeviceList(self, type):
        return self._getDeviceMgr(type).enumerate()
    def active(self, type, deviceId):
        self._getDeviceMgr(type).active(deviceId)
    def getCurDeviceId(self, type):
        return self._getDeviceMgr(type).getCurDeviceId()
def testDevices():
    deviceUtil = DeviceUtil()
    deviceList = deviceUtil.getDeviceList(DeviceType.TypeSpeaker)
    print(" 麥克風設備清單：")
    if deviceList.getCount() > 0:
        # 設置第一個設備為要用的設備
        deviceUtil.active(DeviceType.TypeSpeaker, deviceList.getByIdx(0).getId())
    for idx in range(0, deviceList.getCount()):
        device = deviceList.getByIdx(idx)
        print(device)
    print(" 當前使用的設備："
          + deviceList.getById(deviceUtil.getCurDeviceId(DeviceType.TypeSpeaker)). getName())


testDevices()
```

執行結果

```
================= RESTART: D:/Design_Patterns/ch3/p3_3.py =================
麥克風設備清單：
type:DeviceType.TypeSpeaker id:369dd760-893b-4fe0-89b1-671eca0f0224 name:Realte
k High Definition Audio isDefault:False
type:DeviceType.TypeSpeaker id:59357639-6a43-4b79-8184-f79aed9a0dfc name:NVIDIA
High Definition Audio isDefault:True
當前使用的設備：Realtek High Definition Audio
```

3.5　應用場景

（1）一組物件以定義良好但複雜的方式進行通信。產生的相互依賴關聯式結構混亂且難以理解。

（2）一個物件引用其他很多物件並且直接與這些物件通信，導致難以複用該物件。

（3）想透過一個中間類別來封裝多個類別中的行為，同時又不想生成太多的子類別。

第 4 章

裝飾模式 (Decorator Pattern)

4.1　從生活中領悟裝飾模式

4.1.1　故事劇情—你想怎麼搭就怎麼搭

Tony 因為換工作而搬了一次家！這是一個 4 室 1 廳 1 衛 1 廚的戶型，住了 4 戶人家。恰巧這裡住的都是年輕人，有男孩也有女孩，而 Tony 就是在這裡遇上了自己喜歡的人，她叫 Jenny。Tony 和 Jenny 每天低頭不見抬頭見，但 Tony 是一個程式師，天生不善言辭，不懂穿著，老被 Jenny 嫌棄：滿臉猥瑣，一副邋遢樣！

被嫌棄後，Tony 痛定思痛：一定要改善一下自己的形象！於是叫上自己的死黨 Henry 一起去了五彩城……

Tony 在這個大商城中兜兜轉轉，被各個商家教化著該怎樣搭配衣服：襯衫要套在腰帶裡面，風衣不要扣紐扣，領子要立起來……

在反覆試穿了一個晚上的衣服之後，Tony 終於找到一套還算可以的著裝：下面是一條卡其色休閒褲配一雙深色休閒皮鞋，加一條銀色針扣頭的黑色腰帶；上面是一件紫紅色針織毛衣，內套一件白色襯衫；頭上戴一副方形黑框眼鏡。整體著裝雖不潮流，卻透露出一種就業人士的成熟、穩健和大氣！

4.1.2　用程式來類比生活

　　服裝店裡的衣服品類齊全，款式多樣，但不同品味的人會搭配出完全不同的風格。Tony 是一個程式師，給自己搭配了一套著裝，但類似的著裝也可以穿在其他人身上，比如一個老師也可以這樣穿。下面我們就用程式來類比這樣一個情景。

程式實例 p4_1.py　模擬故事劇情

```python
# p4_1.py
from abc import ABCMeta, abstractmethod
# 引入 ABCMeta 和 abstractmethod 來定義抽象類別和抽象方法

class Person(metaclass=ABCMeta):
    """ 人 """
    def _init_(self, name):
        self._name = name
    @abstractmethod
    def wear(self):
        print(" 著裝：")

class Engineer(Person):
    """ 工程師 """
    def _init_(self, name, skill):
        super()._init_(name)
        self._skill = skill
    def getSkill(self):
        return self._skill
    def wear(self):
        print(" 我是 " + self.getSkill() + " 工程師 " + self._name, end="，")
        super().wear()

class Teacher(Person):
    " 教師 "
    def _init_(self, name, title):
        super()._init_(name)
        self._title = title
    def getTitle(self):
```

```
            return self._title
        def wear(self):
            print(" 我是 " + self._name + self.getTitle(), end="，")
            super().wear()


class ClothingDecorator(Person):
    """ 服裝裝飾器的基類別 """
    def _init_(self, person):
        self._decorated = person
    def wear(self):
        self._decorated.wear()
        self.decorate()
    @abstractmethod
    def decorate(self):
        pass


class CasualPantDecorator(ClothingDecorator):
    """ 休閒褲裝飾器 """
    def _init_(self, person):
        super()._init_(person)
    def decorate(self):
        print(" 一條卡其色休閒褲 ")


class BeltDecorator(ClothingDecorator):
    """ 腰帶裝飾器 """
    def _init_(self, person):
        super()._init_(person)
    def decorate(self):
        print(" 一條銀色針扣頭的黑色腰帶 ")


class LeatherShoesDecorator(ClothingDecorator):
    """ 皮鞋裝飾器 """
    def _init_(self, person):
        super()._init_(person)
    def decorate(self):
        print(" 一雙深色休閒皮鞋 ")


class KnittedSweaterDecorator(ClothingDecorator):
```

```python
    """ 針織毛衣裝飾器 """
    def _init_(self, person):
        super()._init_(person)
    def decorate(self):
        print(" 一件紫紅色針織毛衣 ")

class WhiteShirtDecorator(ClothingDecorator):
    """ 白色襯衫裝飾器 """
    def _init_(self, person):
        super()._init_(person)
    def decorate(self):
        print(" 一件白色襯衫 ")

class GlassesDecorator(ClothingDecorator):
    """ 眼鏡裝飾器 """
    def _init_(self, person):
        super()._init_(person)
    def decorate(self):
        print(" 一副方形黑框眼鏡 ")
def testDecorator():
    tony = Engineer("Tony", " 用戶端 ")
    pant = CasualPantDecorator(tony)
    belt = BeltDecorator(pant)
    shoes = LeatherShoesDecorator(belt)
    shirt = WhiteShirtDecorator(shoes)
    sweater = KnittedSweaterDecorator(shirt)
    glasses = GlassesDecorator(sweater)
    glasses.wear()
    print()
    decorateTeacher = GlassesDecorator(WhiteShirtDecorator(LeatherShoesDecorator
(Teacher("wells", " 教授 "))))
    decorateTeacher.wear()

testDecorator()
```

上面的測試程式碼中 decorateTeacher = GlassesDecorator(WhiteShirtDecorator(LeatherShoesDecorator (Teacher("wells", " 教授 ")))) 這個寫法，大家不要覺得奇怪，它其

實就是將多個物件的創建過程合在一起，是一種優雅的寫法。創建的 Teacher 物件透過參數傳給 LeatherShoesDecorator 的構造函數，而創建的 LeatherShoesDecorator 物件又透過參數傳給 WhiteShirtDecorator 的構造函數，依此類推……

執行結果

```
==================== RESTART: D:/Design_Patterns/ch4/p4_1.py ====================
我是 用戶端工程師 Tony， 著裝：
一條卡其色休閒褲
一條銀色針扣頭的黑色腰帶
一雙深色休閒皮鞋
一件白色襯衫
一件紫紅色針織毛衣
一副方形黑框眼鏡

我是 wells教授， 著裝：
一雙深色休閒皮鞋
一件白色襯衫
一副方形黑框眼鏡
```

4.2　從劇情中思考裝飾模式

4.2.1　什麼是裝飾模式

Attach additional responsibilities to an object dynamically. Decorators provide a flexible alternative to subclassing for extending functionality.

動態地給一個物件增加一些額外的職責，就拓展物件功能來說，裝飾模式比生成子類別的方式更為靈活。

就故事劇情中這個示例來說，由結構龐大的子類別繼承關係（如圖 4-1 所示）轉換成了結構緊湊的裝飾關係（如圖 4-2 所示）。

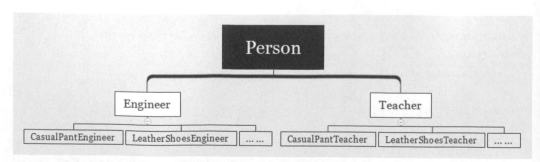

圖 4-1　繼承關係

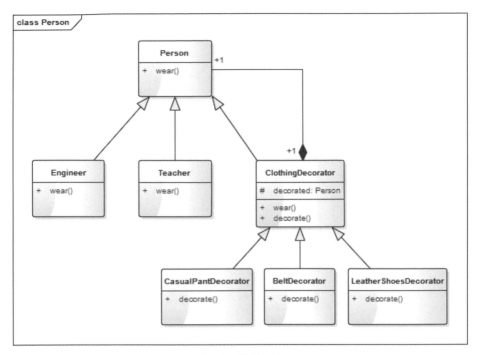

圖 4-2　裝飾關係

4.2.2　裝飾模式設計思維

在故事劇情中，Tony 為了改善自己的形象，換了整體著裝，改變了自己的氣質，使自己看起來不再是那個猥瑣的邋遢樣。俗話說一個人帥不帥，三分看長相，七分看打扮。同一個人，不一樣的著裝，會給人完全不一樣的感覺。我們可以任意搭配不同的衣服、圍巾、褲子、鞋子、眼鏡、帽子以達到不同的效果。

在這個追求個性與自由的時代，穿著的風格可謂是開放到了極致，真是你想怎麼搭就怎麼搭！如果你去參加一個正式會議或演講，可以穿一套正式西服；如果你去大草原，想騎著駿馬馳騁天地，便該穿上馬服、馬褲、馬鞋；如果你是漫迷，去參加動漫節，亦可穿上 cosplay 的衣服，讓自己成為那個內心嚮往的主角……

這樣一個時時刻刻發生在我們生活中的著裝問題，就是程式中裝飾模式的典型樣例。在程式中，我們希望動態地給一個類別增加額外的功能，而不改動原有的程式碼，就可用裝飾模式來進行拓展。

4.3　裝飾模式的模型抽象

4.3.1　類別圖

裝飾模式的類別圖，如圖 4-3 所示。

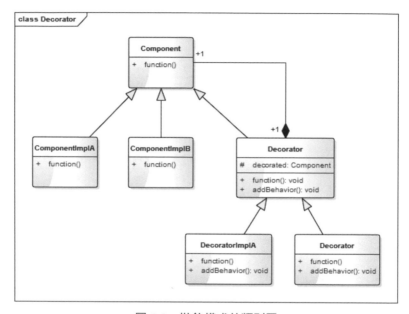

圖 4-3　裝飾模式的類別圖

圖 4-3 中的 Component 是一個抽象類別，代表具有某種功能（function）的元件，ComponentImplA 和 ComponentImplB 分別是其具體的實現子類別。Decorator 是 Component 的裝飾器，裡面有一個 Component 的物件 decorated，這就是被裝飾的物件，裝飾器可為被裝飾物件添加額外的功能或行為（addBehavior）。DecoratorImplA 和 DecoratorImplB 分別是兩個具體的裝飾器（實現子類別）。

這樣一種模式很好地將裝飾器與被裝飾的物件進行解耦。

4.3.2　Python 中的裝飾器

在 Python 中一切都是物件：一個實例是一個物件，一個函數也是一個物件，甚至類別本身也是一個物件。在 Python 中，可以將一個函數作為參數傳遞給另一個函數，也可以將一個類別作為參數傳遞給一個函數。

1. Python 中函數的特殊功能

　　在 Python 中，函數可以作為一個參數傳遞給另一個函數，也可以在函數中返回一個函數，還可以在函數內部再定義函數。這是 Python 和很多靜態語言不同的地方，這一特性給它帶來了很多新奇的功能。

程式實例 p4_2.py　函數的特殊功能

```python
# p4_2.py
def func(num):
    """ 定義內建函式並返回 """
    def firstInnerFunc():
        return " 這是第一個內建函式 "
    def secondInnerFunc():
        return " 這是第二個內建函式 "
    if num == 1:
        return firstInnerFunc
    else:
        return secondInnerFunc

print(func(1))
print(func(2))
print(func(1)())
print(func(2)())
```

執行結果

```
================= RESTART: D:/Design_Patterns/ch4/p4_2.py =================
<function func.<locals>.firstInnerFunc at 0x02D0F150>
<function func.<locals>.secondInnerFunc at 0x03144738>
這是第一個內建函式
這是第二個內建函式
```

　　上面的呼叫程式碼等同於：

```python
firstFunc = func(1)
secondFunc = func(2)
print(firstFunc)
print(secondFunc)
print(firstFunc())
print(secondFunc())
```

2. 裝飾器修飾函數

　　裝飾器的作用：包裝一個函數，並改變（拓展）它的行為。

　　我們以一個場景為例，看一下 Python 中裝飾器是如何實現的。假設有這樣一個需求：我們希望每一個函數在被呼叫之前和被呼叫之後，記錄一條日誌。

程式實例 p4_3.py　定義裝飾器

```python
# p4_3.py
import logging
logging.basicConfig(level=logging.INFO)

def loggingDecorator(func):
    """ 記錄日誌的裝飾器 """
    def wrapperLogging(*args, **kwargs):
        logging.info(" 開始執行 %s() ..." % func._name_)
        func(*args, **kwargs)
        logging.info("%s() 執行完成！" % func._name_)
    return wrapperLogging
def showInfo(*args, **kwargs):
    print(" 這是一個測試函數，參數：", args, kwargs)

decoratedShowInfo = loggingDecorator(showInfo)
decoratedShowInfo('arg1', 'arg2', kwarg1 = 1, kwarg2 = 2)
```

執行結果

```
================== RESTART: D:/Design_Patterns/ch4/p4_3.py ==================
INFO:root:開始執行 showInfo() ...
這是一個測試函數，參數： ('arg1', 'arg2') {'kwarg1': 1, 'kwarg2': 2}
INFO:root:showInfo() 執行完成！
```

　　我們在 loggingDecorator 中定義了一個內建函式 wrapperLogging，用於在傳入的函數中執行前後記錄日誌，一般稱這個函數為包裝函數，並在最後返回這個函數。我們稱 loggingDecorator 為**裝飾器**，定義這個裝飾器函數之後，就可以將其應用於所有希望記錄日誌的函數，比如下面這樣一個函數：

```python
def showMin(a, b):
    print("%d、%d 中的最小值是：%d" % (a, b, a + b))

decoratedShowMin = loggingDecorator(showMin)
decoratedShowMin(2, 3)
```

輸出結果：

```
INFO:root:開始執行 showMin() ...
2、3 中的最小值是：5
INFO:root:showMin() 執行完成！
```

有沒有發現，我們每次呼叫一個函數，都要寫兩行程式碼。這是非常繁瑣的，Python 有沒有更簡單的方式，讓我們的程式碼更簡潔一些呢？答案是肯定的，那就是 @decorator 語法，如下所示：

```
@loggingDecorator
def showMin(a, b):
    print("%d、%d 中的最小值是：%d" % (a, b, a + b))


showMin(2, 3)
```

@loggingDecorator 表示用 loggingDecorator 裝飾器來修飾 showMin 函數，它的功能與下面程式碼的作用是相同的，但呼叫時，只需要寫一行程式碼，和呼叫一般函數是一樣的。

```
decoratedShowMin = loggingDecorator(showMin)
decoratedShowMin(2, 3)
```

3. 裝飾器修飾類別

裝飾器可以是一個函數，也可以是一個類別（必須要實現 _call_ 方法，使其是 callable 的）。同時裝飾器不僅可以修改一個函數，還可以修飾一個類別，示例如下。

程式實例 p4_4.py　修飾類別的裝飾器

```
# p4_4.py
class ClassDecorator:
    """ 類別裝飾器，記錄一個類別被產生實體的次數 """
    def _init_(self, func):
        self._numOfCall = 0
        self._func = func


    def _call_(self, *args, **kwargs):
        self._numOfCall += 1
```

```
        obj = self._func(*args, *kwargs)
        print(" 創建 %s 的第 %d 個實例 :%s" % (self._func._name_, self._numOfCall, id(obj)))
        return obj


@ClassDecorator
class MyClass:
    def _init_(self, name):
        self._name = name
    def getName(self):
        return self._name


tony = MyClass("Tony")
karry = MyClass("Karry")
print(id(tony))
print(id(karry))
```

執行結果
```
=================== RESTART: D:/Design_Patterns/ch4/p4_4.py ===================
創建MyClass的第1個實例:59771760
創建MyClass的第2個實例:59771184
59771760
59771184
```

　　這裡 ClassDecorator 是類別裝飾器，記錄一個類別被產生實體的次數。其修飾一個類別和修飾一個函數的用法是一樣的，只需在定義類別時 @ClassDecorator 即可。

4.3.3　模型說明

1. 設計要點

　　（1）可靈活地給一個物件增加職責或拓展功能。你可任意地穿上自己想穿的衣服。不管穿上什麼衣服，你還是那個你，但穿上不同的衣服你就會有不同的外表。

　　（2）可增加任意多個裝飾 你可以只穿一件衣服，也可以只穿一條褲子，也可以衣服和褲子搭配著穿，隨你意！

　　（3）裝飾的順序不同，可能產生不同的效果。在上面的示例中，Tony 把針織毛衣穿在外面，白色襯衫穿在裡面。當然，如果你願意（或因為怕冷），也可以把針織毛衣穿在裡面，白色襯衫穿在外面。但兩種著裝穿出來的效果、給人的感覺肯定是完全不一樣的。

使用裝飾模式時，想要改變裝飾的順序，也是非常簡單的。只要把測試程式碼稍微改動一下即可，如下所示：

```
def testDecorator2():
    tony = Engineer("Tony", "用戶端")
    sweater = KnittedSweaterDecorator(tony)
    shirt = WhiteShirtDecorator(sweater)
    glasses = GlassesDecorator(shirt)
    glasses.wear()
```

輸出結果：

```
我是用戶端工程師 Tony，著裝：
一件紫紅色針織毛衣
一件白色襯衫
一副方形黑框眼鏡
```

2. 裝飾模式的優缺點

優點：

（1）使用裝飾模式來實現擴展比使用繼承更加靈活，它可以在不創造更多子類別的情況下，將物件的功能加以擴展。

（2）可以動態地給一個物件附加更多的功能。

（3）可以用不同的裝飾器進行多重裝飾，裝飾的順序不同，可能產生不同的效果。

（4）裝飾類別和被裝飾類別可以獨立發展，不會相互耦合；裝飾模式相當於繼承的一個替代模式。

缺點：

與繼承相比，用裝飾的方式拓展功能容易出錯，排錯也更困難。對於多次裝飾的物件，調試尋找錯誤時可能需要逐級排查，較為煩瑣。

3. Python 裝飾器與裝飾模式的區別與聯繫

在 "4.3.2 Python 中的裝飾器" 一節中說明 Python 中裝飾器的原理和用法，它與我們在這一章講的**裝飾模式**的設計模式有什麼區別呢？二者的區別如表 4-1 所示。

表 4-1　Python 裝飾器與裝飾模式的區別

區別點	Python 裝飾器	裝飾模式
設計思維	函數式程式設計思維，也就是面向過程式的思維	物件導向的程式設計思維
修飾的物件	可以修飾一個函數，也可以修飾一個類別	修飾的是某個類別中的指定方法
影響的範圍	修飾一個函數時，對這個函數的所有呼叫都起效；修飾一個類別時，對這個類別的所有實例都起效	只對修飾的這一個物件起效

二者的聯繫是，設計的思維相似，即要達到的目標是相似的：更好的拓展性，以及在不需要做太多程式碼變動的前提下，增加額外的功能。

4.4　應用場景

（1）有大量獨立的擴展，為支援每一種組合將產生大量的子類別，使得子類別數目呈爆炸性增長時。

（2）需要動態地增加或撤銷功能時。

（3）不能採用生成子類別的方法進行擴充時，類別的定義不能用於生成子類別（如 Java 中的 final 類別）。

裝飾模式的應用場景非常廣泛。如在實際專案開發中經常看到的篩檢程式，便可用裝飾模式的方式實現。如果你是 Java 程式師，那麼你對 I/O 中的 FilterInputStream 和 FilterOutputStream 一定不陌生，它的實現其實就是一個裝飾模式。FilterInput-Stream（FilterOutputStream）就是一個裝飾器，而 InputStream（OutputStream）就是被裝飾的物件。我們看一下創建物件的過程：

```
DataInputStream dataInputStream = new DataInputStream(new FileInputStream("C:/text.txt"));
DataOutputStream dataOutputStream = new DataOutputStream(new FileOutputStream("C:/text.txt"));
```

這個寫法與上面 Demo 中的 decorateTeacher = GlassesDecorator(WhiteShirtDecorator(Leather- ShoesDecorator(Teacher("wells", " 教授 ")))) 是不是很相似？它們都是用一個物件套一個物件的方式進行創建的。

第 5 章

單例模式 (Singleton Pattern)

5.1　從生活中領悟單例模式

5.1.1　故事劇情─你是我的唯一

愛情是每一個人都渴望的，Tony 也一樣！自從畢業後，Tony 就一直沒再談過戀愛。一個機緣巧合，Tony 終於遇上了自己喜歡的人。她叫 Jenny，有一頭長髮，天生愛笑，聲音甜美，性格溫和……

作為一個程式師的 Tony，直男癌的症狀也很明顯：天生木訥，不善言辭。Tony 自然不敢正面表白，但他也有自己的方式，以一種傳統書信的方式，展開了一場暗流湧動的追求……經歷了屢戰屢敗、屢敗屢戰的追求之後，Tony 和 Jenny 終於在一起了！

然而好景不長，由於種種原因，最後 Jenny 還是和 Tony 分開了……

人生就像一場旅行，蜿蜒曲折，一路向前！沿途你會看到許多風景，也會經歷很多黑夜，但我們無法回頭！有些風景可能很短暫，而有些風景我們希望能夠長存，伴隨自己走完餘生。Tony 經歷過一次被愛，也經歷過一次追愛，他希望下次能找到一個可陪伴自己走完餘生的她，那個他的唯一！

5.1.2　用程式來類比生活

相信每一個人都渴望純潔的愛情，希望找到那個唯一的他（她）。不管你是單身，還是已經成雙成對，肯定都希望你的伴侶是唯一的！程式如人生，有些類別我們也希望它只有一個實例。

我們用程式來類比一下真愛。

程式實例 p5_1.py 模擬故事劇情

```python
# p5_1.py
class MyBeautifulGril(object):
    """ 我的漂亮女神 """
    _instance = None
    _isFirstInit = False
    def _new_(cls, name):
        if not cls._instance:
            MyBeautifulGril._instance = super()._new_(cls)
        return cls._instance
    def _init_(self, name):
        if not self._isFirstInit:
            self._name = name
            print(" 遇見 " + name + " ，我一見鍾情！")
            MyBeautifulGril._isFirstInit = True
        else:
            print(" 遇見 " + name + " ，我置若罔聞！")
    def showMyHeart(self):
        print(self._name + " 就是我心中的唯一！")
def TestLove():
    jenny = MyBeautifulGril("Jenny")
    jenny.showMyHeart()
    kimi = MyBeautifulGril("Kimi")
    kimi.showMyHeart()
    print("id(jenny):", id(jenny), " id(kimi):", id(kimi))

TestLove()
```

執行結果
```
==================== RESTART: D:\Design_Patterns\ch5\p5_1.py ====================
遇見Jenny，我一見鍾情！
Jenny就是我心中的唯一！
遇見Kimi，我置若罔聞！
Jenny就是我心中的唯一！
id(jenny): 58002160  id(kimi): 58002160
```

看到了沒，一旦你初次選定了 Jenny，不管換幾個人，你心中念叨的還是 Jenny ！
這才是真愛啊！

5.2　從劇情中思考單例模式

5.2.1　什麼是單例模式

> Ensure a class has only one instance, and provide a global point of access to it.
>
> 確保一個類別只有一個實例，並且提供一個存取它的全域方法。

5.2.2　單例模式設計思維

人如果腳踏兩隻船，你的生活將會翻船！程式中的部分關鍵類別如果有多個實例，容易使邏輯混亂，程式崩潰！有一些人，你希望是此生唯一的。程式也一樣，有一些類別，你希望它的實例是唯一的。

單例模式就是保證一個類別有且只有一個物件（實例）的一種機制。單例模式用來控制某些事物只允許有一個個體，比如在我們生活的世界中，有生命的星球只有一個—地球（至少到目前為止在人類所探索到的世界中是這樣的）。

5.3　單例模式的模型抽象

5.3.1　程式碼框架

單例模式的實現方式有很多種，下面列出幾種常見的方式。

1. 重寫 _new_ 和 _init_ 方法

程式實例 p5_2.py 單例的實現方式一

```python
class Singleton1(object):
    """ 單例實現方式一 """
    _instance = None
    _isFirstInit = False
    def _new_(cls, name):
        if not cls._instance:
```

```
            Singleton1._instance = super()._new_(cls)
        return cls._instance
    def _init_(self, name):
        if not self._isFirstInit:
            self._name = name
            Singleton1._isFirstInit = True
    def getName(self):
        return self._name


# Test
tony = Singleton1("Tony")
karry = Singleton1("Karry")
print(tony.getName(), karry.getName())
print("id(tony):", id(tony), "id(karry):", id(karry))
print("tony == karry:", tony == karry)
```

執行結果
```
================= RESTART: D:\Design_Patterns\ch5\p5_2.py =================
Tony Tony
id(tony): 48761680 id(karry): 48761680
tony == karry: True
```

　　在 Python 3 的類別中，_new_ 負責物件的創建，而 _init_ 負責物件的初始化；_new_ 是一個類別方法，而 _init_ 是一個物件方法。

　　new 是我們透過類別名進行產生實體物件時自動呼叫的，_init_ 是在每一次產生實體物件之後呼叫的，_new_ 方法創建一個實例之後返回這個實例的物件，並將其傳遞給 _init_ 方法的 self 參數。

　　在上面的範例程式碼中，我們定義了一個靜態的 _instance 類別變數，用來存放 Singleton1 的物件，_new_ 方法每次返回同一個 _instance 物件（若未初始化，則進行初始化）。因為每一次透過 s = Singleton1() 的方式創建物件時，都會自動呼叫 _init_ 方法來初始化實例物件，因此 _isFirstInit 的作用就是確保只對 _instance 物件進行一次初始化。故事劇情中的程式碼就是用這種方式實現的單例模式。

　　在 Java 和 C++ 這種靜態語言中，實現單例模式的一個最簡單的方法就是：將構造函式宣告成 private 類型的，再定義一個 getInstance() 的靜態方法返回一個物件，並確保 getInstance() 每次返回同一個物件即可。例如下面的 Java 範例程式碼：

```
/**
 * Java 中單例模式的實現，未考慮執行緒安全
 */
public class Singleton {
    private static Singleton instance = null;
    private String name;
    private Singleton(String name) {
        this.name = name;
    }
    public static Singleton getInstance(String name) {
        if (instance == null) {
            instance = new Singleton(name);
        }
        return instance;
    }
}
```

　　Python 中 _new_ 和 _init_ 都是 public 類型的，所以我們需要透過重寫 _new_ 和 _init_ 方法來改造物件的創建，從而實現單例模式。如果你想更詳細地瞭解 Python 中 _new_ 和 _init_ 的原理和用法，請參見 " 附錄 B　Python 中 _new_ 和 _init_、_call_ 的用法 "。

2. 自訂 metaclass 的方法

程式實例 p5_3.py　單例的實現方式二

```
# p5_3.py
class Singleton2(type):
    """ 單例實現方式二 """
    def _init_(cls, what, bases=None, dict=None):
        super()._init_(what, bases, dict)
        cls._instance = None # 初始化全域變數 cls._instance 為 None
    def _call_(cls, *args, **kwargs):
        # 控制物件的創建過程，如果 cls._instance 為 None，則創建，否則直接返回
        if cls._instance is None:
            cls._instance = super()._call_(*args, **kwargs)
        return cls._instance
```

```
class CustomClass(metaclass=Singleton2):
    """ 用戶自訂的類別 """
    def _init_(self, name):
        self._name = name
    def getName(self):
        return self._name


tony = CustomClass("Tony")
karry = CustomClass("Karry")
print(tony.getName(), karry.getName())
print("id(tony):", id(tony), "id(karry):", id(karry))
print("tony == karry:", tony == karry)
```

執行結果
```
================= RESTART: D:\Design_Patterns\ch5\p5_3.py =================
Tony Tony
id(tony): 50400208 id(karry): 50400208
tony == karry: True
```

在上面的程式碼中，我們定義了 metaclass（Singleton2）來控制物件的產生實體過程。在定義自己的類別時，我們透過 class CustomClass(metaclass=Singleton2) 來顯式地指定 metaclass 為 Singleton2。如果你還不太熟悉 metaclass，想瞭解更多關於它的原理，請參見 " 附錄 C　Python 中 metaclass 的原理 "。

3. 裝飾器的方法

程式實例 5-4　單例的實現方式三

```
def singletonDecorator(cls, *args, **kwargs):
    """ 定義一個單例裝飾器 """
    instance = {}
    def wrapperSingleton(*args, **kwargs):
        if cls not in instance:
            instance[cls] = cls(*args, **kwargs)
        return instance[cls]
    return wrapperSingleton


@singletonDecorator
class Singleton3:
```

```
""" 使用單例裝飾器修飾一個類別 """
def _init_(self, name):
    self._name = name
def getName(self):
    return self._name

tony = Singleton3("Tony")
karry = Singleton3("Karry")
print(tony.getName(), karry.getName())
print("id(tony):", id(tony), "id(karry):", id(karry))
print("tony == karry:", tony == karry)
```

執行結果
```
================= RESTART: D:\Design_Patterns\ch5\p5_4.py =================
Tony Tony
id(tony): 52828400 id(karry): 52828400
tony == karry: True
```

　　裝飾器的實質就是對傳進來的參數進行補充，可以在不對原有的類別做任何程式碼變動的前提下增加額外的功能，使用裝飾器可以裝飾多個類別。用裝飾器的方式來實現單例模式，通用性非常高，在實際項目中用得非常多。想瞭解更多關於裝飾器的原理和用法，可以參見 "4.3.2 Python 中的裝飾器 "。

5.3.2　類別圖

　　單例模式的類別圖如圖 5-1 所示。

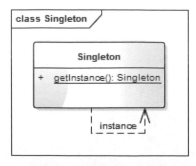

圖 5-1　單例模式的類別圖

　　類別圖非常簡單，只有一個類別，類別中只有一個方法，getInstance() 的作用就是獲取該類別的唯一實例。

5.3.3 基於框架的實現

透過上面的方式三（裝飾器的方法），我們知道，在定義通用的裝飾器方法之後
再用它去修飾一個類別，這個類別就成了一個單例模式的類別，使用起來非常方便。
我們假設最開始的範例程式碼為 Version 1.0，下面看看基於裝飾器的 Version 2.0 吧。

程式實例 p5_5.py Version 2.0 的實現

```python
# p5_5.py
def singletonDecorator(cls, *args, **kwargs):
    """ 定義一個單例裝飾器 """
    instance = {}
    def wrapperSingleton(*args, **kwargs):
        if cls not in instance:
            instance[cls] = cls(*args, **kwargs)
        return instance[cls]
    return wrapperSingleton


@singletonDecorator
class MyBeautifulGril(object):
    """ 我的漂亮女神 """
    def _init_(self, name):
        self._name = name
        if self._name == name:
            print(" 遇見 " + name + "，我一見鍾情！")
        else:
            print(" 遇見 " + name + "，我置若罔聞！")
    def showMyHeart(self):
        print(self._name + " 就是我心中的唯一！")

def TestLove():
    jenny = MyBeautifulGril("Jenny")
    jenny.showMyHeart()
    kimi = MyBeautifulGril("Kimi")
    kimi.showMyHeart()
    print("id(jenny):", id(jenny), " id(kimi):", id(kimi))

TestLove()
```

執行結果

```
=============== RESTART: D:\Design_Patterns\ch5\p5_5.py ===============
遇見Jenny，我一見鍾情！
Jenny就是我心中的唯一！
Jenny就是我心中的唯一！
id(jenny): 51972272   id(kimi): 51972272
```

5.4　應用場景

（1）你希望這個類別只有一個且只能有一個實例。

（2）項目中的一些全域管理類別（Manager）可以用單例模式來實現。

第 6 章

克隆模式 (Clone Pattern)

6.1　從生活中領悟克隆模式

6.1.1　故事劇情─給你一個分身術

Tony 最近在看電視劇《閃電俠》，裡面有一個叫 Danton Black 的超人，擁有複製自身的超能力，能夠變身出 6 個自己。男主角第一次與他交鋒時還暈了過去。

Tony 也想有這種超能力，這樣就可以同時處理多件事：可以一邊敲程式碼，一邊看書，還能一邊聊天！

當然這是不可能的，雖然現在的克隆技術已經能夠克隆羊、克隆狗、克隆貓，但還不能克隆人！就算可以，也不能使克隆出來的自己立刻就變成二十幾歲的你，當他長到二十幾歲時你已經四十幾歲了，他還能理解你的想法嗎？

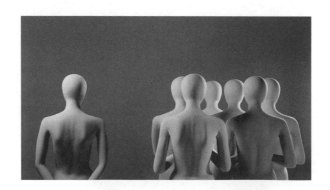

6.1.2　用程式來類比生活

人的克隆是困難的，但程式的克隆是簡單的，因為它天生就具備方便複製的特點。在程式設計中，也有一種思維來源於克隆這一概念，就是克隆模式。在談這一模式之前，我們先用程式來類比一下 Tony 這一美妙的想法。

程式實例 p6_1.py　模擬故事劇情

```
# p6_1.py
from copy import copy, deepcopy
```

```python
class Person:
    """ 人 """
    def _init_(self, name, age):
        self._name = name
        self._age = age
    def showMyself(self):
        print(" 我是 " + self._name + "，年齡 " + str(self._age) + "。")
    def coding(self):
        print(" 我是碼農，我用程式改變世界，Coding……")
    def reading(self):
        print(" 閱讀使我快樂！知識使我成長！如饑似渴地閱讀是生活的一部分……")
    def fallInLove(self):
        print(" 春風吹，月亮明，花前月下好相約……")
    def clone(self):
        return copy(self)


def testClone():
    tony = Person("Tony", 27)
    tony.showMyself()
    tony.coding()
    tony1 = tony.clone()
    tony1.showMyself()
    tony1.reading()
    tony2 = tony.clone()
    tony2.showMyself()
    tony2.fallInLove()
```

執行結果

```
================== RESTART: D:\Design_Patterns\ch6\p6_1.py ==================
我是Tony，年齡27。
我是碼農，我用程式改變世界，Coding……
我是Tony，年齡27。
閱讀使我快樂！知識使我成長！如饑似渴地閱讀是生活的一部分……
我是Tony，年齡27。
春風吹，月亮明，花前月下好相約……
```

　　在上面的例子中，Tony 克隆出了兩個自己 tony1 和 tony2，因為是克隆出來的，所有姓名和年齡都一樣，這樣 Tony 就可以同時敲程式碼、讀書和約會了。

6.2 從劇情中思考克隆模式

6.2.1 什麼是克隆模式

Specify the kinds of objects to create using a prototypical instance, and create new objects by copying this prototype.

用原型實例指定要創建物件的種類，並透過拷貝這些原型的屬性來創建新的物件。

像上面故事劇情的示例一樣，透過拷貝自身的屬性來創建一個新物件的過程叫作**克隆模式（Clone）**。在很多書籍和資料中被稱為**原型模式**，但我覺得克隆一詞更能切中其主旨。

克隆模式的核心就是一個 clone 方法，clone 方法的功能就是拷貝父本的所有屬性。主要包括兩個過程：

（1）分配一塊新的記憶體空間給新的物件。

（2）拷貝父本物件的所有屬性。

6.2.2 淺拷貝與深拷貝

要講清楚這個概念，我們先來看一個例子。有個寵物店，寵物店裡有多個寵物，現在嘗試對寵物店進行克隆。

程式實例 p6_2.py　淺拷貝與深拷貝

```python
# p6_2.py
from copy import copy, deepcopy

class PetStore:
    """ 寵物店 """
    def _init_(self, name):
        self._name = name
        self._petList = []
    def setName(self, name):
        self._name = name
```

```
    def showMyself(self):
        print("%s 寵物店有以下寵物：" % self._name)
        for pet in self._petList:
            print(pet + "\t", end="")
        print()
    def addPet(self, pet):
        self._petList.append(pet)

def testPetStore():
    petter = PetStore("Petter")
    petter.addPet(" 小狗 Coco")
    print(" 父本 petter：", end="")
    petter.showMyself()
    print()

    petter1 = deepcopy(petter)
    petter1.addPet(" 小貓 Amy")
    print(" 副本 petter1：", end="")
    petter1.showMyself()
    print(" 父本 petter：", end="")
    petter.showMyself()
    print()

    petter2 = copy(petter)
    petter2.addPet(" 小兔 Ricky")
    print(" 副本 petter2：", end="")
    petter2.showMyself()
    print(" 父本 petter：", end="")
    petter.showMyself()

testPetStore()
```

執行結果

```
================ RESTART: D:\Design_Patterns\ch6\p6_2.py ================
父本petter：Petter 寵物店有以下寵物：
小狗Coco

副本petter1：Petter 寵物店有以下寵物：
小狗Coco        小貓Amy
父本petter：Petter 寵物店有以下寵物：
小狗Coco

副本petter2：Petter 寵物店有以下寵物：
小狗Coco        小兔Ricky
父本petter：Petter 寵物店有以下寵物：
小狗Coco        小兔Ricky
```

在上面這個例子中，我們看到副本 petter1 是透過深拷貝的方式創建的，我們對 petter1 物件增加寵物，不會影響 petter 物件。而副本 petter2 是透過淺拷貝的方式創建的，我們對 petter2 物件增加寵物時，petter 物件也跟著改變，這是因為 PetStore 類別的 _petList 成員是一個可變的參考類別型。

淺拷貝只拷貝參考類別型物件的指標（指向），而不拷貝參考類別型物件指向的值；深拷貝則同時拷貝參考類別型物件及其指向的值。

參考類別型：物件本身可以修改，Python 中的參考類別型有清單（List）、字典（Dictionary）、類別物件。Python 在賦值的時候預設是淺拷貝，例如：

程式實例 p6_3　參考類別型的賦值

```
# p6_3.py
def testList():
    list = [1, 2, 3];
    list1 = list;
    print("id(list):", id(list))
    print("id(list1):", id(list1))
    print(" 修改之前：")
    print("list:", list)
    print("list1:", list1)
    list1.append(4);
    print(" 修改之後：")
    print("list:", list)
    print("list1:", list1)
testList()
```

執行結果
```
================= RESTART: D:\Design_Patterns\ch6\p6_3.py =================
id(list): 43582328
id(list1): 43582328
修改之前：
list: [1, 2, 3]
list1: [1, 2, 3]
修改之後：
list: [1, 2, 3, 4]
list1: [1, 2, 3, 4]
```

透過克隆的方式創建物件時，淺拷貝往往是很危險的，因為如果這個類別有參考類別型的屬性時，一個物件的改變會引起另一個物件也改變。深拷貝會對一個物件的屬性進行完全拷貝，這樣兩個物件之間就不會相互影響了，你改你的，我改我的。

在使用克隆模式時，除非一些特殊情況（如需求本身就要求兩個物件一起改變），儘量使用深拷貝的方式（我們稱其為安全模式）。

6.3 克隆模式的模型抽象

6.3.1 程式碼框架

克隆模式非常簡單，我們可以對它進行進一步的重構和優化，抽象出克隆模式的框架模型。

程式實例 p6_4.py 克隆模式的框架模型

```python
# p6_4.py
from copy import copy, deepcopy


class Clone:
    """ 克隆的基類別 """
    def clone(self):
        """ 淺拷貝的方式克隆物件 """
        return copy(self)
    def deepClone(self):
        """ 深拷貝的方式克隆物件 """
        return deepcopy(self)
```

6.3.2 類別圖

克隆模式的類別圖如圖 6-1 所示。

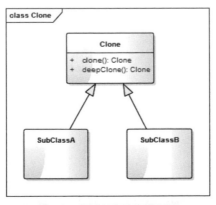

圖 6-1 克隆模式的類別圖

Clone 是克隆模式的基類別，SubClassA 和 SubClassB 是具體的實現類別。

Python 中由於有 copy 模組的支援，因此克隆模式實現起來非常簡單，只有兩個方法：深拷貝克隆 deepClone 和淺拷貝克隆 clone，大部分情況下會用深拷貝的方式。

6.3.3　基於框架的實現

有了上面的程式碼框架之後，我們要實現範例程式碼的功能就會更簡單了。我們假設最開始的範例程式碼為 Version 1.0，下面看看基於框架的 Version 2.0 吧。

程式實例 p6_5.py　Version 2.0 的實現

```
# p6_5.py
#from copy import copy, deepcopy
from p6_4 import Clone


class Person(Clone):
    """ 人 """
    def _init_(self, name, age):
        self._name = name
        self._age = age
    def showMyself(self):
        print(" 我是 " + self._name + ", 年齡 " + str(self._age) + ".")
    def coding(self):
        print(" 我是碼農，我用程式改變世界，Coding……")
    def reading(self):
        print(" 閱讀使我快樂！知識使我成長！如饑似渴地閱讀是生活的一部分……")
    def fallInLove(self):
        print(" 春風吹，月亮明，花前月下好相約……")


def testClone():
    tony = Person("Tony", 27)
    tony.showMyself()
    tony.coding()
    tony1 = tony.clone()
    tony1.showMyself()
    tony1.reading()
    tony2 = tony.clone()
```

```
    tony2.showMyself()
    tony2.fallInLove()

testClone()
```

執行結果
```
================ RESTART: D:\Design_Patterns\ch6\p6_5.py ================
我是Tony,年齡27.
我是碼農,我用程式改變世界,Coding……
我是Tony,年齡27.
閱讀使我快樂!知識使我成長!如饑似渴地閱讀是生活的一部分……
我是Tony,年齡27.
春風吹,月亮明,花前月下好相約……
```

6.3.4　模型說明

1. 設計要點

　　克隆模式也叫原型模式,應用場景非常廣泛。在 Java 中與基類別 Object 融為一體,可以隨手就拿來用,只要 implements Cloneabble 介面就預設擁有了克隆的功能。而在 Python 中,克隆模式成為了語言本身的一部分,因為 Python 中物件的賦值就是一個淺拷貝的過程。

　　在設計克隆模式時,唯一需要注意的是:區分淺拷貝與深拷貝,除非一些特殊情況(如需求本身就要求兩個物件一起改變),儘量使用深拷貝的方式。

2. 克隆模式的優缺點

　　優點:

　　(1)克隆模式透過記憶體拷貝的方式進行複製,比 new 的方式創建物件性能更好。

　　(2)透過深拷貝的方式,可以方便地創建一個具有相同屬性和行為的另一個物件,特別是對於複雜物件,方便性尤為突出。

　　缺點:

　　透過克隆的方式創建物件,**不會執行類別的初始化函數 (_init_)**。這不一定是缺點,但大家使用的時候需要注意這一點。

6.4　實戰應用

很多應用程式（Application）都會有一些功能設置的操作（如字體、字型大小、常用快速鍵等），也就是說這些功能是可配置和修改的。對於一些專業性的軟體（如集成開發工具 PyCharm 和工程製圖軟體 AutoCAD），這些配置可能會非常多而且複雜。我們在修改這些配置時，通常希望能備份一下原有的配置，以便在設置不合理或出問題時，還能再切換到之前的配置。這時，通常的做法是：複製一份原來的配置，然後在新的配置上做修改，以符合自己的使用習慣，當配置出問題時，再切換到原來的配置。

為簡單起見，假設我們的應用程式只有以下幾個配置項：字體、字型大小、語言、異常檔的路徑（用於軟體異常或崩潰時進行回饋）。

程式實例 p6_6.py　應用程式的配置管理

```
# ch6_6.py
from p6_4 import Clone

class AppConfig(Clone):
    """ 應用程式功能配置 """
    def _init_(self, configName):
        self._configName = configName
        self.parseFromFile("./config/default.xml")
    def parseFromFile(self, filePath):
        """
        從設定檔中解析配置項
        真實專案中通常會將配置保存到設定檔中，保證下次開啟時依然能夠生效；
        這裡為簡單起見，不從檔中讀取，以初始化的方式來類比。
        """
        self._fontType = " 宋體 "
        self._fontSize = 14
        self._language = " 中文 "
        self._logPath = "./logs/appException.log"
    def saveToFile(self, filePath):
        """
        將配置保存到設定檔中
```

```
            這裡為簡單起見，不再實現
            """
pass
    def copyConfig(self, configName):
        """ 創建一個配置的副本 """
        config = self.deepClone()
        config._configName = configName
        return config
    def showInfo(self):
        print("%s 的配置資訊如下：" % self._configName)
        print(" 字體：", self._fontType)
        print(" 字型大小：", self._fontSize)
        print(" 語言：", self._language)
        print(" 異常檔的路徑：", self._logPath)
    def setFontType(self, fontType):
        self._fontType = fontType
    def setFontSize(self, fontSize):
        self._fontSize = fontSize
    def setLanguage(self, language):
        self._language = language
    def setLogPath(self, logPath):
        self._logPath = logPath


def testAppConfig():
    defaultConfig = AppConfig("default")
    defaultConfig.showInfo()
    print()
    newConfig = defaultConfig.copyConfig("tonyConfig")
    newConfig.setFontType(" 雅黑 ")
    newConfig.setFontSize(18)
    newConfig.setLanguage("English")
    newConfig.showInfo()


testAppConfig()
```

執行結果

```
=================== RESTART: D:/Design_Patterns/ch6/p6_6.py ===================
default 的配置資訊如下：
字體：　宋體
字型大小：　14
語言：　中文
異常檔的路徑：　./logs/appException.log

tonyConfig 的配置資訊如下：
字體：　雅黑
字型大小：　18
語言：　English
異常檔的路徑：　./logs/appException.log
```

6.5　應用場景

（1）如果創建新物件（如複雜物件）成本較高，我們可以利用已有的物件進行複製來獲得。

（2）類別的初始化需要消耗非常多的資源時，如需要消耗很多的資料、硬體等資源。

（3）可配合備忘錄模式做一些備份的工作。

第 7 章

職責模式 (Chain of Responsibility Pattern)

7.1　從生活中領悟職責模式

7.1.1　故事劇情—我的假條去哪兒了

　　週五，Tony 因為家裡有一些重要的事需要回家一趟，於是他準備向領導 Eren 請假，填寫完假條便交給了 Eren。得到的回答卻是："這個假條我簽不了，你得等部門總監同意！"Tony 一臉疑惑："上次去參加 SDCC 開發者大會，請了一天假不就是您簽的嗎？"Eren："上次你只請了一天，我可以直接簽。現在你請 5 天，我要提交給部門總監，等他同意才可以。"Tony："您怎麼不早說啊？"Eren："你也沒問啊！下次請假要提前一點……"

　　Tony 哪管這些啊！對他來說，每次請假只要把假條交給 Eren，其他的事情就交給領導處理吧！

　　事實卻是，請假要走一套複雜的流程：

　　（1）少於等於 2 天，直屬領導簽字，提交行政部門；

　　（2）多於 2 天，少於等於 5 天，直屬領導簽字，部門總監簽字，提交行政部門；

　　（3）多於 5 天，少於等於 1 個月，直屬領導簽字，部門總監簽字，CEO 簽字，提交行政部門。

7.1.2　用程式來類比生活

　　對於 Tony 來說，他只需要每次把假條交給直屬領導，其他的煩瑣流程都不用管，所以他並不知道請假流程的具體細節。但請假會影響專案的進展和產品的交付，所以請假其實是一種責任擔當的過程：你請假了，必然會給團隊或部門增加工作壓力，所以領導肯定會控制風險。請假的時間越長，風險越大，領導的壓力和責任也越大，責任人也就越多，責任人的鏈條也就越長。我們用程式來類比一下這個有趣的場景。

程式實例 p7_1.py　模擬故事劇情

```python
# p7_1.py
from abc import ABCMeta, abstractmethod
# 引入 ABCMeta 和 abstractmethod 來定義抽象類別和抽象方法

class Person:
    """ 請假申請人 """
    def _init_(self, name, dayoff, reason):
        self._name = name
        self._dayoff = dayoff
        self._reason = reason
        self._leader = None
    def getName(self):
        return self._name
    def getDayOff(self):
        return self._dayoff
    def getReason(self):
        return self._reason
    def setLeader(self, leader):
        self._leader = leader
    def reuqest(self):
        print("%s 申請請假 %d 天。請假事由：%s" % (self._name, self._dayoff, self._reason) )
        if( self._leader is not None):
            self._leader.handleRequest(self)

class Manager(metaclass=ABCMeta):
    """ 公司管理人員 """
    def _init_(self, name, title):
        self._name = name
```

```python
        self._title = title
        self._nextHandler = None
    def getName(self):
        return self._name
    def getTitle(self):
        return self._title
    def setNextHandler(self, nextHandler):
        self._nextHandler = nextHandler
    @abstractmethod
    def handleRequest(self, person):
        pass


class Supervisor(Manager):
    """ 主管 """
    def _init_(self, name, title):
        super()._init_(name, title)
    def handleRequest(self, person):
        if(person.getDayOff() <= 2):
            print(" 同意 %s 請假，簽字人：%s(%s)" % (person.getName(), self.getName(),
self.getTitle()) )
        if(self._nextHandler is not None):
            self._nextHandler.handleRequest(person)


class DepartmentManager(Manager):
    """ 部門總監 """
    def _init_(self, name, title):
        super()._init_(name, title)
    def handleRequest(self, person):
        if(person.getDayOff() >2 and person.getDayOff() <= 5):
            print(" 同意 %s 請假，簽字人：%s(%s)" % (person.getName(), self.getName(),
self.getTitle()))
        if(self._nextHandler is not None):
            self._nextHandler.handleRequest(person)


class CEO(Manager):
    """CEO"""
    def _init_(self, name, title):
        super()._init_(name, title)
```

```
    def handleRequest(self, person):
        if (person.getDayOff() > 5 and person.getDayOff() <= 22):
            print("同意 %s 請假，簽字人：%s(%s)" % (person.getName(), self.getName(),
self.getTitle()))
        if (self._nextHandler is not None):
            self._nextHandler.handleRequest(person)


class Administrator(Manager):
    """ 行政人員 """
    def _init_(self, name, title):
        super()._init_(name, title)
    def handleRequest(self, person):
        print("%s 的請假申請已審核，情況屬實！已備案處理。處理人：%s(%s)\n" % (person.getName(),
                self.getName(), self.getTitle()))


def testAskForLeave():
    directLeader = Supervisor("Eren", " 用戶端研發部經理 ")
    departmentLeader = DepartmentManager("Eric", " 技術研發中心總監 ")
    ceo = CEO("Helen", " 創新文化公司 CEO")
    administrator = Administrator("Nina", " 行政中心總監 ")
    directLeader.setNextHandler(departmentLeader)
    departmentLeader.setNextHandler(ceo)
    ceo.setNextHandler(administrator)

    sunny = Person("Sunny", 1, " 參加 MDCC 大會。")
    sunny.setLeader(directLeader)
    sunny.reuqest()
    tony = Person("Tony", 5, " 家裡有緊急事情！")
    tony.setLeader(directLeader)
    tony.reuqest()
    pony = Person("Pony", 15, " 出國深造。")
    pony.setLeader(directLeader)
    pony.reuqest()


testAskForLeave()
```

執行結果

```
================= RESTART: D:/Design_Patterns/ch7/p7_1.py =================
Sunny 申請請假 1 天。請假事由：參加MDCC大會。
同意 Sunny 請假，簽字人：Eren(用戶端研發部經理)
Sunny 的請假申請已審核，情況屬實！已備案處理。處理人：Nina(行政中心總監)

Tony 申請請假 5 天。請假事由：家裡有緊急事情！
同意 Tony 請假，簽字人：Eric(技術研發中心總監)
Tony 的請假申請已審核，情況屬實！已備案處理。處理人：Nina(行政中心總監)

Pony 申請請假 15 天。請假事由：出國深造。
同意 Pony 請假，簽字人：Helen(創新文化公司CEO)
Pony 的請假申請已審核，情況屬實！已備案處理。處理人：Nina(行政中心總監)
```

7.2　從劇情中思考職責模式

7.2.1　什麼是職責模式

> Avoid coupling the sender of a request to its receiver by giving more than one object a chance to handle the request. Chain the receiving objects and pass the request along the chain until an object handles it.
>
> 為避免請求發送者與接收者耦合在一起，讓多個物件都有可能接收請求。將這些接收物件連接成一條鏈，並且沿著這條鏈傳遞請求，直到有物件處理它為止。

職責模式也稱為**責任鏈模式**，它將請求的發送者和接收者解耦了。用戶端不需要知道請求處理者的明確資訊和處理的具體邏輯，甚至不需要知道鏈的結構，它只需要將請求進行發送即可。

7.2.2　職責模式設計思維

在故事劇情的示例中，對於 Tony 來說，他並不需要知道假條處理的具體細節，甚至不需要知道假條去哪兒了，他只需要知道假條有人會處理。而假條的處理流程是一手接一手的責任傳遞，處理假條的所有人構成了一條**責任的鏈條**，如圖 7-1 所示。鏈上的每一個人只處理自己職責範圍內的請求，對於自己處理不了的請求，直接交給下一個責任人。這就是程式設計中職責模式的核心思維。

請假申請　　直屬領導 Eren　　部門總監 Eric　　CEO Helen　　行政人員 Nina

圖 7-1　處理假條的流程

在職責模式中我們可以隨時隨地增加或者更改責任人，甚至可以更改責任人的順序，增加了系統的靈活性。但是有時候可能會導致一個請求無論如何也得不到處理，它會被放置在鏈條末端。

7.3　職責模式的模型抽象

7.3.1　程式碼框架

模擬故事劇情的程式碼（程式實例 p7_1.py）還是相對比較粗糙的，我們可以對它進行進一步的重構和優化，抽象出職責模式的框架模型。

程式實例 p7_2.py　職責模式的框架模型

```python
# p7_2.py
from abc import ABCMeta, abstractmethod
# 引入 ABCMeta 和 abstractmethod 來定義抽象類別和抽象方法

class Request:
    """ 請求 ( 內容 )"""
    def _init_(self, name, dayoff, reason):
        self._name = name
        self._dayoff = dayoff
        self._reason = reason
        self._leader = None
    def getName(self):
        return self._name
    def getDayOff(self):
        return self._dayoff
    def getReason(self):
        return self._reason

class Responsible(metaclass=ABCMeta):
    """ 責任人抽象類別 """
    def _init_(self, name, title):
        self._name = name
        self._title = title
```

```
        self._nextHandler = None
    def getName(self):
        return self._name
    def getTitle(self):
        return self._title
    def setNextHandler(self, nextHandler):
        self._nextHandler = nextHandler
    def getNextHandler(self):
        return self._nextHandler
    def handleRequest(self, request):
        """ 請求處理 """
        # 當前責任人處理請求
        self._handleRequestImpl(request)
        # 如果存在下一個責任人，則將請求傳遞（提交）給下一個責任人
        if (self._nextHandler is not None):
            self._nextHandler.handleRequest(request)
    @abstractmethod
    def _handleRequestImpl(self, request):
        """ 真正處理請求的方法 """
        pass
```

7.3.2　類別圖

職責模式的類別圖如圖 7-2 所示。

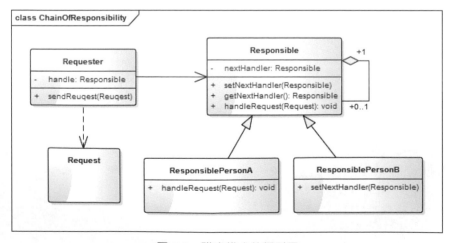

圖 7-2　職責模式的類別圖

　　Requester 是請求的發送者，如故事劇情中的 Person。Request 是請求的包裝類別，封裝一個請求物件。Responsible 是責任人的抽象基類別，也是責任鏈的節點；Responsible 中有一個指向自身的引用，也就是下一個責任人，這是責任鏈形成的關鍵。ResponsiblePersonA 和 ResponsiblePersonB 是具體的責任人，如故事劇情中的直屬領導、部門總監、CEO 等。

7.3.3　基於框架的實現

　　有了程式實例 p7_2.py 的程式碼框架之後，我們要實現範例程式碼的功能就更簡單了，程式碼也會更加優雅。我們假設最開始的範例程式碼為 Version 1.0，下面看看基於框架的 Version 2.0 吧。

程式實例 p7_3.py　Version 2.0 的實現

```python
# p7_3.py
from p7_2 import Responsible, Request
class Person:
    """ 請求者 ( 請假人 )"""
    def _init_(self, name):
        self._name = name
        self._leader = None
    def setName(self, name):
        self._name = name
    def getName(self):
        return self._name
    def setLeader(self, leader):
        self._leader = leader
    def getLeader(self):
        return self._leader
    def sendReuqest(self, request):
        print("%s 申請請假 %d 天。請假事由：%s" % (self._name, request.getDayOff(),
request.getReason()))
        if (self._leader is not None):
            self._leader.handleRequest(request)

class Supervisor(Responsible):
```

```
    """ 主管 """
    def _init_(self, name, title):
        super()._init_(name, title)
    def _handleRequestImpl(self, request):
        if (request.getDayOff() <= 2):
            print(" 同意 %s 請假，簽字人：%s(%s)" % (request.getName(), self.getName(),
self.getTitle()))


class DepartmentManager(Responsible):
    """ 部門總監 """
    def _init_(self, name, title):
        super()._init_(name, title)
    def _handleRequestImpl(self, request):
        if (request.getDayOff() > 2 and request.getDayOff() <= 5):
            print(" 同意 %s 請假，簽字人：%s(%s)" % (request.getName(), self.getName(),
self.getTitle()))


class CEO(Responsible):
    """CEO"""
    def _init_(self, name, title):
        super()._init_(name, title)
    def _handleRequestImpl(self, request):
        if (request.getDayOff() > 5 and request.getDayOff() <= 22):
            print(" 同意 %s 請假，簽字人：%s(%s)" % (request.getName(), self.getName(),
self.getTitle()))


class Administrator(Responsible):
    """ 行政人員 """
    def _init_(self, name, title):
        super()._init_(name, title)
    def _handleRequestImpl(self, request):
        print("%s 的請假申請已審核，情況屬實！已備案處理。處理人：%s(%s)\n" % (request.getName(),
self.getName(), self.getTitle()))


def testChainOfResponsibility():
    directLeader = Supervisor("Eren", " 用戶端研發部經理 ")
    departmentLeader = DepartmentManager("Eric", " 技術研發中心總監 ")
```

```
ceo = CEO("Helen", " 創新文化公司 CEO")
administrator = Administrator("Nina", " 行政中心總監 ")
directLeader.setNextHandler(departmentLeader)
departmentLeader.setNextHandler(ceo)
ceo.setNextHandler(administrator)


sunny = Person("Sunny")
sunny.setLeader(directLeader)
sunny.sendReuqest(Request(sunny.getName(), 1, " 參加 MDCC 大會。"))
tony = Person("Tony")
tony.setLeader(directLeader)
tony.sendReuqest(Request(tony.getName(), 5, " 家裡有緊急事情！"))
pony = Person("Pony")
pony.setLeader(directLeader)
pony.sendReuqest(Request(pony.getName(), 15, " 出國深造。"))


testChainOfResponsibility()
```

輸出結果：與 p7_1.py 是一樣的。

7.3.4　模型說明

1. 設計要點

在設計職責模式的程式時要注意以下幾點。

（1）**請求者與請求內容**：確認誰要發送請求，發送請求的物件稱為請求者。請求的內容透過發送請求時的參數進行傳遞。

（2）**有哪些責任人**：責任人是構成責任鏈的關鍵要素。請求的流動方向是鏈條中的線，而責任人則是鏈條上的節點，線和節點共同構成了一條鏈條。

（3）**對責任人進行抽象**：真實世界中的責任人多種多樣，紛繁複雜，有不同的職責和功能；但他們也有一個共同的特徵一都可以處理請求。所以需要對責任人進行抽象，使他們具有責任的可傳遞性。

（4）**責任人可自由組合**：責任鏈上的責任人可以根據業務的具體邏輯進行自由的組合和排序。

2. 職責模式的優缺點

優點：

（1）降低耦合度。它將請求的發送者和接收者解耦。

（2）簡化了物件。它使得物件不需要知道鏈的結構。

（3）增強給物件指派職責的靈活性。可改變鏈內的成員或者調動它們的次序，允許動態地新增或者刪除責任人。

（4）增加新的處理類別很方便。

缺點：

（1）不能保證請求一定被接收。

（2）系統性能將受到一定的影響，而且在進行程式碼調試時不太方便，可能會造成迴圈呼叫。

7.4　應用場景

（1）有多個物件可以處理同一個請求，具體哪個物件處理該請求在運行時刻自動確定。

（2）請求的處理具有明顯的一層層傳遞關係。

（3）請求的處理流程和順序需要程式運行時動態確定。

（4）常見的審批流程（賬務報銷、轉崗申

第 8 章

代理模式 (Proxy pattern)

8.1 從生活中領悟代理模式

8.1.1 故事劇情—幫我拿一下快遞

8 月中秋已過，冬天急速到來……一場秋雨一場寒，十場秋雨穿上棉！在下了兩場秋雨之後，Tony 已經凍得瑟瑟發抖了。週六，Tony 在京東上買了一雙雪地靴準備過冬，但是忘了選擇京東自營的貨源，第二天穿新鞋的夢想不能如期實現了。

週二，Tony 正在思考一個業務邏輯的實現方式，這時一通電話來了："您好！圓通快遞。您的東西到了，過來取一下快遞。"Tony 愣了一下，轉念明白：是上週六買的雪地靴，本來以為第二天就能到的，所以填的是家裡的位址。這下可好！人都不在家，怎麼辦呢？

Tony 快速思索了一下，想起了鄰居 Wendy。Wendy 是一個小提琴老師，屬於自由職業者，平時在藝術培訓機構或到學生家裡上課，在家的時間比較多。於是趕緊拿起手機呼叫 Wendy 幫忙：你好，在家嗎？能幫忙拿一下快遞嗎？

萬幸的是 Wendy 正好在家，在她的幫助下終於順利拿到快遞！省了不少麻煩。

8.1.2 用程式來類比生活

在生活中，我們經常要找人幫一些忙：幫忙收快遞，幫忙照看寵物狗……在程式中，有一種類似的設計，叫代理模式。在開始之前，我們用程式來類比一下上面的故事劇情。

程式實例 p8_1.py　模擬故事劇情

```python
# p8_1.py
from abc import ABCMeta, abstractmethod
# 引入 ABCMeta 和 abstractmethod 來定義抽象類別和抽象方法

class ReceiveParcel(metaclass=ABCMeta):
    """ 接收包裹抽象類別 """
    def _init_(self, name):
        self._name = name
    def getName(self):
        return self._name
    @abstractmethod
    def receive(self, parcelContent):
        pass


class TonyReception(ReceiveParcel):
    """Tony 接收 """
    def _init_(self, name, phoneNum):
        super()._init_(name)
        self._phoneNum = phoneNum
    def getPhoneNum(self):
        return self._phoneNum
    def receive(self, parcelContent):
        print(" 貨物主人：%s，手機號：%s" % (self.getName(), self.getPhoneNum()) )
        print(" 接收到一個包裹，包裹內容：%s" % parcelContent)


class WendyReception(ReceiveParcel):
    """Wendy 代收 """
    def _init_(self, name, receiver):
        super()._init_(name)
        self._receiver = receiver
    def receive(self, parcelContent):
        print(" 我是 %s 的朋友，我來幫他代收快遞！" % (self._receiver.getName() + "") )
        if(self._receiver is not None):
            self._receiver.receive(parcelContent)
        print(" 代收人：%s" % self.getName())
```

```
def testReceiveParcel():
    tony = TonyReception("Tony", "18512345678")
    print("Tony 接收：")
    tony.receive(" 雪地靴 ")
    print()

    print("Wendy 代收：")
    wendy = WendyReception("Wendy", tony)
    wendy.receive(" 雪地靴 ")

testReceiveParcel()
```

執行結果

```
================== RESTART: D:/Design_Patterns/ch8/p8_1.py ==================
Tony接收：
貨物主人：Tony，手機號：18512345678
接收到一個包裹，包裹內容：雪地靴

Wendy代收：
我是Tony的朋友，我來幫他代收快遞！
貨物主人：Tony，手機號：18512345678
接收到一個包裹，包裹內容：雪地靴
代收人：Wendy
```

8.2　從劇情中思考代理模式

8.2.1　什麼是代理模式

Provide a surrogate or placeholder for another object to control access to it.

為其他物件提供一種代理以控制對這個物件的存取。

　　在故事劇情的示例中，包裹實際上是 Tony 的，但是 Wendy 幫忙接收了包裹，Wendy 需要使用 Tony 的身份（Tony 的手機號）並獲得快遞員的驗證才能成功接收包裹。像這樣，一個物件完成某項動作或任務，是透過對另一個物件的引用來完成的，這種模式叫代理模式。

8.2.2　代理模式設計思維

在某些情況下，一個客戶不想或者不能直接引用一個物件，此時可以透過一個稱為 " 代理 " 的第三者來實現間接引用。如前面的示例，Tony 因為不在家，所以不能親自接收包裹，但他可以叫 Wendy 來代他接收，這裡 Wendy 就是代理，她代理了 Tony 的身份去接收快遞。

代理模式的英文叫作 Proxy 或 Surrogate，其核心思維是：

- 使用一個額外的間接層來支持分散的、可控的、智慧的存取。

- 增加一個包裝和委託來保護真實的元件，以避免過度複雜。

代理物件可以在用戶端和目標物件之間產生中間調和的作用，並且可以透過代理物件隱藏不希望被用戶端看到的內容和服務，或者添加客戶需要的額外服務。

在現實生活中能找到非常多的代理模式的模型：火車票和機票的代售點、代表公司出席商務會議。

8.3　代理模式的模型抽象

8.3.1　程式碼框架

模擬故事劇情的程式碼（程式實例 p8_1.py）還是相對比較粗糙的，我們可以對它進行進一步的重構和優化，抽象出代理模式的框架模型。

程式實例 p8_2.py　代理模式的框架模型

```
# p8_2.py
from abc import ABCMeta, abstractmethod
# 引入 ABCMeta 和 abstractmethod 來定義抽象類別和抽象方法

class Subject(metaclass=ABCMeta):
    """ 主題類別 """
    def _init_(self, name):
        self._name = name
    def getName(self):
```

```
        return self._name
    @abstractmethod
    def request(self, content = ''):
        pass


class RealSubject(Subject):
    """ 真實主題類別 """
    def request(self, content):
        print("RealSubject todo something...")


class ProxySubject(Subject):
    """ 代理主題類別 """
    def _init_(self, name, subject):
        super()._init_(name)
        self._realSubject = subject
    def request(self, content = ''):
        self.preRequest()
        if(self._realSubject is not None):
            self._realSubject.request(content)
        self.afterRequest()
    def preRequest(self):
        print("preRequest")
    def afterRequest(self):
        print("afterRequest")


def testProxy():
    realObj = RealSubject('RealSubject')
    proxyObj = ProxySubject('ProxySubject', realObj)
    proxyObj.request()


testProxy()
```

執行結果

```
================= RESTART: D:/Design_Patterns/ch8/p8_2.py =================
preRequest
RealSubject todo something...
afterRequest
```

8.3.2　類別圖

代理模式的類別圖如圖 8-1 所示。

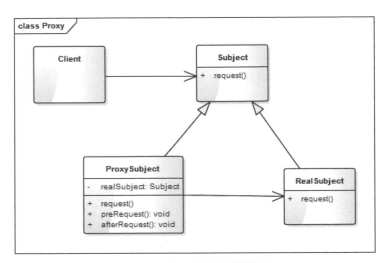

圖 8-1　代理模式的類別圖

　　Subject 是活動主題的抽象基類別，負責定義統一的介面，如故事劇情中的 ReceiveParcel。RealSubject 是真實主題，即 Subject 的具體實現類別，如故事劇情中的 TonyReception。ProxySubject 是代理主題，代理 RealSubject 的功能，如故事劇情中的 WendyReception。

8.3.3　基於框架的實現

　　有了程式實例 p8_2.py 的程式碼框架之後，我們要實現範例程式碼的功能就更簡單了。我們假設最開始的範例程式碼為 Version 1.0，下面看看基於框架的 Version 2.0 吧。

程式實例 p8_3.py　基於框架的 Version 2.0

```
# p8_3.py
from p8_2 import Subject, ProxySubject


class TonyReception(Subject):
    """Tony 接收 """
```

```
    def _init_(self, name, phoneNum):
        super()._init_(name)
        self._phoneNum = phoneNum
    def getPhoneNum(self):
        return self._phoneNum
    def request(self, content):
        print(" 貨物主人：%s，手機號：%s" % (self.getName(), self.getPhoneNum()))
        print(" 接收到一個包裹，包裹內容：%s" % str(content))

class WendyReception(ProxySubject):
    """Wendy 代收 """
    def _init_(self, name, receiver):
        super()._init_(name, receiver)
    def preRequest(self):
        print(" 我是 %s 的朋友，我來幫他代收快遞！" % (self._realSubject.getName() + ""))
    def afterRequest(self):
        print(" 代收人：%s" % self.getName())


def testReceiveParcel2():
    tony = TonyReception("Tony", "18512345678")
    print("Tony 接收：")
    tony.request(" 雪地靴 ")
    print()
    print("Wendy 代收：")
    wendy = WendyReception("Wendy", tony)
    wendy.request(" 雪地靴 ")


testReceiveParcel2()
```

執行結果

```
================== RESTART: D:/Design_Patterns/ch8/p8_3.py ==================
preRequest
RealSubject todo something...
afterRequest
Tony接收：
貨物主人：Tony，手機號：18512345678
接收到一個包裹，包裹內容：雪地靴

Wendy代收：
我是Tony的朋友，我來幫他代收快遞！
貨物主人：Tony，手機號：18512345678
接收到一個包裹，包裹內容：雪地靴
代收人：Wendy
```

　　與程式實例 p8_1.py 相比，測試程式碼中只是呼叫方法由 receive 變為了 request。

8.3.4 模型說明

1. 設計要點

　　代理模式中主要有三個角色，在設計代理模式時要找到並區分這些角色。

　　（1）主題（Subject）：定義操作、活動、任務的介面類別。

　　（2）真實主題（RealSubject）：真正完成操作、活動、任務的具體類別。

　　（3）代理主題（ProxySubject）：代替真實主題完成操作、活動、任務的代理類別。

2. 代理模式的優缺點

　　優點：

　　（1）代理模式能夠協調呼叫者和被呼叫者，在一定程度上降低系統的耦合度。

　　（2）可以靈活地隱藏被代理物件的部分功能和服務，也可以增加額外的功能和服務。

　　缺點：

　　（1）由於在用戶端和真實主題之間增加了代理物件，因此有些類別型的代理模式可能會造成請求的處理速度變慢。

　　（2）實現代理模式需要額外的工作，有些代理模式的實現非常複雜。

8.4　應用場景

　　（1）不想或者不能直接引用一個物件時，如在移動端載入網頁資訊時，因為下載真實大圖比較耗費流量、影響性能，可以用一個小圖代替進行渲染（用一個代理物件去下載小圖），在真正點擊圖片時，才下載大圖，顯示大圖效果。還有 HTML 中的預留位置，其實也是代理模式的思維。

（2）想對一個物件的功能進行加強時，如在字體（Font）渲染時，對粗體（Bold-Font）進行渲染時，可使用字體 Font 物件進行代理，只要在對 Font 進行渲染後進行加粗的操作即可。

（3）各種特殊用途的代理：遠端代理、虛擬代理、Copy-on-Write 代理、保護（Protect or Access）代理、Cache 代理、防火牆（Firewall）代理、同步化（Synchronization）代理、智慧引用（Smart Reference）代理。

第 9 章

面板模式 (Facade Pattern)

9.1　從生活中領悟面板模式

9.1.1　故事劇情—學妹別慌，學長幫你

Tony 有個愛好——跑步。因為住得離北體（北京體育大學）比較近，便經常去北體跑步，校園裡環境優雅、場地開闊。金色九月的一天，Tony 如往常一樣來到北體的開放田徑場，但與往常不同的是，Tony 看到了成群的學生穿著藍色的軍裝在參加軍訓。看著這群活力四射的新生邁著整齊的步伐，忽然有一種熟悉的感覺……是的，Tony 想起了自己的大學生活，想起了自己參加過的軍訓，更想起了自己剛踏入大學校園的那一天！

2010 年 9 月 10 日，Tony 拖著一個行李箱，背著一個背包，獨自一人坐上了一輛前往南昌的大巴，開始了自己的大學生涯。路上遇到堵車，一路兜兜轉轉，到站時已經很晚了，還好趕上了學校在汽車站的最後一趟迎新接送班車，感覺如釋重負！到達學校時已是下午六點多了，天色已漸入黃昏！一路舟車勞頓，身心疲憊的 Tony 一下車就有種不知所措的感覺……正當 Tony 四處張望尋找該去哪兒報到時，一位熱情的志願者走過來問：" 你好！我是負責新生報到的志願者，你是報到的新生吧？哪個學院的呢？"Tony 有點蒙：" 什麼……學院？ " 志願者：" 你的錄取通知書上寫的是什麼專業？"Tony：" 哦，軟體工程！" 志願者："那就是軟體學院，正好我也是這個專業的，我叫 Frank，是你的學長，哈哈！" Tony：" 學長好！" 志願者：" 你是一個人來的嗎？一路坐車累了吧？我幫你拿行李吧！這邊走，我帶你去報到……"

在 Frank 的幫助下，Tony 先到活動中心完成了報到登記，然後去繳費視窗繳完學費，之後又到生活中心領了生活用品，最後再到宿舍完成入住。這一系列流程走完，差不多花了一個小時的時間，還是在 Frank 的熱心幫助下！如果是 Tony 一個人，面對這陌生的環境和場所，所花的時間更難以想像。報到流程結束後，Frank 還帶 Tony 到餐廳，請他吃了頓飯，帶他到校園走了半圈……

Tony 讀大二、大三時，每一年新生入學時，作為老鳥的他也毅然決然地成為了迎新志願者，迎接新一屆的學弟、學妹！加入志願者團隊後，Tony 發現這裡真是有不少 " 假 " 志願者！因為要是學妹來了，一群學長都圍過去了，搶著幫忙；雖然學弟也不拒絕，但明顯就沒了搶的態勢……

9.1.2　用程式來類比生活

　　9 月是所有大學的入學季，新生入學報到是學校的一項大工程。每個學校都有自己的報到流程和方式，但都少不了志願者這一重要角色！一來，學長、學姐帶學弟、學妹是尊師重教的一種優良傳統；二來，輕車熟路的學長、學姐作為志願者為入學新生服務，能為剛入學的新生減少諸多不必要的麻煩。下面我們用程式來類比一下新生報到的整個流程。

程式實例 p9_1.py　模擬故事劇情

```python
# p9_1.py
class Register:
    """ 報到登記 """
    def register(self, name):
        print(" 活動中心 :%s 同學報到成功！" % name)


class Payment:
    """ 繳費中心 """
    def pay(self, name, money):
        print(" 繳費中心：收到 %s 同學 %s 元付款，繳費成功！" % (name, money) )


class DormitoryManagementCenter:
    """ 生活中心 ( 宿舍管理中心 )"""
    def provideLivingGoods(self, name):
        print(" 生活中心 :%s 同學的生活用品已發放。" % name)
```

```python
class Dormitory:
    """ 宿舍 """
    def meetRoommate(self, name):
        print(" 宿　　舍 :" + " 大家好！這是剛來的 %s 同學，是你們未來需要共度四年的室友！相互認識
一下……" % name)


class Volunteer:
    """ 迎新志願者 """
    def _init_(self, name):
        self._name = name
        self._register = Register()
        self._payment = Payment()
        self._lifeCenter = DormitoryManagementCenter()
        self._dormintory = Dormitory()
    def welcomeFreshmen(self, name):
        print(" 你好 ,%s 同學！ 我是新生報到的志願者 %s，我將帶你完成整個報到流程。" % (name,
self._name))
        self._register.register(name)
        self._payment.pay(name, 10000)
        self._lifeCenter.provideLivingGoods(name)
        self._dormintory.meetRoommate(name)


def testRegister():
    volunteer = Volunteer("Frank")
    volunteer.welcomeFreshmen("Tony")


testRegister()
```

執行結果

```
==================== RESTART: D:/Design_Patterns/ch9/p9_1.py ====================
你好,Tony同學！ 我是新生報到的志願者Frank，我將帶你完成整個報到流程。
活動中心:Tony同學報到成功！
繳費中心:收到Tony同學10000元付款，繳費成功！
生活中心:Tony同學的生活用品已發放。
宿　　舍:大家好！這是剛來的Tony同學，是你們未來需要共度四年的室友！相互認識一下
……
```

9.2　從劇情中思考面板模式

9.2.1　什麼是面板模式

> Provide a unified interface to a set of interfaces in a subsystem. Facade defines a higher-level interface that makes the subsystem easier to use.

為子系統中的一組介面提供一個一致的介面稱為**面板模式**，面板模式定義了一個高層介面，這個介面使得這一子系統更容易使用。

故事劇情中的志願者就相當於一個對接人，將複雜的業務透過一個對接人來提供一整套統一的（一條龍式的）服務，讓使用者不用關心內部複雜的運行機制。這種方式在程式中叫**面板模式**，也叫門面模式。

9.2.2　面板模式設計思維

在故事劇情的示例中，迎新志願者陪同並幫助入學新生完成報到登記、繳納學費、領日用品、入住宿舍等一系列的報到流程。新生不用知道具體的報到流程，不用去尋找各個場地；只要跟著志願者走，到指定的地點，根據志願者的指導，完成指定的任務即可。志願者雖然不直接提供這些報到服務，但也相當於間接提供了報到登記、繳納學費、領日用品、入住宿舍等一條龍的服務，幫新生減輕了不少麻煩和負擔。

面板模式的核心思維：用一個簡單的介面來封裝一個複雜的系統，使這個系統更容易使用。

9.3　面板模式的模型抽象

9.3.1　類別圖

面板模式的類別圖如圖 9-1 所示。

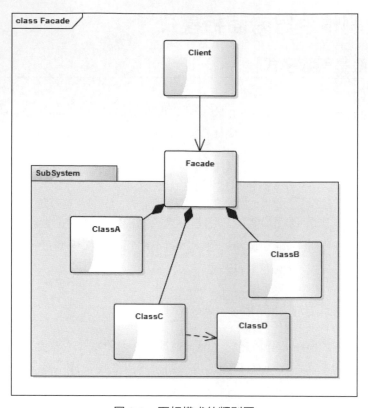

圖 9-1　面板模式的類別圖

　　Facade 封裝了子系統的複雜實現，給外部提供一個統一的介面，使用者只需要透過 Facade 來存取子系統，而不用關心內部 ClassA、ClassB、ClassC、ClassD 的具體實現。

9.3.2　軟體的分層結構

　　面板模式雖然很簡單，但卻是非常常用的一種模式。它為一個複雜的系統提供一個簡單可用的呼叫介面。例如，有一個運行多年的老專案 A，現在要開發的新專案 B 要用到專案 A 的部分功能，但由於專案 A 維護的時間太長了（真實的場景很可能是原來的開發人員都離職了，後期的維護人員在原來的系統上隨便修修改改），類別的結構和關係非常龐雜，呼叫關係也比較複雜，重新開發一套成本又比較高。這個時候就需要對系統 A 進行封裝，提供一個簡單可用的介面，方便專案 B 的開發者進行呼叫。

　　在軟體的層次化結構設計中，可以使用面板模式來定義每一層系統的呼叫介面，層與層之間不直接產生聯繫，而透過外觀類別建立聯繫，降低層之間的耦合度。這時就會有如圖 9-2 所示的軟體的分層結構。

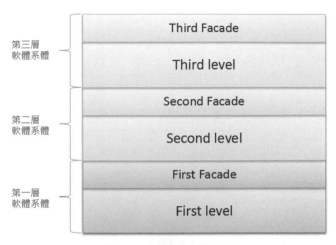

圖 9-2　軟體的分層結構

　　我曾經開發過的一個電子書閱讀器就採用了這樣一種層次結構分明的軟體結構設計，如圖 9-3 所示。

電子書閱讀器的軟體結構層次

iOS 版閱讀器，最終給用戶使用或其他 App 呼叫，由 Object-C 實現	Reader Facade	Reader Facade	Android 版閱讀器，最終給用戶使用或其他 App 呼叫，由 Java 實現
	iOS Reader	Android Reader	
		JNI Facade	JNI (Java Native Interface) 層，因為 Java 不能直接呼叫 C++ 的程式碼，必須透過 Native 的方式進行一次封裝
		JNI	
SDK 層，即電子書的內核。負責電子書的解壓縮、解析、排版、渲染，由 C++ 實現	SDK Facade		
	EpubKernel　TxtKernel　PDFKernel		
	CommonModule		
	Kernel		

圖 9-3　電子書閱讀器的層次結構設計

9.3.3　模型說明

1. 設計要點

面板模式是最簡單的設計模式之一，只有以下兩個角色。

- **外觀角色（Façade）**：為子系統封裝統一的對外介面，如同子系統的門面。這個類別一般不負責具體的業務邏輯，只是一個委託類別，具體的業務邏輯由子系統完成。

- **子系統（SubSystem）**：由多個類別組成的具有某一特定功能的子系統。可以是協力廠商庫，也可以是自己的基礎庫，還可以是一個子服務，為整個系統提供特定的功能或服務。

2. 面板模式的優缺點

優點：

（1）實現了子系統與用戶端之間的松耦合關係，這使得子系統的變化不會影響呼叫它的用戶端。

（2）簡化了用戶端對子系統的使用難度，用戶端（用戶）無須關心子系統的具體實現方式，而只需要和外觀進行交互即可。

（3）為不同的用戶提供了統一的呼叫介面，方便了系統的管理和維護。

缺點：

因為統一了呼叫的介面，降低了系統功能的靈活性。

9.4　實戰應用

在互聯網世界中，文件的壓縮與解壓縮是一項非常重要的功能，它不僅能減小檔的存儲空間，還能減少網路頻寬，現在最常用的壓縮檔格式有 ZIP、RAR、7Z。從壓縮率看：ZIP < RAR < 7Z（即 7Z 的壓縮比最高），從壓縮時間看：ZIP < RAR < 7Z（即 ZIP 的壓縮速度最快）。從普及率上看，ZIP 應該是應用最廣泛的，因為出現的時間最早，格式開放且免費；而 7Z 因為其極高的壓縮比和開放性，大有趕超之勢。

假設我們有一個壓縮與解壓縮系統專門處理檔的壓縮和解壓縮，這個系統有三個模組：ZIPModel、RARModel、ZModel，分別處理 ZIP、RAR、7Z 三種檔案格式的壓縮與解壓縮。現在這一系統要提供給上層應用程式使用。

　　為了讓這一系統更方便使用，就可以用面板模式進行封裝，定義一套統一的呼叫介面，我們用程式碼來模擬實現一下。

程式實例 p9_2.py　檔的壓縮與解壓縮系統

```python
# p9_2.py
from os import path
# 引入 path，進行路徑相關的處理
import logging
# 引入 logging，進行錯誤時的日誌記錄

class ZIPModel:
    """ZIP 模組，負責 ZIP 檔的壓縮與解壓縮
    這裡只進行簡單模擬，不進行具體的解壓縮邏輯 """
    def compress(self, srcFilePath, dstFilePath):
        print("ZIP 模組正在進行 "%s" 檔的壓縮 ......" % srcFilePath)
        print(" 檔案壓縮成功，已保存至 "%s"" % dstFilePath)
    def decompress(self, srcFilePath, dstFilePath):
        print("ZIP 模組正在進行 "%s" 檔的解壓縮 ......" % srcFilePath)
        print(" 檔解壓縮成功，已保存至 "%s"" % dstFilePath)

class RARModel:
    """RAR 模組，負責 RAR 檔的壓縮與解壓縮
    這裡只進行簡單模擬，不進行具體的解壓縮邏輯 """
    def compress(self, srcFilePath, dstFilePath):
        print("RAR 模組正在進行 "%s" 檔的壓縮 ......" % srcFilePath)
        print(" 檔案壓縮成功，已保存至 "%s"" % dstFilePath)
    def decompress(self, srcFilePath, dstFilePath):
        print("RAR 模組正在進行 "%s" 檔的解壓縮 ......" % srcFilePath)
        print(" 檔解壓縮成功，已保存至 "%s"" % dstFilePath)

class ZModel:
    """7Z 模組，負責 7Z 檔的壓縮與解壓縮
    這裡只進行簡單模擬，不進行具體的解壓縮邏輯 """
    def compress(self, srcFilePath, dstFilePath):
```

```
            print("7Z 模組正在進行 "%s" 檔的壓縮 ......" % srcFilePath)
            print(" 檔案壓縮成功,已保存至 "%s"" % dstFilePath)
    def decompress(self, srcFilePath, dstFilePath):
            print("7Z 模組正在進行 "%s" 檔的解壓縮 ......" % srcFilePath)
            print(" 檔解壓縮成功,已保存至 "%s"" % dstFilePath)


class CompressionFacade:
    """ 壓縮系統的外觀類別 """
    def _init_(self):
        self._zipModel = ZIPModel()
        self._rarModel = RARModel()
        self._zModel = ZModel()
    def compress(self, srcFilePath, dstFilePath, type):
        """ 根據不同的壓縮類別型,壓縮成不同的格式 """
        # 獲取新的檔案名
        extName = "." + type
        fullName = dstFilePath + extName
        if (type.lower() == "zip") :
            self._zipModel.compress(srcFilePath, fullName)
        elif(type.lower() == "rar"):
            self._rarModel.compress(srcFilePath, fullName)
        elif(type.lower() == "7z"):
            self._zModel.compress(srcFilePath, fullName)
        else:
            logging.error("Not support this format:" + str(type))
            return False
        return True
    def decompress(self, srcFilePath, dstFilePath):
        """ 從 srcFilePath 中獲取尾碼,根據不同的尾碼名 ( 拓展名 ),進行不同格式的解壓縮 """
        baseName = path.basename(srcFilePath)
        extName = baseName.split(".")[1]
        if (extName.lower() == "zip") :
            self._zipModel.decompress(srcFilePath, dstFilePath)
        elif(extName.lower() == "rar"):
            self._rarModel.decompress(srcFilePath, dstFilePath)
        elif(extName.lower() == "7z"):
            self._zModel.decompress(srcFilePath, dstFilePath)
```

```
        else:
            logging.error("Not support this format:" + str(extName))
            return False
        return True


def testCompression():
    facade = CompressionFacade()
    facade.compress("E:\ 標準檔 \ 生活中的面板模式 .md",
                    "E:\ 壓縮檔 \ 生活中的面板模式 ", "zip")
    facade.decompress("E:\ 壓縮檔 \ 生活中的面板模式 .zip",
                    "E:\ 標準檔 \ 生活中的面板模式 .md")
    print()
    facade.compress("E:\ 標準檔 \Python 程式設計一從入門到實踐 .pdf",
                    "E:\ 壓縮檔 \Python 程式設計一從入門到實踐 ", "rar")
    facade.decompress("E:\ 壓縮檔 \Python 程式設計一從入門到實踐 .rar",
                    "E:\ 標準檔 \Python 程式設計一從入門到實踐 .pdf")
    print()
    facade.compress("E:\ 標準檔 \ 談談我對專案重構的看法 .doc",
                    "E:\壓縮檔 \ 談談我對項目重構的看法 ", "7z")
    facade.decompress("E:\ 壓縮檔 \ 談談我對項目重構的看法 .7z",
                    "E:\ 標準檔 \ 談談我對專案重構的看法 .doc")
    print()


testCompression()
```

執行結果

```
================ RESTART: D:/Design_Patterns/ch9/p9_2.py ================
ZIP模組正在進行 "E:\標準檔\生活中的面板模式.md" 檔的壓縮......
檔案壓縮成功,已保存至 "E:\壓縮檔\生活中的面板模式.zip"
ZIP模組正在進行 "E:\壓縮檔\生活中的面板模式.zip" 檔的解壓縮......
檔解壓縮成功,已保存至 "E:\標準檔\生活中的面板模式.md"

RAR模組正在進行 "E:\標準檔\Python程式設計一從入門到實踐.pdf" 檔的壓縮......
檔案壓縮成功,已保存至 "E:\壓縮檔\Python程式設計一從入門到實踐.rar"
RAR模組正在進行 "E:\壓縮檔\Python程式設計一從入門到實踐.rar" 檔的解壓縮......
檔解壓縮成功,已保存至 "E:\標準檔\Python程式設計一從入門到實踐.pdf"

7Z模組正在進行 "E:\標準檔\談談我對專案重構的看法.doc" 檔的壓縮......
檔案壓縮成功,已保存至 "E:\壓縮檔\談談我對項目重構的看法.7z"
7Z模組正在進行 "E:\壓縮檔\談談我對項目重構的看法.7z" 檔的解壓縮......
檔解壓縮成功,已保存至 "E:\標準檔\談談我對專案重構的看法.doc"
```

在上面的例子中,為了簡單起見,我們透過尾碼名(拓展名)來區分不同的檔案格式,不同的檔案格式採用不同的解壓縮方式來進行解壓縮。在實際的專案開發中,不應該透過檔尾碼名來區分檔案格式，因為用戶可能將一個 RAR 格式的檔改成 .zip 尾碼，這會造成解壓縮的錯誤；應該透過檔的魔數來判斷，每一種格式的檔，在二進位檔案的開頭都會有一個魔數（Magic Number）來說明該檔的類別型（可透過二進位檔案工具查看，如 WinHex），如 ZIP 的魔數是 PK(50 4B 03 04)，RAR 的魔數是 Rar(52 61 72)，7z 的魔數是 7z(37 7A)。

9.5　應用場景

（1）要為一個複雜子系統提供一個簡單介面時。

（2）客戶程式與多個子系統之間存在很大的依賴性時。引入外觀類別將子系統與客戶以及其他子系統解耦，可以提高子系統的獨立性和可攜性。

（3）在層次化結構中，可以使用面板模式定義系統中每一層的入口，層與層之間不直接產生聯繫，而透過外觀類別建立聯繫，降低層之間的耦合度。

第 10 章

反覆運算模式 (Iterator Pattern)

10.1　從生活中領悟反覆運算模式

10.1.1　故事劇情—下一個就是你了

　　Tony 自小就有兩顆齲齒，因為父母的牙齒健康意識缺失，一直沒有治療過。最近因為上火嚴重，牙齒更加疼痛，刷牙時水溫稍微過低或過高都疼痛無比，於是 Tony 決定去醫院看牙。

　　週末，Tony 帶著醫保卡來到空軍總醫院，這是 Tony 第一次走進北京這種大城市的醫院。一樓大廳已經擠滿了人，人多得超過了他的想像！諮詢完分診台，花了近 1 個小時才排隊掛上號：7 樓牙科，序號 0214，前面還有 46 人。Tony 坐電梯上了 7 樓，找到了對應診室的位置，診室外面等候區的座位已經坐滿了人。

　　每一個診室的醫生診斷完一個病人之後，會呼叫下一位病人，這時外面的顯示幕和語音系統就會自動播報下一位病人的名字。Tony 無聊地看著顯示幕，下一位病人 0170 Panda，請進入 3 號診室準備就診；下一位病人 0171 Lily……

　　因為人太多，等到 12 點前面仍然還有 12 個人，Tony 不得不下去吃午飯，回來繼續等。下一位病人 0213 Nick，請進入 3 號診室準備就診！Tony 眼睛一亮，哎，媽呀！終於快到了，下一個就是我了！看了一下時間，正好 14:00……

10.1.2　用程式來類比生活

　　醫院使用排號系統來維持秩序，方便醫生和病人。雖然仍然需要排隊，且等待是一件非常煩人的事情，但如果沒有排號系統，大家都擠在診室門口將是更可怕的一件事！這個排號系統就像是病人隊伍的大管家，透過數位化的方式精確地維護著先來先就診的秩序。下面我們用程式來類比這一場景。

程式實例 p10_1.py　模擬故事劇情

```python
# p10_1.py
class Customer:
    """ 客戶 """
    def _init_(self, name):
        self._name = name
        self._num = 0
        self._clinics = None
    def getName(self):
        return self._name
    def register(self, system):
        system.pushCustomer(self)
    def setNum(self, num):
        self._num = num
    def getNum(self):
        return self._num
    def setClinic(self, clinic):
        self._clinics = clinic
    def getClinic(self):
        return self._clinics

class NumeralIterator:
    """ 反覆運算器 """
    def _init_(self, data):
        self._data = data
        self._curIdx = -1
    def next(self):
        """ 移動至下一個元素 """
        if (self._curIdx < len(self._data) - 1):
            self._curIdx += 1
            return True
        else:
            return False
    def current(self):
        """ 獲取當前的元素 """
        return self._data[self._curIdx] if (self._curIdx < len(self._data) and
self._curIdx >= 0) else None
```

```python
class NumeralSystem:
    """ 排號系統 """
    _clinics = ("1 號診室 ", "2 號診室 ", "3 號診室 ")
    def _init_(self, name):
        self._customers = []
        self._curNum = 0
        self._name = name
    def pushCustomer(self, customer):
        customer.setNum(self._curNum + 1)
        click = NumeralSystem._clinics[self._curNum % len(NumeralSystem._clinics)]
        customer.setClinic(click)
        self._curNum += 1
        self._customers.append(customer)
        print("%s 您好！您已在 %s 成功掛號，序號：%04d，請耐心等待！ "
            % (customer.getName(), self._name, customer.getNum()) )
    def getIterator(self):
        return NumeralIterator(self._customers)


def testHospital():
    numeralSystem = NumeralSystem(" 掛號台 ")
    lily = Customer("Lily")
    lily.register(numeralSystem);
    pony = Customer("Pony")
    pony.register(numeralSystem)
    nick = Customer("Nick")
    nick.register(numeralSystem)
    tony = Customer("Tony")
    tony.register(numeralSystem)
    print()
    iterator = numeralSystem.getIterator()
    while(iterator.next()):
        customer = iterator.current()
        print(" 下一位病人 %04d(%s) 請到 %s 就診。"
            % (customer.getNum(), customer.getName(), customer.getClinic()) )

testHospital()
```

執行結果

```
===================== RESTART: D:/Design_Patterns/ch10/p10_1.py =====================
Lily 您好！您已在掛號台成功掛號，序號：0001，請耐心等待！
Pony 您好！您已在掛號台成功掛號，序號：0002，請耐心等待！
Nick 您好！您已在掛號台成功掛號，序號：0003，請耐心等待！
Tony 您好！您已在掛號台成功掛號，序號：0004，請耐心等待！

下一位病人 0001(Lily) 請到 1號診室 就診。
下一位病人 0002(Pony) 請到 2號診室 就診。
下一位病人 0003(Nick) 請到 3號診室 就診。
下一位病人 0004(Tony) 請到 1號診室 就診。
```

有人可能會認為上面的實現程式碼複雜化了，只需要在 NumeralSystem 類別中定義一個 visit 方法，直接用一個 for 迴圈就能遍歷所有的病人：

```python
def visit(self):
    for customer in self._customers:
        print("下一位病人 %04d(%s) 請到 %s 就診。"
              % (customer.getNum(), customer.getName(), customer.getClinic()) )
```

是的，一開始我也思考過這個問題。因為 Python 本身對反覆運算器的支持非常好，Python 的很多內置物件本身就是可遍歷的（iterable），如 List、Tuple、Dictionary 都是可以遍歷的。自訂的類別，只要實現 _iter_ 和 _next_ 兩個方法也可以支持以 for ... in ... 的方式進行遍歷（可移至 "10.3.2 Python 中的反覆運算器" 瞭解更詳細的用法）。

這裡還要以上述方式來實現，主要有以下兩個原因：

（1）for ... in ... 的方式不能實現醫生診斷完一個病人後呼叫下一個（next）病人的功能。只能一次性全部遍歷完。

（2）這裡講的反覆運算模式是一個一般化的方法，其他的程式設計語言對反覆運算器的支援並沒有這麼好，需要自己實現。

10.2　從劇情中思考反覆運算模式

10.2.1　什麼是反覆運算模式

醫院的排號系統就像病人隊伍的大管家，透過數位化的方式精確地維護著先來先就診的秩序。醫生不用在乎外面有多少人在等待，更不需要瞭解每一個人的名字和具體資訊。他只要在診斷完一個病人後按一下按鈕，排號系統就會自動為他呼叫下一位病人，這樣醫生就可專注於病情的診斷！這個排號系統就如同程式設計中的**反覆運算模式**。

> Provide a way to access the elements of an aggregate object sequentially without exposing its underlying representation.

> 提供一種方法順序地存取一組聚合物件（一個容器）中的各個元素，而又不需要暴露該物件的內部細節。

10.2.2　反覆運算模式設計思維

反覆運算模式也稱為**反覆運算器模式**。反覆運算器其實就是一個指向容器中當前元素的指標，這個指標可以返回當前所指向的元素，可以移到下一個元素的位置，透過這個指標可以遍歷容器中的所有元素。反覆運算器一般至少有以下兩種方法。

- 獲取當前所指向的元素：current()。
- 將指標移至下一個元素：next()。

反覆運算器示意圖如圖 10-1 所示。

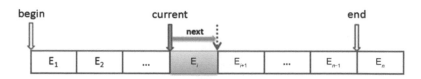

圖 10-1　反覆運算器示意圖

這是最基本的兩個方法，有了這兩個方法，就可以從前往後地遍歷各個元素。我們也可以增加一些方法，比如實現從後往前遍歷。一些更為豐富的反覆運算器功能如下。

- 將指針移至起始的位置：toBegin()。
- 將指針移至結尾的位置：toEnd()。
- 獲取當前所指向的元素：current()。
- 將指標移至下一個元素：next()。
- 將指標移至上一個元素：previous()。

這樣可以同時實現往前遍歷和往後遍歷，如圖 10-2 所示。

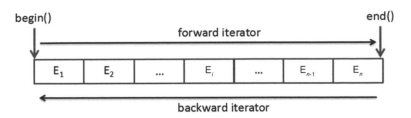

圖 10-2　往前遍歷和往後遍歷示意圖

10.3　反覆運算模式的模型抽象

10.3.1　程式碼框架

在理解了反覆運算器的設計思維之後，我們可以為反覆運算器增加更為豐富的功能，如程式實例 p10_2.py 所示。

程式實例 p10_2.py　反覆運算模式的框架

```python
# p10_2.py
class BaseIterator:
    """ 反覆運算器 """
    def _init_(self, data):
        self._data = data
        self.toBegin()
    def toBegin(self):
        """ 將指針移至起始位置 """
        self._curIdx = -1
    def toEnd(self):
        """ 將指針移至結尾位置 """
        self._curIdx = len(self._data)
    def next(self):
        """ 移動至下一個元素 """
        if (self._curIdx < len(self._data) - 1):
            self._curIdx += 1
            return True
        else:
            return False
```

```
    def previous(self):
        " 移動至上一個元素 "
        if (self._curIdx > 0):
            self._curIdx -= 1
            return True
        else:
            return False
    def current(self):
        """ 獲取當前的元素 """
        return self._data[self._curIdx] if (self._curIdx < len(self._data) and
self._curIdx >= 0) else None


def testBaseIterator():
    print(" 從前往後遍歷 :")
    iterator = BaseIterator(range(0, 10))
    while(iterator.next()):
        customer = iterator.current()
        print(customer, end="\t")
    print()
    print(" 從後往前遍歷 :")
    iterator.toEnd()
    while (iterator.previous()):
        customer = iterator.current()
        print(customer, end="\t")


testBaseIterator()
```

執行結果

```
================= RESTART: D:/Design_Patterns/ch10/p10_2.py =================
從前往後遍歷:
0       1       2       3       4       5       6       7       8       9

從後往前遍歷:
9       8       7       6       5       4       3       2       1       0
```

增加這些功能之後，我們就可以實現以下操作：

（1）可以從前往後遍歷，也可以從後往前遍歷。

（2）可以實現多次重複遍歷。

10.3.2　Python 中的反覆運算器

　　反覆運算模式提供一種循序存取容器物件中各個元素的方法，而又不需要暴露該物件的內部實現。反覆運算器（Iterator）是按照一定的順序對一個或多個容器中的元素從前往後遍歷的一種機制，如對陣列的遍歷就是一種反覆運算遍歷。Python 是一種簡潔明瞭的語言，反覆運算器已經融入其語言本身的特性了，**Python 中的 for 迴圈本身就是一個反覆運算的過程**，也是最簡單易用的反覆運算方式。

　　可以直接作用於 for 迴圈的資料類型有以下兩種，如程式實例 p10_3.py 所示。這些可以直接作用於 for 迴圈的物件統稱為**可反覆運算物件（Iterable）**。

　　（1）集合資料類型，如 list、tuple、dict、set、str 等。

　　（2）生成器（Generator），包括 () 語法定義的生成器和帶 yield 的 generator 函數。

程式實例 p10_3.py　Iterable 物件

```python
# p10_3.py
#　方法一：使用 () 定義生成器
gen = (x * x for x in range(10))


#　方法二：使用 yield 定義 generator 函數
def fibonacci(maxNum):
    """ 斐波那契數列的生成器 """
    a = b = 1
    for i in range(maxNum):
        yield a
        a, b = b, a + b
def testIterable():
    print(" 方法一，0-9 的平方數：")
    for e in gen:
        print(e, end="\t")
    print()
    print(" 方法二，斐波那契數列：")
    fib = fibonacci(10)
    for n in fib:
        print(n, end="\t")
    print()
```

```
    print(" 內置容器的 for 迴圈：")
    arr = [x * x for x in range(10)]
    for e in arr:
        print(e, end="\t")
    print()
    print()
    print(type(gen))
    print(type(fib))
    print(type(arr))


testIterable()
```

執行結果

```
================= RESTART: D:/Design_Patterns/ch10/p10_3.py =================
方法一，0-9的平方數：
0        1        4        9        16       25       36       49       64       81

方法二，斐波那契數列：
1        1        2        3        5        8        13       21       34       55

內置容器的for迴圈：
0        1        4        9        16       25       36       49       64       81

<class 'generator'>
<class 'generator'>
<class 'list'>
```

　　生成器（Generator）不但可以作用於 for 迴圈，還可以被 next() 函數不斷呼叫並返回下一個值，直到最後拋出 StopIteration 錯誤，表示無法繼續返回下一個值。可以被 next() 函式呼叫並不斷返回下一個值的物件稱為**反覆運算器（Iterator）**。

　　可以使用 isinstance() 來判斷一個物件是否為 Iterable 物件或 Iterator 物件，如程式實例 p10_4.py 所示。

程式實例 p10_4.py　判斷 Iterable 和 Iterator 物件

```
# p10_4.py
from collections import Iterable, Iterator
from p10_3 import gen, fibonacci
# 引入 Iterable 和 Iterator


def testIsIterator():
    print(" 是否為 Iterable 物件：")
    print(isinstance([], Iterable))
```

```
print(isinstance({}, Iterable))
print(isinstance((1, 2, 3), Iterable))
print(isinstance(set([1, 2, 3]), Iterable))
print(isinstance("string", Iterable))
print(isinstance(gen, Iterable))
print(isinstance(fibonacci(10), Iterable))
print(" 是否為 Iterator 物件：")
print(isinstance([], Iterator))
print(isinstance({}, Iterator))
print(isinstance((1, 2, 3), Iterator))
print(isinstance(set([1, 2, 3]), Iterator))
print(isinstance("string", Iterator))
print(isinstance(gen, Iterator))
print(isinstance(fibonacci(10), Iterator))
```

```
testIsIterator()
```

執行結果

```
================= RESTART: D:\Design_Patterns\ch10\p10_4.py =================
Warning (from warnings module):
  File "D:\Design_Patterns\ch10\p10_4.py", line 2
    from collections import Iterable, Iterator
DeprecationWarning: Using or importing the ABCs from 'collections' instead of fr
om 'collections.abc' is deprecated, and in 3.8 it will stop working
方法一，0-9的平方數：
0       1       4       9       16      25      36      49      64      81

方法二，斐波那契數列：
1       1       2       3       5       8       13      21      34      55

內置容器的for迴圈：
0       1       4       9       16      25      36      49      64      81


<class 'generator'>
<class 'generator'>
<class 'list'>
是否為Iterable物件：
True
True
True
True
True
True
是否為Iterator物件：
False
False
False
False
False
True
True
```

從程式實例 p10_4.py 中我們知道：

- 生成器既是 Iterable 物件，也是 Iterator 物件。
- 清單（list）、字典（dict）、元組（tuple）、字串是 Iterable 物件，卻不是 Iterator 物件；集合（set）是 Iterable 物件，不是 Iterator 物件。

Iterator 物件可以被 next() 函數不斷呼叫並返回下一個值，直到最後拋出 StopIt-eration 錯誤，表示無法繼續返回下一個值。Iterable 物件不能被 next() 函式呼叫，可以用 iter() 函數將 Iterable 物件轉成 Iterator 物件，如程式實例 p10_5.py 所示。

程式實例 p10_5.py　　next() 函數遍歷反覆運算器元素

```
# p10_5.py
from p10_3 import fibonacci

def testNextItem():
    print(" 將 Iterable 物件轉成 Iterator 物件：")
    l = [1, 2, 3]
    itrL = iter(l)
    print(next(itrL))
    print(next(itrL))
    print(next(itrL))
    print("next() 函數遍歷反覆運算器元素：")
    fib = fibonacci(4)
    print(next(fib))
    print(next(fib))
    print(next(fib))
    print(next(fib))
    print(next(fib))

testNextItem()
```

執行結果

```
================ RESTART: D:/Design_Patterns/ch10/p10_5.py ================
方法一，0-9的平方數：
0        1        4        9        16       25       36       49       64       81

方法二，斐波那契數列：
1        1        2        3        5        8        13       21       34       55

內置容器的for迴圈：
0        1        4        9        16       25       36       49       64       81


<class 'generator'>
<class 'generator'>
<class 'list'>
將Iterable物件轉成Iterator物件：
1
2
3
next( )函數遍歷反覆運算器元素：
1
1
2
3
Traceback (most recent call last):
  File "D:/Design_Patterns/ch10/p10_5.py", line 20, in <module>
    testNextItem()
  File "D:/Design_Patterns/ch10/p10_5.py", line 18, in testNextItem
    print(next(fib))
StopIteration
```

　　要使自訂的類別具有 Iterable 屬性，需要實現 _iter_ 方法。要使自訂的類別具有
Iterator 屬性，需要實現 _iter_ 和 _next_ 方法，如程式實例 p10_6.py 所示。

程式實例 p10_6.py　自訂類別實現 Iterable 和 Iterator 的功能

```python
# p10_6.py
from collections import Iterable, Iterator


class NumberSequence:
    """ 生成一個間隔為 step 的數位系列 """
    def _init_(self, init, step, max = 100):
        self._data = init
        self._step = step
        self._max = max
    def _iter_(self):
        return self
    def _next_(self):
        if(self._data < self._max):
            tmp = self._data
            self._data += self._step
            return tmp
        else:
```

```
            raise StopIteration

def testNumberSequence():
    numSeq = NumberSequence(0, 5, 20)
    print(isinstance(numSeq, Iterable))
    print(isinstance(numSeq, Iterator))
    for n in numSeq:
        print(n, end="\t")


testNumberSequence()
```

執行結果
```
================ RESTART: D:/Design_Patterns/ch10/p10_6.py ================
Warning (from warnings module):
  File "D:/Design_Patterns/ch10/p10_6.py", line 2
    from collections import Iterable, Iterator
DeprecationWarning: Using or importing the ABCs from 'collections' instead of f
rom 'collections.abc' is deprecated, and in 3.8 it will stop working
True
True
0       5       10      15
```

10.3.3　類別圖

　　一個反覆運算器一般對應著一個容器類別，而一個容器會包含多個元素，這些元素可能會有不同的子類別。反覆運算模式的類別圖如圖 10-3 所示。

　　在實際的項目開發中有可能會遇到一些更複雜的邏輯。例如，具有層級關係的組織架構：一個公司有 A、B、C 三個部門，每個部門有自己的成員，這時要遍歷一個公司的所有成員，就會有類似圖 10-4 這樣的類別圖關係。

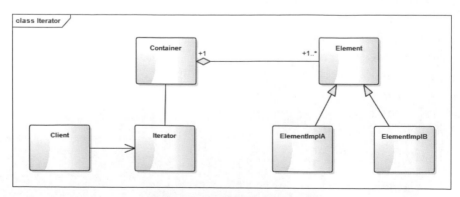

圖 10-3　反覆運算模式的類別圖

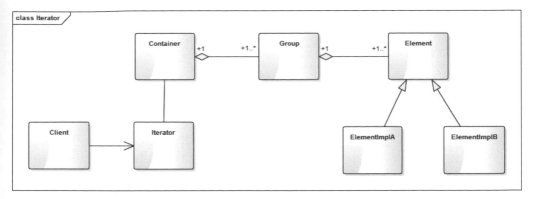

圖 10-4　具有層級結構的容器的反覆運算器實現

　　這裡公司就對應 Container，部門就對應 Group。我們並不遍歷 Group，而是按照一定的順序遍歷 Group 的每一個成員，一個 Group 遍歷完後，再遍歷下一個 Group。這樣使用者只需要呼叫反覆運算 next() 方法就可以遍歷所有的成員，而不用關注內部的組織架構。

10.3.4　模型說明

1. 設計要點

　　在設計反覆運算模式時，要注意以下幾點：

　　（1）瞭解容器的資料結構及可能的層次結構。

　　（2）根據需要確定反覆運算器要實現的功能，如 next()、previous()、current()、toBegin()、toEnd() 中的一個或幾個。

2. 反覆運算模式的優缺點

　　優點：

　　（1）反覆運算器模式將存儲資料和遍歷資料的職責分離。

　　（2）簡化了聚合資料的存取方式。

　　（3）可支援多種不同的方式（如順序和逆序）遍歷一個聚合物件。

缺點：

需要額外增加反覆運算器的功能實現，增加新的聚合類別時，可能需要增加新的反覆運算器。

10.4　應用場景

（1）集合的內部結構複雜，不想暴露物件的內部細節，只提供精簡的存取方式。

（2）需要提供統一的存取介面，從而對不同的集合使用統一的演算法。

（3）需要為一系列聚合物件提供多種不同的存取方式。

第 11 章

組合模式 (Composite Pattern)

11.1　從生活中領悟組合模式

11.1.1　故事劇情─自己組裝電腦，價格再降三成

　　Tony 用的筆記型電腦還是大學時買的，到現在已經用了 5 年！雖然後面加過一次記憶體，也換過一次硬碟，但仍然不能滿足 Tony 對性能的要求，改變不了被淘汰的命運。是時候換一台新的電腦了……

　　換什麼電腦呢？MacBook，ThinkPad，還是桌上型電腦？經過幾番思考，Tony 還是決定買桌上型電腦，因為 Tony 是用電腦來進行軟體發展的，桌上型電腦性能更高，編譯器也更快。確定買桌上型電腦後，一個新的問題又來了，是買整機呢？還是自己組裝呢？在反覆糾結兩天之後，Tony 決定自己動手組裝。一來，自己瞭解一些硬體知識，正好趁這次機會對自己的知識做一個核對總和實踐；二來，自己組裝能省一大筆錢！

　　於是 Tony 在京東上看起了各種配件，花了一個星期進行精心挑選（這可真是一個精細的活：需要考慮各種型號的性能，要考慮不同硬體之間的相容性。因為選的是小主機殼，所以還需知道各個配件的尺寸，以確保能正常放進主機殼）。最終確定了各個配件：GIGABYTE Z170M M-ATX 主機板、Intel Core i5-6600K CPU、Kingston Fury DDR4 記憶體、Kingston V300 的 SSD 硬碟、Colorful iGame750 顯卡、DEEPCOOL 120T 水冷風扇、Antec VP 450P 電源、AOC LV243XIP 顯示器、SAMA MATX 小板主機殼。

　　週末，Tony 花了一天的時間才把這些配件組裝成一台整機。" 一次點亮 "，Tony 真是成就感十足！與購買相同性能的整機相比，不僅花費減了三成，而且還加深了對各個硬體的瞭解！

11.1.2　用程式來類比生活

　　只要你對硬體稍微有一些瞭解，或者打開主機殼換過元件，一定知道 CPU、記憶體、顯卡是插在主機板上的，而硬碟也是連在主機板上的，在主機殼的後面有一排插口，可以連接滑鼠、鍵盤、耳麥、攝影鏡頭等外接配件，而顯示器需要單獨插電源才能工作。我們可以用程式碼來模擬桌上型電腦的組成，這裡假設每個元件都有開始工作和結束工作兩個功能，還可以顯示自己的資訊和組成結構。

程式實例 p11_1.py　模擬故事劇情

```
# p11_1.py
from abc import ABCMeta, abstractmethod
# 引入 ABCMeta 和 abstractmethod 來定義抽象類別和抽象方法


class ComputerComponent(metaclass=ABCMeta):
    """ 元件，所有子配件的基類別 """
    def _init_(self, name):
        self._name = name
    @abstractmethod
    def showInfo(self, indent = ""):
        pass
    def isComposite(self):
        return False
    def startup(self, indent = ""):
        print("%s%s 準備開始工作 ..." % (indent, self._name) )
    def shutdown(self, indent = ""):
        print("%s%s 即將結束工作 ..." % (indent, self._name) )

class CPU(ComputerComponent):
    """ 中央處理器 """
    def _init_(self, name):
        super()._init_(name)
    def showInfo(self, indent):
```

```
        print("%sCPU:%s, 可以進行高速計算。" % (indent, self._name))

class MemoryCard(ComputerComponent):
    """ 記憶體條 """
    def _init_(self, name):
        super()._init_(name)
    def showInfo(self, indent):
        print("%s 記憶體 :%s, 可以緩存資料，讀寫速度快。" % (indent, self._name))

class HardDisk(ComputerComponent):
    """ 硬碟 """
    def _init_(self, name):
        super()._init_(name)
    def showInfo(self, indent):
        print("%s 硬碟 :%s, 可以永久存儲資料，容量大。" % (indent, self._name) )

class GraphicsCard(ComputerComponent):
    """ 顯卡 """
    def _init_(self, name):
        super()._init_(name)
    def showInfo(self, indent):
        print("%s 顯卡 :%s, 可以高速計算和處理圖形圖像。" % (indent, self._name) )

class Battery(ComputerComponent):
    """ 電源 """
    def _init_(self, name):
        super()._init_(name)
    def showInfo(self, indent):
        print("%s 電源 :%s, 可以持續給主機板和外接配件供電。" % (indent, self._name) )

class Fan(ComputerComponent):
    """ 風扇 """
    def _init_(self, name):
        super()._init_(name)
    def showInfo(self, indent):
        print("%s 風扇 :%s，輔助 CPU 散熱。" % (indent, self._name) )

class Displayer(ComputerComponent):
```

```python
        """ 顯示器 """
    def _init_(self, name):
        super()._init_(name)
    def showInfo(self, indent):
        print("%s 顯示器 :%s，負責內容的顯示。" % (indent, self._name) )


class ComputerComposite(ComputerComponent):
    """ 配件組合器 """
    def _init_(self, name):
        super()._init_(name)
        self._components = []
    def showInfo(self, indent):
        print("%s, 由以下部件組成 :" % (self._name) )
        indent += "\t"
        for element in self._components:
            element.showInfo(indent)
    def isComposite(self):
        return True
    def addComponent(self, component):
        self._components.append(component)
    def removeComponent(self, component):
        self._components.remove(component)
    def startup(self, indent):
        super().startup(indent)
        indent += "\t"
        for element in self._components:
            element.startup(indent)
    def shutdown(self, indent):
        super().shutdown(indent)
        indent += "\t"
        for element in self._components:
            element.shutdown(indent)


class Mainboard(ComputerComposite):
    """ 主機板 """
    def _init_(self, name):
        super()._init_(name)
    def showInfo(self, indent):
```

```
        print(indent + " 主機板 :", end="")
        super().showInfo(indent)


class ComputerCase(ComputerComposite):
    """ 主機殼 """
    def _init_(self, name):
        super()._init_(name)
    def showInfo(self, indent):
        print(indent + " 主機殼 :", end="")
        super().showInfo(indent)


class Computer(ComputerComposite):
    """ 電腦 """
    def _init_(self, name):
        super()._init_(name)
    def showInfo(self, indent):
        print(indent + " 電腦 :", end="")
        super().showInfo(indent)

def testComputer():
    mainBoard = Mainboard("GIGABYTE Z170M M-ATX")
    mainBoard.addComponent(CPU("Intel Core i5-6600K"))
    mainBoard.addComponent(MemoryCard("Kingston Fury DDR4"))
    mainBoard.addComponent(HardDisk("Kingston V300 "))
    mainBoard.addComponent(GraphicsCard("Colorful iGame750"))

    computerCase = ComputerCase("SAMA MATX")
    computerCase.addComponent(mainBoard)
    computerCase.addComponent(Battery("Antec VP 450P"))
    computerCase.addComponent(Fan("DEEPCOOL 120T"))

    computer = Computer("Tony DIY 電腦 ")
    computer.addComponent(computerCase)
    computer.addComponent(Displayer("AOC LV243XIP"))

    computer.showInfo("")
    print("\n 開機過程 :")
    computer.startup("")
```

```
    print("\n 關機過程 :")
    computer.shutdown("")

testComputer()
```

執行結果

```
================== RESTART: D:/Design_Patterns/ch11/p11_1.py ==================
電腦:Tony DIY電腦,由以下部件組成:
    主機殼:SAMA MATX,由以下部件組成:
        主機板:GIGABYTE Z170M M-ATX,由以下部件組成:
            CPU:Intel Core i5-6600K,可以進行高速計算。
            記憶體:Kingston Fury DDR4,可以緩存資料,讀寫速度快。
            硬碟:Kingston V300 ,可以永久存儲資料,容量大。
            顯卡:Colorful iGame750,可以高速計算和處理圖形圖像。
        電源:Antec VP 450P,可以持續給主機板和外接配件供電。
        風扇:DEEPCOOL 120T,輔助CPU散熱。
    顯示器:AOC LV243XIP,負責內容的顯示。

開機過程:
Tony DIY電腦 準備開始工作...
    SAMA MATX 準備開始工作...
        GIGABYTE Z170M M-ATX 準備開始工作...
            Intel Core i5-6600K 準備開始工作...
            Kingston Fury DDR4 準備開始工作...
            Kingston V300  準備開始工作...
            Colorful iGame750 準備開始工作...
        Antec VP 450P 準備開始工作...
        DEEPCOOL 120T 準備開始工作...
    AOC LV243XIP 準備開始工作...

關機過程:
Tony DIY電腦 即將結束工作...
    SAMA MATX 即將結束工作...
        GIGABYTE Z170M M-ATX 即將結束工作...
            Intel Core i5-6600K 即將結束工作...
            Kingston Fury DDR4 即將結束工作...
            Kingston V300  即將結束工作...
            Colorful iGame750 即將結束工作...
        Antec VP 450P 即將結束工作...
        DEEPCOOL 120T 即將結束工作...
    AOC LV243XIP 即將結束工作...
```

11.2　從劇情中思考組合模式

11.2.1　什麼是組合模式

Compose objects into tree structures to represent whole-part hierarchies. Composite lets clients treat individual objects and compositions of objects uniformly.

將物件組合成樹形結構以表示 " 整體 - 部分 " 的層次結構關係。組合使得使用者對單個物件和複合物件的使用具有一致性。

組合模式使得使用者對單個物件和組合物件的使用具有一致性（如程式實例 p11_1.py 中 startup 與 shutdown 的使用），使用組合物件就像使用一般物件一樣，不用關心內部的組織結構。

11.2.2　組合模式設計思維

Tony 自己 DIY 組裝的電腦是由各個配件組成的，在組裝之前，就是單個 CPU、硬碟、顯卡等配件，不能稱為電腦，只有把它們按正確的方式組裝在一起，配合作業系統才能正常運行。一般人使用電腦並不會關注內部的結構，只會關注一台整機。

組裝的電腦具有明顯的部分與整體的關係，主機板、電源等是電腦的一部分，而主機板上又有 CPU、硬碟、顯卡，它們又是主機板的一部分。像電腦一樣，把物件組合成樹形結構，以表示 " 部分 - 整體 " 的層次結構的程式設計模式就叫組合模式。

在故事劇情中，組裝的電腦具有明顯的組合層次關係，如圖 11-1 所示。

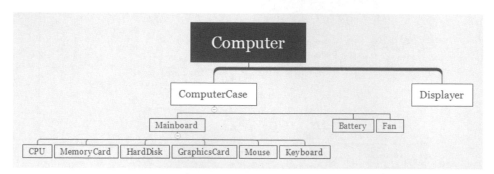

圖 11-1　臺式電腦的構成

我們將這種層次關係轉換成物件的組合關係，如圖 11-2 所示。

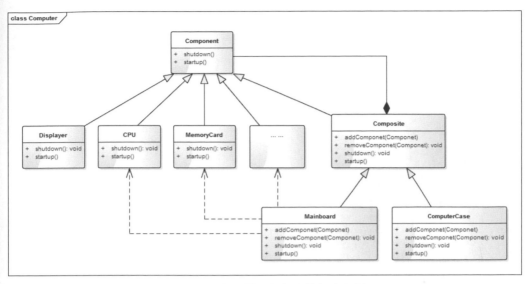

圖 11-2　臺式電腦各部件的組合關係

11.3　組合模式的模型抽象

11.3.1　程式碼框架

從模擬故事劇情的程式碼（程式實例 p11_1.py）中，我們可以抽象出組合模式的框架模型。

程式實例 p11_2.py　組合模式的框架模型

```
# p11_2.py
from abc import ABCMeta, abstractmethod
# 引入 ABCMeta 和 abstractmethod 來定義抽象類別和抽象方法

class Component(metaclass=ABCMeta):
    """ 組件 """
    def _init_(self, name):
        self._name = name
    def getName(self):
        return self._name
    def isComposite(self):
```

```python
        return False
    @abstractmethod
    def feature(self, indent):
        # indent 僅用於內容輸出時的縮進
        pass


class Composite(Component):
    """ 複合組件 """
    def _init_(self, name):
        super()._init_(name)
        self._components = []
    def addComponent(self, component):
        self._components.append(component)
    def removeComponent(self, component):
        self._components.remove(component)
    def isComposite(self):
        return True
    def feature(self, indent):
        indent += "\t"
        for component in self._components:
            print(indent, end="")
            component.feature(indent)
```

11.3.2 類別圖

組合模式的類別圖如圖 13-4 所示。

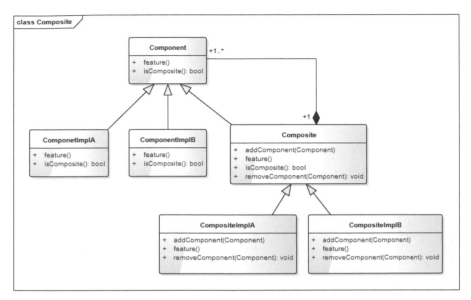

圖 11-3　組合模式的類別圖

　　Component 是元件的基類別，定義統一的方法 feature() 和 isComposite()，isComposite() 用於判斷一個元件是否為複合元件。ComponentImplA 和 ComponentImplB 是具體的組件。Composite 就是複合元件（也就是組合物件），複合元件可以添加或刪除元件，CompositeImplA 和 CompositeImplB 是具體的複合組件。複合元件本身也是一個元件，因此組合物件可以像一般物件一樣被使用，因為它也實現了 Component 的 feature() 方法。

11.3.3　模型說明

1. 設計要點

　　在設計組合模式時，要注意以下兩點：

　　（1）理清部分與整體的關係，瞭解物件的組成結構。

　　（2）組合模式是一種具有層次關係的樹形結構，不能再分的葉子節點是具體的元件，也就是最小的邏輯單元；具有子節點（由多個子元件組成）的元件稱為複合元件，也就是組合物件。

2. 組合模式的優缺點

優點：

（1）呼叫簡單，組合物件可以像一般物件一樣使用。

（2）組合物件可以自由地增加、刪除元件，可靈活地組合不同的物件。

缺點：

在一些層次結構太深的場景中，組合結構會變得太龐雜。

11.4　實戰應用

組合模式是一個常用的模式，你可能在有意或無意間就已經用上了，比如公司（各個部門或各個子公司）的組織架構、學校各個學院與班級的關係，再比如資料夾與檔的關係。

很多應用程式都會涉及檔讀寫的 I/O 處理，談到檔讀寫及路徑的處理，檔和資料夾是永遠繞不開的一個話題。假設有這樣一個需求： 遍歷一個資料夾下的所有檔和資料夾（遞迴遍歷所有子目錄），並以物件的形式返回：如果是檔，要知道檔案名和檔的大小，如果是資料夾，要知道資料夾名稱和這一資料夾下的檔數量。

程式實例 p11_3.py　遍歷資料夾下的所有目錄

```
import os
# 引入 os 模組
from p11_2 import Component, Composite

class FileDetail(Component):
    """ 文件詳情 """
    def _init_(self, name):
        super()._init_(name)
        self._size = 0
    def setSize(self, size):
        self._size = size
    def getFileSize(self):
        return self._size
```

```
    def feature(self, indent):
        # 檔大小，單位：KB，精確度：2 位小數
        fileSize = round(self._size / float(1024), 2)
        print(" 檔案名稱：%s， 文件大小：%sKB" % (self._name, fileSize) )


class FolderDetail(Composite):
    """ 資料夾詳情 """
    def _init_(self, name):
        super()._init_(name)
        self._count = 0
    def setCount(self, fileNum):
        self._count = fileNum
    def getCount(self):
        return self._count
    def feature(self, indent):
        print(" 資料夾名：%s， 檔數量：%d。包含的檔：" % (self._name, self._count) )
        super().feature(indent)


def scanDir(rootPath, folderDetail):
    """ 掃描某一資料夾下的所有目錄 """
    if not os.path.isdir(rootPath):
        raise ValueError("rootPath 不是有效的路徑：%s" % rootPath)
    if folderDetail is None:
        raise ValueError("folderDetail 不能為空 !")

    fileNames = os.listdir(rootPath)
    for fileName in fileNames:
        filePath = os.path.join(rootPath, fileName)
        if os.path.isdir(filePath):
            folder = FolderDetail(fileName)
            scanDir(filePath, folder)
            folderDetail.addComponent(folder)
        else:
            fileDetail = FileDetail(fileName)
            fileDetail.setSize(os.path.getsize(filePath))
            folderDetail.addComponent(fileDetail)
            folderDetail.setCount(folderDetail.getCount() + 1)
```

```
def testDir():
    folder = FolderDetail(" 生活中的設計模式 ")
    scanDir("D:\Design_Patterns\ch11\ 生活中的設計模式 ", folder)
    folder.feature("")


testDir()
```

執行結果
```
================= RESTART: D:/Design_Patterns/ch11/p11_3.py =================
資料夾名：生活中的設計模式，檔數量：4。包含的檔：
        檔案名稱：IMG_8036.jpg，文件大小：2817.7KB
        檔案名稱：IMG_8096.jpg，文件大小：1439.22KB
        檔案名稱：IMG_8957.JPG，文件大小：126.39KB
        檔案名稱：IMG_9440.JPG，文件大小：126.99KB
    資料夾名：mydir，檔數量：2。包含的檔：
            檔案名稱：20191001前言.docx，文件大小：45.83KB
            檔案名稱：第0章.docx，文件大小：67.42KB
```

再看一下另一個應用案例。在圖形繪製系統中，圖元（GraphicUnit）可以有多種不同的類別型：Text、Line、Rect、Ellipse 等，還可以是向量圖（vectorgraph）。而向量圖本身又由一個或多個 Text、Line、Rect、Ellipse 組成。但所有的圖元都有一個共同的方法，那就是 draw()。這裡就得用組合模式，如圖 11-4 所示（具體的程式碼不再演示）。

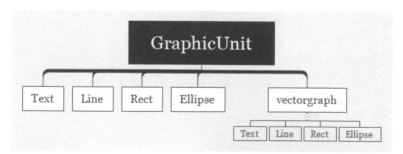

圖 11-4　圖形繪製系統中圖元的組成

11.5　應用場景

（1）物件之間具有明顯的 " 部分 - 整體 " 的關係時，或者具有層次關係時。

（2）組合物件與單個物件具有相同或類似行為（方法），使用者希望統一地使用組合結構中的所有物件。

第 12 章

構建模式 (Builder Pattern)

12.1　從生活中領悟構建模式

12.1.1　故事劇情—你想要一輛車還是一個莊園

下周就要過年了，這是 Tony 工作後的第一個春節。該買點年貨，給家人準備一些禮物了。Tony 來到商場給爸媽各買了一套衣服，又給兩個侄子買了兩套積木玩具……

回到家，一年不見的家人相見甚歡，其樂融融！兩個侄子看到給他們的禮物更是喜笑顏開！兩個侄子中大的 5 歲，小的 3 歲，拿到禮物後就開始愉快地搭起了積木，幾乎不用教，"自學成才"啊！

很快，小侄子把 4 個輪子、1 個車身、1 個發動機和 1 個方向盤拼裝成了一輛車。而大侄子則用 1 間客廳、2 間臥室、1 間書房、1 間廚房、1 個花園和 1 堵圍牆搭建了一個莊園……

12.1.2　用程式來類比生活

孩子能快速地用積木搭建出自己想要的東西，一來是因為孩子想像力豐富，聰明可愛；二來是因為積木盒中有很多現成的積木部件，孩子只需要按照自己的想法把它們拼接起來即可。而拼接的過程就是孩子運用自己的想像力的創造過程。我們用程式碼來模擬一下兩個孩子搭建玩具的過程。

程式實例 p12_1.py　模擬故事劇情

```python
# p12_1.py
from abc import ABCMeta, abstractmethod
# 引入 ABCMeta 和 abstractmethod 來定義抽象類別和抽象方法

class Toy(metaclass=ABCMeta):
    """ 玩具 """
    def _init_(self, name):
        self._name = name
        self._components = []
    def getName(self):
        return self._name
    def addComponent(self, component, count = 1, unit = " 個 "):
        self._components.append([component, count, unit])
        print("%s 增加了 %d %s%s" % (self._name, count, unit, component) );
    @abstractmethod
    def feature(self):
        pass

class Car(Toy):
    """ 小車 """
    def feature(self):
        print(" 我是 %s，我可以快速奔跑……" % self._name)

class Manor(Toy):
    """ 莊園 """
    def feature(self):
        print(" 我是 %s，我可供觀賞，也可用來遊玩！" % self._name)

class ToyBuilder:
    """ 玩具構建者 """
    def buildCar(self):
        car = Car(" 迷你小車 ")
        print(" 正在構建 %s……" % car.getName())
        car.addComponent(" 輪子 ", 4)
        car.addComponent(" 車身 ", 1)
        car.addComponent(" 發動機 ", 1)
```

```
            car.addComponent(" 方向盤 ")
            return car
        def buildManor(self):
            manor = Manor(" 淘淘小莊園 ")
            print(" 正在構建 %s……" % manor.getName())
            manor.addComponent(' 客廳 ', 1, " 間 ")
            manor.addComponent(' 臥室 ', 2, " 間 ")
            manor.addComponent(" 書房 ", 1, " 間 ")
            manor.addComponent(" 廚房 ", 1, " 間 ")
            manor.addComponent(" 花園 ", 1, " 個 ")
            manor.addComponent(" 圍牆 ", 1, " 堵 ")
            return manor


def testBuilder():
    builder = ToyBuilder()
    car = builder.buildCar()
    car.feature()
    print()
    mannor = builder.buildManor()
    mannor.feature()


testBuilder()
```

執行結果

```
================= RESTART: D:/Design_Patterns/ch12/p12_1.py =================
正在構建 迷你小車……
迷你小車 增加了 4 個輪子
迷你小車 增加了 1 個車身
迷你小車 增加了 1 個發動機
迷你小車 增加了 1 個方向盤
我是 迷你小車，我可以快速奔跑……

正在構建 淘淘小莊園……
淘淘小莊園 增加了 1 間客廳
淘淘小莊園 增加了 2 間臥室
淘淘小莊園 增加了 1 間書房
淘淘小莊園 增加了 1 間廚房
淘淘小莊園 增加了 1 個花園
淘淘小莊園 增加了 1 堵圍牆
我是 淘淘小莊園，我可供觀賞，也可用來遊玩！
```

12.2　從劇情中思考構建模式

12.2.1　什麼是構建模式

> Separate the construction of a complex object from its representation so that the same construction process can create different representation.

> 將一複雜物件的構建過程和它的表現分離，使得同樣的構建過程可以獲取（創建）不同的表現。

12.2.2　構建模式設計思維

像搭積木一樣，把不同的部件拼裝成自己想要的東西的過程，就是一個構建過程。**構建**顧名思義就是把各種部件透過一定的方式和流程構造成一個成品的過程。在程式中，我們將這一過程稱為**構建模式**（英文叫 Builder Pattern，不同的書籍和資料翻譯各有不同，有的也叫**建造者模式**或**生成器模式**）。

構建模式的核心思維是：將產品的創建過程與產品本身分離開來，使得創建過程更加清晰，能夠更加精確地控制複雜物件的創建過程，讓使用者可以用相同的創建過程創建不同的產品。

12.2.3　與工廠模式的區別

工廠模式關注的是整個產品（整體物件）的生成，即成品的生成；而**構建模式**關注的是產品的創建過程和細節，一步一步地由各個子部件構建為一個成品。

比如要創建一輛汽車，如果用工廠模式，直接就創建一輛有車身、輪胎、發動機的能用的汽車。如果用構建模式，則需要由車身、輪胎、發動機一步一步地組裝成一輛汽車。

12.2.4　與組合模式的區別

組合模式關注的是 " 整體 - 部分 " 的關係，也就是關注物件的內部組成結構，那麼它與構建模式又有什麼區別與聯繫呢？

　　區別：組合模式關注的是物件內部的組成結構，強調的是部分與整體的關係。構建模式關注的是物件的創建過程，即由一個一個的子部件構建一個成品的過程。

　　聯繫：組合模式和構建模式其實也經常被一起使用。還是以組裝電腦為例，組合模式和構建模式一起使用，如圖 12-1 所示。

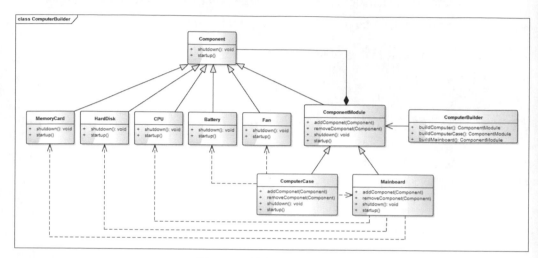

圖 12-1　電腦的組裝示意圖

　　組裝電腦的時候，記憶體卡（Memory Card）、硬碟（Hard Disk）、核心處理器（CPU）、電池（Battery）、風扇（Fan）都是獨立的電子元件，而主機板（Mainboard）和主機殼（Computer Case）都是由子元件組成的。我們的 ComputerBuilder 就是構建者，負責整個電腦的組裝過程：先把記憶體卡、硬碟、CPU 組裝在主機板上，再把主機板、電池、風扇組裝在主機殼裡，最後連接滑鼠、鍵盤、顯示器，就構成了一台完整的臺式電腦。

12.3　構建模式的模型抽象

12.3.1　類別圖

　　構建模式是一個產品或物件的生成器，強調產品的構建過程，精簡版構建模式的類別圖如圖 12-2 所示。

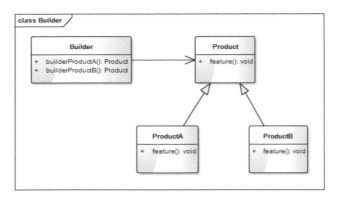

圖 12-2　精簡版構建模式的類別圖

在圖 12-2 中，Builder 就是一個構建者，如故事劇情中的 ToyBuilder。Product 是要構建成的目標產品的基類別，如故事劇情中的 Toy。Product 是具體的產品類別型，如故事劇情中的 Car 和 Manor。ToyBuilder 透過不同的積木模組和建造順序，可以建造出不同的車和莊園。

如果應用場景更複雜一些，如：Toy 不只有車（Car）和莊園（Manor），還有飛機、坦克、摩天輪、過山車等，而且不只造一輛車和一個莊園，數量由孩子（用戶）自己定，想要幾個就幾個。上面這個 Builder 就會變得越來越臃腫且難以管理，這時就要對這個類別圖模型進行升級改造。圖 12-2 是精簡版構建模式的類別圖，圖 12-3 是升級版構建模式的類別圖。

Product 是產品的抽象類別（基類別），ProductA 和 ProductB 是具體的產品。Builder 是抽象構建類別，ProductABuilder 和 ProductBBuilder 是對應產品的具體構建類別，而 BuilderManager 是構建類別的管理類別（很多資料和書籍中叫它導演類別（Director）），負責管理每一種產品的創建數量和創建順序。

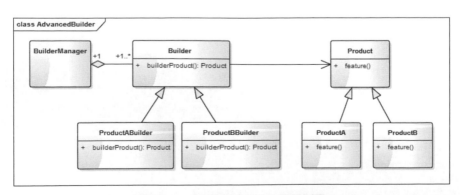

圖 12-3　升級版構建模式的類別圖

12.3.2　基於框架的實現

我們根據升級版構建模式的類別圖，對程式實例 p12_1.py 進行重構。最開始的範例程式碼我們假設它為 Version 1.0，下面看看基於升級版的 Version 2.0 吧。

程式實例 p12_2.py　Version 2.0 的實現

```python
# p12_2.py
from abc import ABCMeta, abstractmethod
# 引入 ABCMeta 和 abstractmethod 來定義抽象類別別和抽象方法

class Toy(metaclass=ABCMeta):
    """ 玩具 """
    def _init_(self, name):
        self._name = name
        self._components = []
    def getName(self):
        return self._name
    def addComponent(self, component, count = 1, unit = " 個 "):
        self._components.append([component, count, unit])
        # print("%s 增加了 %d %s%s" % (self._name, count, unit, component) );
    @abstractmethod
    def feature(self):
        pass


class Car(Toy):
    """ 小車 """
    def feature(self):
        print(" 我是 %s，我可以快速奔跑……" % self._name)


class Manor(Toy):
    """ 莊園 """
    def feature(self):
        print(" 我是 %s，我可供觀賞，也可用來遊玩！" % self._name)


class ToyBuilder(metaclass=ABCMeta):
    """ 玩具構建者 """
    @abstractmethod
```

```python
    def buildProduct(self):
        pass

class CarBuilder(ToyBuilder):
    """ 車的構建類別 """
    def buildProduct(self):
        car = Car(" 迷你小車 ")
        print(" 正在構建 %s……" % car.getName())
        car.addComponent(" 輪子 ", 4)
        car.addComponent(" 車身 ", 1)
        car.addComponent(" 發動機 ", 1)
        car.addComponent(" 方向盤 ")
        return car

class ManorBuilder(ToyBuilder):
    """ 莊園的構建類別 """
    def buildProduct(self):
        manor = Manor(" 淘淘小莊園 ")
        print(" 正在構建 %s……" % manor.getName())
        manor.addComponent(' 客廳 ', 1, " 間 ")
        manor.addComponent(' 臥室 ', 2, " 間 ")
        manor.addComponent(" 書房 ", 1, " 間 ")
        manor.addComponent(" 廚房 ", 1, " 間 ")
        manor.addComponent(" 花園 ", 1, " 個 ")
        manor.addComponent(" 圍牆 ", 1, " 堵 ")
        return manor

class BuilderMgr:
    """ 建構類別的管理類別 """
    def _init_(self):
        self._carBuilder = CarBuilder()
        self._manorBuilder = ManorBuilder()
    def buildCar(self, num):
        count = 0
        products = []
        while(count < num):
            car = self._carBuilder.buildProduct()
```

```
                products.append(car)
                count +=1
                print(" 建造完成第 %d 輛 %s" % (count, car.getName()) )
            return products
        def buildManor(self, num):
            count = 0
            products = []
            while (count < num):
                manor = self._manorBuilder.buildProduct()
                products.append(manor)
                count += 1
                print(" 建造完成第 %d 個 %s" % (count, manor.getName()))
            return products


def testAdvancedBuilder():
    builderMgr = BuilderMgr()
    builderMgr.buildManor(2)
    print()
    builderMgr.buildCar(4)


testAdvancedBuilder()
```

執行結果
```
================= RESTART: D:/Design_Patterns/ch12/p12_2.py =================
正在構建 淘淘小莊園……
建造完成第 1 個 淘淘小莊園
正在構建 淘淘小莊園……
建造完成第 2 個 淘淘小莊園

正在構建 迷你小車……
建造完成第 1 輛 迷你小車
正在構建 迷你小車……
建造完成第 2 輛 迷你小車
正在構建 迷你小車……
建造完成第 3 輛 迷你小車
正在構建 迷你小車……
建造完成第 4 輛 迷你小車
```

12.3.3　模型說明

1. 設計要點

　　構建模式（升級版）中主要有三個角色，在設計構建模式時要找到並區分這些角色。

（1）產品（Product）：即你要構建的物件。

（2）構建者（Builder）：構建模式的核心類別，負責產品的構建過程。

（3）指揮者（BuilderManager）：構建的管理類別，負責管理每一種產品的創建數量和創建順序。

2. 構建模式的優缺點

優點：

（1）將產品（物件）的創建過程與產品（物件）本身分離開來，讓使用方（呼叫者）可以用相同的創建過程創建不同的產品（物件）。

（2）將物件的創建過程單獨分解出來，使得創建過程更加清晰，能夠更加精確地控制複雜物件的創建過程。

（3）針對升級版的構建模式，每一個具體構建者都相對獨立，而與其他的具體構建者無關，因此可以很方便地替換具體構建者或增加新的具體構建者。

缺點：

（1）增加了很多創建類別，如果產品的類型和種類比較多，將會增加很多類別，使整個系統變得更加龐雜。

（2）產品之間的結構相差很大時，構建模式將很難適應。

12.4 應用場景

（1）產品（物件）的創建過程比較複雜，希望將產品的創建過程和它本身的功能分離開來。

（2）產品有很多種類，每個種類之間內部結構比較類似，但有很多差異；不同的創建順序或不同的組合方式，將創建不同的產品。

構建模式還是比較常用的一種設計模式，常常用於有多個物件需要創建且每個物件都有比較複雜的內部結構時。比如程式師都熟悉的 XML，是由很多標籤組成的一種樹形結構的文檔或文本內容，每個標籤可以有多個屬性或子標籤。如果我們要增加一些自訂的 XML 元素（如下面的兩個元素 Book 和 Outline），就可以使用構建模式。因為每個元素都有類似的內部結構（都是樹形的標籤結構），但每個元素都有自己不同的屬性和子標籤（且含義各不相同）。有興趣的讀者可以自己定義一下這兩個物件的結構，並實現它們的構建邏輯。

```xml
<book id='book1'>
      <title>Design Pattern</title>
      <author>Tony</author>
      <description>How to comprehend Design Patterns from daily life.</description>
</book>

<outline>
      <chapter>
            <title>Chapter 1</title>
            <section>
                  <title>section 1</title>
                  <keywords>
                        <keyword>design pattern<keyword>
                        <keyword>daily life<keyword>
                  </keywords>
            </section>
      </chapter>
</outline>
```

第 13 章

適配模式 (Wrapper Pattern)

13.1　從生活中領悟適配模式

13.1.1　故事劇情——有個轉換器就好了

　　元旦又要來了！今年，Tony 想去香港，在那度過一個不一樣的新年。因為香港是中國最繁榮也是最包羅萬象的一座城市，一定能給他帶來新的驚喜，在維多利亞港看煙花、跨新年是一件想想就讓人非常期待的事。

　　Tony 乘機飛往深圳，然後和朋友一起從福田口岸出關，前往香港。經過一路的奔波，終於來到提前預訂的酒店。這時手機也正好沒電了，得趕緊找一個插口給手機充電。Tony 一看插口傻眼了，這才想起來中國香港的插口和中國內地是不一樣的，中國內地用的是國標（中國標準）：兩腳扁型或三腳八字扁型，而中國香港用的是英標（英國標準）：三腳 T 字方型。

　　這可把 Tony 急壞了，心想：**要是有個插座轉換器就好了**！然後他打了一個電話到前臺，客服說：轉換器有，但只賣不借，50 港幣一個……

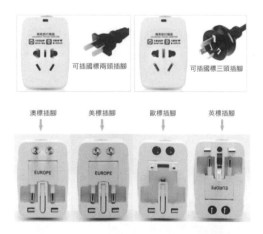

13.1.2　用程式來類比生活

　　旅行是現代人越來越熱衷的一件事情，因為它可以增加你的見聞，開闊你的視野。越來越多的人喜歡到處旅行，而手機是旅行時必備的一個通信工具，能否隨時隨地能給手機充電就顯得極為重要，但這在旅行時卻是一個讓人比較困擾的問題，因為不同國家或地區使用的電壓標準和插座標準可能是不一樣的。這時就需要一個插座轉換器來幫我們轉換插口，如果電壓不一樣還需要一個變壓器來幫我們轉換電壓。在故事劇情中，中國香港使用的是英標插座，因此我們需要一個插座轉換器將英標插口轉換成國標插口才能給中國內地的手機充電；而中國香港的電壓與中國內地相近，因此不需要變壓器。下面我們就用程式碼來類比一下插座轉換器和變壓器的工作原理吧！

程式實例 p13_1.py　模擬故事劇情

```python
# p13_1.py
from abc import ABCMeta, abstractmethod
# 引入 ABCMeta 和 abstractmethod 來定義抽象類別和抽象方法


class SocketEntity:
    """ 介面類別型定義 """
    def _init_(self, numOfPin, typeOfPin):
        self._numOfPin = numOfPin
        self._typeOfPin = typeOfPin
    def getNumOfPin(self):
        return self._numOfPin
    def setNumOfPin(self, numOfPin):
        self._numOfPin = numOfPin
    def getTypeOfPin(self):
        return self._typeOfPin
    def setTypeOfPin(self, typeOfPin):
        self._typeOfPin = typeOfPin


class ISocket(metaclass=ABCMeta):
    """ 插座類別型 """
    def getName(self):
        """ 插座名稱 """
        pass
    def getSocket(self):
        """ 獲取介面 """
        pass
```

```python
class ChineseSocket(ISocket):
    """ 國標插座 """
    def getName(self):
        return " 國標插座 "
    def getSocket(self):
        return SocketEntity(3, " 八字扁型 ")

class BritishSocket:
    """ 英標插座 """
    def name(self):
        return " 英標插座 "
    def socketInterface(self):
        return SocketEntity(3, "T 字方型 ")

class AdapterSocket(ISocket):
    """ 插座轉換器 """
    def _init_(self, britishSocket):
        self._britishSocket = britishSocket
    def getName(self):
        return  self._britishSocket.name() + " 轉換器 "
    def getSocket(self):
        socket = self._britishSocket.socketInterface()
        socket.setTypeOfPin(" 八字扁型 ")
        return socket

def canChargeforDigtalDevice(name, socket):
    if socket.getNumOfPin() == 3 and socket.getTypeOfPin() == " 八字扁型 ":
        isStandard = " 符合 "
        canCharge = " 可以 "
    else:
        isStandard = " 不符合 "
        canCharge = " 不能 "
    print("[%s]：\n 針腳數量：%d，針腳類型：%s；%s 中國標準，%s 給中國內地的電子設備充電！"
            % (name, socket.getNumOfPin(), socket.getTypeOfPin(), isStandard, canCharge))
def testSocket():
    chineseSocket = ChineseSocket()
    canChargeforDigtalDevice(chineseSocket.getName(), chineseSocket.getSocket())
```

```
    britishSocket = BritishSocket()
    canChargeforDigtalDevice(britishSocket.name(), britishSocket.socketInterface())
    adapterSocket = AdapterSocket(britishSocket)
    canChargeforDigtalDevice(adapterSocket.getName(), adapterSocket.getSocket())

testSocket()
```

執行結果
```
================= RESTART: D:/Design_Patterns/ch13/p13_1.py =================
[國標插座]:
針腳數量:3,針腳類型:八字扁型;符合中國標準,可以給中國內地的電子設備充電!
[英標插座]:
針腳數量:3,針腳類型:T字方型;不符合中國標準,不能給中國內地的電子設備充電!
[英標插座轉換器]:
針腳數量:3,針腳類型:八字扁型;符合中國標準,可以給中國內地的電子設備充電!
```

13.2 從劇情中思考適配模式

在故事劇情中,我們用插座轉換器將英標插口轉換成國標插口,解決了因介面不同而不能給電子設備充電的問題。如插座轉換器一樣,使原本不匹配某種功能的物件變得匹配這種功能,這在程式中就叫作**適配模式**。

13.2.1 什麼是適配模式

Convert the interface of a class into another interface clients expect. Adapter lets classes work together that couldn't otherwise because of incompatible interfaces.

將一個類別的介面變成用戶端所期望的另一種介面,從而使原本因介面不匹配而無法一起工作的兩個類別能夠在一起工作。

適配模式的作用:

(1)介面轉換,將原有的介面(或方法)轉換成另一種介面。

(2)用新的介面包裝一個已有的類別。

(3)匹配一個舊的元件到一個新的介面。

13.2.2　適配模式設計思維

　　適配模式又叫變壓器模式，也叫包裝模式（Wrapper），或稱 Adapter Pattern，它的核心思維是：將一個物件經過包裝或轉換後使它符合指定的介面，使得呼叫方可以像使用介面的一般物件一樣使用它。這一思維在生活中可謂處處可見，除了故事劇情中的插座轉換器，具有電壓轉換功能的變壓器插座也有類似的功能，它能讓你像使用國標（220V）電器一樣使用美標（110V）電器；還有就是各種轉接頭，如 MiniDP轉 HDMI 接頭、HDMI 轉 VGA 線轉換器、Micro USB 轉 Type-C 接頭等。

　　你們知道嗎？" 設計模式 " 一詞最初來源於建築領域，而中國古建築是世界建築史上的一大奇蹟（如最具代表性的紫禁城），中國古建築的靈魂是一種叫**榫卯結構**的建造理念。

> 　　榫卯是兩個木構件上所採用的一種凹凸結合的連接方式。凸出部分叫榫（或榫頭）；凹進部分叫卯（或榫眼、榫槽）。它是中國古代建築、傢俱及其他木制器械的主要結構。

　　榫卯結構的經典模型如圖 13-1 所示。

圖 13-1　榫卯結構的經典模型

　　榫卯是藏在木頭裡的靈魂！而隨著時代的變化，其結構也發生著一些變化，現在很多建材生產商也在發明和生產新型的具有榫卯結構的木板。假設木板生產商有兩塊木板，木板 A 是榫，木板 B 是卯，A、B 兩塊木板就完全吻合，它們之間的榫卯介面是一種 T 字形的介面，如圖 13-2 所示。

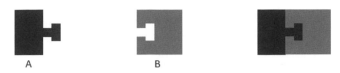

圖 13-2　T 字形介面的木板

後來，隨著業務的拓展，木板生廠商增加了一種新木板 C。但 C 是 L 形的介面，不能與木板 A 對接。為了讓木板 C 能與木板 A 進行對接，就需要增加一個銜接板 D 進行適配，而這個 D 就相當於適配器，如圖 13-3 所示。

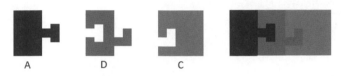

圖 13-3　新增的 L 形介面的木板

適配模式通常用於對已有的系統進行新功能拓展，尤其適用於在設計良好的系統框架下接入協力廠商的介面或協力廠商的 SDK。在系統的最初設計階段，最好不要把適配模式考慮進去，除非一些特殊的場景，例如系統本身就是要對接和適配多種類型的硬體介面。

13.3　適配模式的模型抽象

13.3.1　程式碼框架

從模擬故事劇情的程式碼（程式實例 p13_1.py）中，我們可以抽象出適配模式的框架模型。

程式實例 p13_2.py　適配模式的框架模型

```
# p13_2.py
from abc import ABCMeta, abstractmethod
# 引入 ABCMeta 和 abstractmethod 來定義抽象類別和抽象方法

class Target(metaclass=ABCMeta):
    """ 目標類別 """
```

```
    @abstractmethod
    def function(self):
        pass


class Adaptee:
    """ 源物件類別 """
    def speciaficFunction(self):
        print(" 被適配物件的特殊功能 ")


class Adapter(Adaptee, Target):
    """ 適配器 """
    def function(self):
        print(" 進行功能的轉換 ")
```

13.3.2　類別圖

　　適配模式的實現有兩種方式：一種是組合方式，另一種是繼承方式，設計類別圖
分別如圖 13-4 和 13-5 所示。

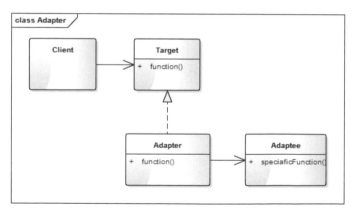

圖 13-4　適配模式類別圖——組合方式實現

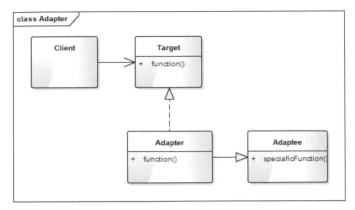

圖 13-5　適配模式類別圖——繼承方式實現

　　Target 是一個介面類別，是提供給使用者呼叫的介面抽象，如故事劇情中的 ISocket。Adaptee 是要進行適配的物件類別，如故事劇情中的 BritishSocket。Adapter 是一個適配器，是對 Adaptee 的適配，它將 Adaptee 的物件轉換（包裝）成符合 Target 介面的物件；如故事劇情的 AdapterSocket，將 BritishSocket 的 name() 和 socketInterface() 方法包裝成 ISocket 的 getName() 和 getSocket() 介面。

　　適配模式的兩種實現方式，我比較推薦組合的方式，因為在一些沒有 interface 類別型的程式設計語言（如 C++、Python）中，Adapter 類別就會多繼承，同時繼承 Target 和 Adaptee，在程式設計中應該儘量避免多繼承（雖然 Target 只是一個介面類別）。

13.3.3　模型說明

1. 設計要點

　　適配模式中主要有三個角色，在設計適配模式時要找到並區分這些角色。

　　（1）**目標（Target）**：即你期望的目標介面，要轉換成的介面。

　　（2）**源物件（Adaptee）**：即要被轉換的角色，要把誰轉換成目標角色。

　　（3）**適配器（Adapter）**：適配模式的核心角色，負責把源物件轉換和包裝成目標物件。

2. 適配模式的優缺點

優點：

（1）可以讓兩個沒有關聯的類別一起運行，起中間轉換的作用。

（2）提高了類別的複用率。

（3）靈活性好，不會破壞原有系統。

缺點：

（1）如果原有系統沒有設計好（如 Target 不是抽象類別或介面，而是一個實體類別），適配模式將很難實現。

（2）過多地使用適配器，容易使程式碼結構混亂，如明明看到呼叫的是 A 介面，內部呼叫的卻是 B 介面的實現。

13.4　實戰應用

有一個電子書閱讀器的專案（Reader），研發之初，經過各方討論，產品經理最後告訴我們只支持 TXT 和 Epub 格式的電子書。然後經過仔細思考、精心設計，採用了如圖 13-6 所示的類別圖結構。在這個類別圖中，有一個閱讀器的核心類別 Reader，一個 TXT 文檔的關鍵類別 TxtBook（負責 TXT 格式檔的解析），以及一個 Epub 文檔的關鍵類別 EpubBook（負責 Epub 格式檔的解析）。

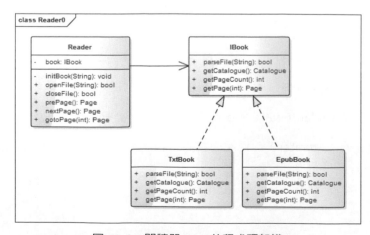

圖 13-6　閱讀器 V1.0 的程式碼架構

　　產品上線半年後，市場反響良好，業務部門反映：有很多辦公人員也在用我們的閱讀器，他們希望這個閱讀器能同時支持 PDF 格式，這樣就不用在多個閱讀器之間來回切換了。這時我們的程式就需要增加對 PDF 格式的支持，而支援 PDF 格式並不是核心業務，我們不會單獨為其開發一套 PDF 解析內核，而會使用一些開源的 PDF 庫（我們稱它為協力廠商庫），如 MuPDF、TCPDF 等。而開源庫的介面和我們的介面並不相同，如圖 13-7 所示，返回的內容也不是我們直接需要的，需要經過一些轉換才能符合我們的要求。

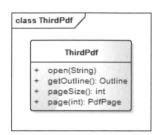

圖 13-7　協力廠商 PDF 解析庫

　　這時，我們就需要對協力廠商的 PDF 解析庫（如 MuPDF）進行適配。經過前面的學習，你一定知道這時該用適配模式了，於是我們有了如圖 13-8 所示的類別圖結構。

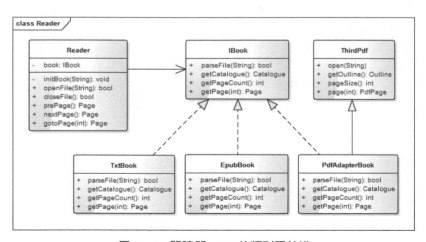

圖 13-8　閱讀器 V2.0 的類別圖結構

我們根據類別圖來完成程式碼的實現。

程式實例 p13_3.py　相容 PDF 的閱讀器

```python
# p13_3.py
from abc import ABCMeta, abstractmethod
# 引入 ABCMeta 和 abstractmethod 來定義抽象類別和抽象方法
import os
# 導入 os 庫，用於檔、路徑相關的解析

class Page:
    """ 電子書一頁的內容 """
    def _init_(self, pageNum):
        self._pageNum = pageNum
    def getContent(self):
        return "第 " + str(self._pageNum) + " 頁的內容 ..."

class Catalogue:
    """ 目錄結構 """
    def _init_(self, title):
        self._title = title
        self._chapters = []
    def addChapter(self, title):
        self._chapters.append(title)
    def showInfo(self):
        print(" 書名 : " + self._title)
        print(" 目錄 :")
        for chapter in self._chapters:
            print("    " + chapter)

class IBook(metaclass=ABCMeta):
    """ 電子書文檔的介面類別 """
    @abstractmethod
    def parseFile(self, filePath):
        """ 解析文檔 """
        pass
    @abstractmethod
    def getCatalogue(self):
        """ 獲取目錄 """
        pass
```

```python
    @abstractmethod
    def getPageCount(self):
        """ 獲取頁數 """
        pass
    @abstractmethod
    def getPage(self, pageNum):
        """ 獲取第 pageNum 頁的內容 """
        pass

class TxtBook(IBook):
    """TXT 解析類別 """
    def parseFile(self, filePath):
        # 模擬文檔的解析
        print(filePath + " 檔解析成功 ")
        self._title = os.path.splitext(filePath)[0]
        self._pageCount = 500
        return True
    def getCatalogue(self):
        catalogue = Catalogue(self._title)
        catalogue.addChapter(" 第一章  標題 ")
        catalogue.addChapter(" 第二章  標題 ")
        return catalogue
    def getPageCount(self):
        return self._pageCount
    def getPage(self, pageNum):
        return Page(pageNum)


class EpubBook(IBook):
    """Epub 解析類別 """
    def parseFile(self, filePath):
        # 模擬文檔的解析
        print(filePath + " 檔解析成功 ")
        self._title = os.path.splitext(filePath)[0]
        self._pageCount = 800
        return True
    def getCatalogue(self):
        catalogue = Catalogue(self._title)
```

```
        catalogue.addChapter(" 第一章 標題 ")
        catalogue.addChapter(" 第二章 標題 ")
        return catalogue
    def getPageCount(self):
        return self._pageCount
    def getPage(self, pageNum):
        return Page(pageNum)


class Outline:
    """ 協力廠商 PDF 解析庫的目錄類別 """
    def _init_(self):
        self._outlines = []
    def addOutline(self, title):
        self._outlines.append(title)
    def getOutlines(self):
        return self._outlines


class PdfPage:
    "PDF 頁 "
    def _init_(self, pageNum):
        self._pageNum = pageNum
    def getPageNum(self):
        return self._pageNum


class ThirdPdf:
    """ 協力廠商 PDF 解析庫 """
    def _init_(self):
        self._pageSize = 0
        self._title = ""
    def open(self, filePath):
        print(" 協力廠商庫解析 PDF 文件：" + filePath)
        self._title = os.path.splitext(filePath)[0]
        self._pageSize = 1000
        return True
    def getTitle(self):
        return self._title
    def getOutline(self):
```

```
        outline = Outline()
        outline.addOutline(" 第一章 PDF 電子書標題 ")
        outline.addOutline(" 第二章 PDF 電子書標題 ")
        return outline
    def pageSize(self):
        return self._pageSize
    def page(self, index):
        return PdfPage(index)


class PdfAdapterBook(ThirdPdf, IBook):
    """ 對協力廠商的 PDF 解析庫重新進行包裝 """
    def _init_(self, thirdPdf):
        self._thirdPdf = thirdPdf
    def parseFile(self, filePath):
        # 模擬文檔的解析
        rtn = self._thirdPdf.open(filePath)
        if(rtn):
            print(filePath + " 檔解析成功 ")
        return rtn
    def getCatalogue(self):
        outline = self.getOutline()
        print(" 將 Outline 結構的目錄轉換成 Catalogue 結構的目錄 ")
        catalogue = Catalogue(self._thirdPdf.getTitle())
        for title in outline.getOutlines():
            catalogue.addChapter(title)
        return catalogue
    def getPageCount(self):
        return self._thirdPdf.pageSize()
    def getPage(self, pageNum):
        page = self.page(pageNum)
        print(" 將 PdfPage 的面物件轉換成 Page 的物件 ")
        return Page(page.getPageNum())


class Reader:
    " 閱讀器 "
    def _init_(self, name):
        self._name = name
```

```python
        self._filePath = ""
        self._curBook = None
        self._curPageNum = -1
    def _initBook(self, filePath):
        self._filePath = filePath
        extName = os.path.splitext(filePath)[1]
        if(extName.lower() == ".epub"):
            self._curBook = EpubBook()
        elif(extName.lower() == ".txt"):
            self._curBook = TxtBook()
        elif(extName.lower() == ".pdf"):
            self._curBook = PdfAdapterBook(ThirdPdf())
        else:
            self._curBook = None
    def openFile(self, filePath):
        self._initBook(filePath)
        if(self._curBook is not None):
            rtn = self._curBook.parseFile(filePath)
            if(rtn):
                self._curPageNum = 1
            return rtn
        return False
    def closeFile(self):
        print("關閉 " + self._filePath + " 文件 ")
        return True
    def showCatalogue(self):
        catalogue = self._curBook.getCatalogue()
        catalogue.showInfo()
    def prePage(self):
        print("往前翻一頁：", end="")
        return self.gotoPage(self._curPageNum - 1)
    def nextPage(self):
        print("往後翻一頁：", end="")
        return self.gotoPage(self._curPageNum + 1)
    def gotoPage(self, pageNum):
        if(pageNum > 1 and pageNum < self._curBook.getPageCount() -1):
            self._curPageNum = pageNum
```

```
        print(" 顯示第 " + str(self._curPageNum) + " 頁 ")
        page = self._curBook.getPage(self._curPageNum)
        page.getContent()
        return page


def testReader():
    reader = Reader(" 閱讀器 ")
    if(not reader.openFile(" 平凡的世界 .txt")):
        return
    reader.showCatalogue()
    reader.prePage()
    reader.nextPage()
    reader.nextPage()
    reader.closeFile()
    print()
    if (not reader.openFile(" 追風箏的人 .epub")):
        return
    reader.showCatalogue()
    reader.nextPage()
    reader.nextPage()
    reader.prePage()
    reader.closeFile()
    print()
    if (not reader.openFile(" 如何從生活中領悟設計模式 .pdf")):
        return
    reader.showCatalogue()
    reader.nextPage()
    reader.nextPage()
    reader.closeFile()


testReader()
```

執行結果

```
================ RESTART: D:/Design_Patterns/ch13/p13_3.py ================
平凡的世界.txt 檔解析成功
書名：平凡的世界
目錄：
        第一章 標題
        第二章 標題
往前翻一頁：顯示第1頁
往後翻一頁：顯示第2頁
往後翻一頁：顯示第3頁
關閉 平凡的世界.txt 文件

追風箏的人.epub 檔解析成功
書名：追風箏的人
目錄：
        第一章 標題
        第二章 標題
往後翻一頁：顯示第2頁
往後翻一頁：顯示第3頁
往前翻一頁：顯示第2頁
關閉 追風箏的人.epub 文件

協力廠商庫解析PDF文件：如何從生活中領悟設計模式.pdf
如何從生活中領悟設計模式.pdf檔解析成功
將Outline結構的目錄轉換成Catalogue結構的目錄
書名：如何從生活中領悟設計模式
目錄：
        第一章 PDF電子書標題
        第二章 PDF電子書標題
往後翻一頁：顯示第2頁
將PdfPage的面物件轉換成Page的物件
往後翻一頁：顯示第3頁
將PdfPage的面物件轉換成Page的物件
關閉 如何從生活中領悟設計模式.pdf 文件
```

13.5　應用場景

（1）系統需要使用現有的類別，而這些類別的介面不符合現有系統的要求。

（2）對已有的系統拓展新功能，尤其適用於在設計良好的系統框架下增加接入協力廠商的介面或協力廠商的 SDK。

第 14 章

策略模式 (Strategy Pattern)

14.1 從生活中領悟策略模式

14.1.1 故事劇情一怎麼來不重要，人到就行

　　Tony 在北京漂泊了三年，這期間有很多美好，也有很多心酸，有很多期待，也有很多失落。可終究還是要離開了，原因很簡單：一來北京壓力太大，生活成本太高；二來北京離老家太遠。離開北京，Tony 也沒有回老家，而是選擇了新的城市—杭州。

　　Tony 還有十幾個同學在北京，要離開北京，肯定是要和這些同學道別的。Tony 的學姐 Leaf（也是上學時的輔導員）為他精心組織和安排了一次聚餐，地點選了建德門附近的一家江西餐館—西江美食舫，大家約好晚上 19：00 不見不散⋯⋯

　　時間和地點都定了，把能來的人拉了一個群，大家便開始熱鬧地聊起來了。Joe：我離那比較近，騎共用單車 15 分鐘就到了，我可以先去點餐。Helen：我坐地鐵到那半小時，也沒問題。Henry：我有直達的快速公交到那 40 分鐘，不過下班高峰可能會堵車，時間不好說。Ruby：我公司還有點事，可能會晚半個小時，到時我打車過去⋯⋯Leaf：怎麼來不重要，人到就行！Tony：大家有心，萬分感謝，安全最重要！

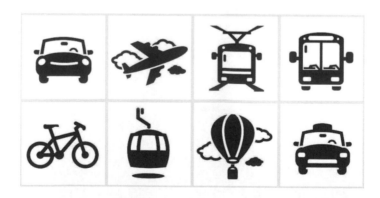

14.1.2　用程式來類比生活

　　隨著社會的發展，時代的進步，出行方式越來越多樣，可以說豐富到了千奇百怪的地步。除了上面提到的騎共用單車及乘公車、地鐵、快車（或計程車），也可以自駕、騎電動車、踩平衡車，你甚至可以踏個輪滑、踩個滑板過來！採用什麼出行方式並不重要，重要的是你能準時來聚餐，不然就只能吃殘羹冷炙了！下面我們用程式碼來模擬一下大家使用不同的出行方式來聚餐的情景。

程式實例 p14_1.py　模擬故事劇情

```python
# p14_1.py
from abc import ABCMeta, abstractmethod
# 引入 ABCMeta 和 abstractmethod 來定義抽象類別和抽象方法

class IVehicle(metaclass=ABCMeta):
    """ 交通工具的抽象類別 """
    @abstractmethod
    def running(self):
        pass

class SharedBicycle(IVehicle):
    """ 共用單車 """
    def running(self):
        print(" 騎共用單車 ( 輕快便捷 )", end='')

class ExpressBus(IVehicle):
    """ 快速公交 """
    def running(self):
        print(" 坐快速公交 ( 經濟綠色 )", end='')

class Express(IVehicle):
    """ 快車 """
    def running(self):
        print(" 打快車 ( 快速方便 )", end='')

class Subway(IVehicle):
    """ 地鐵 """
    def running(self):
```

```
        print(" 坐地鐵 ( 高效安全 )", end='')

class Classmate:
    """ 來聚餐的同學 """
    def _init_(self, name, vechicle):
        self._name = name
        self._vechicle = vechicle
    def attendTheDinner(self):
        print(self._name + " ", end='')
        self._vechicle.running()
        print(" 來聚餐！")


def testTheDinner():
    sharedBicycle = SharedBicycle()
    joe = Classmate("Joe", sharedBicycle)
    joe.attendTheDinner()
    helen = Classmate("Helen", Subway())
    helen.attendTheDinner()
    henry = Classmate("Henry", ExpressBus())
    henry.attendTheDinner()
    ruby = Classmate("Ruby", Express())
    ruby.attendTheDinner()


testTheDinner()
```

執行結果

```
================= RESTART: D:/Design_Patterns/ch14/p14_1.py =================
Joe 騎共用單車(輕快便捷) 來聚餐！
Helen 坐地鐵(高效安全) 來聚餐！
Henry 坐快速公交(經濟綠色) 來聚餐！
Ruby 打快車(快速方便) 來聚餐！
```

14.2　從劇情中思考策略模式

　　在上面的示例中我們可以選擇不同的出行方式來聚餐，可以騎共用單車，也可以坐公交，還可以踩一輛平衡車；選用什麼交通工具不重要，重要的是能夠實現我們的目標—準時到達聚餐的地點，我們可以根據自己的實際情況進行選擇和更換不同的出行方式。這裡，選擇不同的交通工具，相當於選擇了不同的出行策略，在程式中也有這樣一種類似的模式—**策略模式**。

14.2.1　什麼是策略模式

Define a family of algorithms, encapsulate each one, and make them interchangeable. Strategy lets the algorithm vary independently from the clients that use it.

定義一系列演算法，將每個演算法都封裝起來，並且使它們之間可以相互替換。策略模式使演算法可以獨立於使用它的用戶而變化。

14.2.2　策略模式設計思維

故事劇情的程式碼（程式實例 p14_1.py）可用類別圖來表示，如圖 14-1 所示。

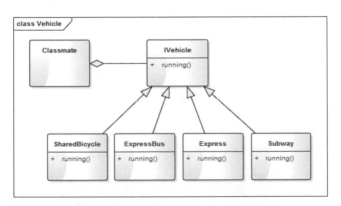

圖 14-1　程式實例 p14_1.py 的類別圖

在這個示例中，將不同的出行方式（採用的交通工具）理解成一種出行演算法，將這些演算法抽象出一個基類別 IVehicle，並定義一系列演算法、共用單車（SharedBi-cycle）、快速公交（ExpressBus）、地鐵（Subway）、快車（Express）。我們可以選擇任意一種（實際場景中肯定會選擇最合適的）出行方式，並且可以方便地更換出行方式。如 Henry 要把出行方式由快速公交改成快車，只需要在呼叫處改一行程式碼即可。

```
# henry = Classmate("Henry", ExpressBus())
henry = Classmate("Henry", Express())
henry.attendTheDinner()
```

策略模式的核心思維是：對演算法、規則進行封裝，使得替換演算法和新增演算法更加靈活。

14.3　策略模式的模型抽象

14.3.1　類別圖

策略模式的類別圖如圖 14-2 所示。

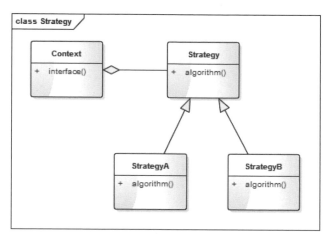

圖 14-2　策略模式的類別圖

Context 是一個上下文環境類別，負責提供對外的介面，與使用者交互，遮罩上層對策略（演算法）的直接存取，如故事劇情中的 Classmate。Strategy 是策略（演算法）的抽象類別，定義統一的介面，如故事劇情中的 IVehicle。StrategyA 和 StrategyB 是具體策略的實現類別，如故事劇情中的 SharedBicycle 和 ExpressBus 等。

注意 algorithm() 方法並不是只能用來定義演算法，也可以是一種規則、一個動作或一種行為（如上面故事劇情中的 running 指的是交通工具的運行方式）。一個 Strategy 也可以有多個方法（如一種演算法是由多個步驟組成的）。

14.3.2　模型說明

1. 設計要點

　　策略模式中主要有三個角色，在設計策略模式時要找到並區分這些角色。

　　（1）上下文環境（Context）：起著承上啟下的封裝作用，遮罩上層應用對策略（演算法）的直接存取，封裝可能存在的變化。

　　（2）策略的抽象（Strategy）：策略（演算法）的抽象類別，定義統一的介面，規定每個子類別必須實現的方法。

　　（3）具備的策略：策略的具體實現者，可以有多個不同的（演算法或規則）實現。

2. 策略模式的優缺點

　　優點：

　　（1）演算法（規則）可自由切換。

　　（2）避免使用多重條件判斷。

　　（3）方便拓展和增加新的演算法（規則）。

　　缺點：

　　所有策略類別都需要對外暴露。

14.4　實戰應用

　　假設有這樣一個應用場景：

> 　　有一個 Person 類別，有年齡（age）、體重（weight）、身高（height）三個屬性。現在要對 Person 類別的一組物件進行排序，但並沒有確定根據什麼規則來排序，有時需要根據年齡進行排序，有時需要根據身高進行排序，有時可能需要根據身高和體重的綜合情況來排序，還有可能……

　　透過對這個應用場景進行分析，我們會發現，這裡需要多種排序演算法，而且需要動態地在這幾種演算法中進行選擇。相信你很容易就會想到策略模式。沒錯，想到就對了！我們來看一下具體的程式碼。

程式實例 p14_2.py　用策略模式來定義排序規則

```python
# p14_2.py
from abc import ABCMeta, abstractmethod
# 引入 ABCMeta 和 abstractmethod 來定義抽象類別和抽象方法


class Person:
    """ 人類別 """
    def _init_(self, name, age, weight, height):
        self.name = name
        self.age = age
        self.weight = weight
        self.height = height
    def showMysef(self):
        print("%s 年齡：%d 歲，體重：%0.2fkg，身高：%0.2fm" % (self.name, self.age, self.weight,
self.height) )


class ICompare(metaclass=ABCMeta):
    """ 比較演算法 """
    @abstractmethod
    def comparable(self, person1, person2):
        "person1 > person2 返回值 >0，person1 == person2 返回 0， person1 < person2 返回值小於 0"
        pass


class CompareByAge(ICompare):
    """ 透過年齡排序 """
    def comparable(self, person1, person2):
        return person1.age - person2.age


class CompareByHeight(ICompare):
    """ 透過身高排序 """
    def comparable(self, person1, person2):
        return person1.height - person2.height


class SortPerson:
    "Person 的排序類別 "
    def _init_(self, compare):
        self._compare = compare
```

```python
    def sort(self, personList):
        """ 排序演算法
        這裡採用最簡單的冒泡排序 """
        n = len(personList)
        for i in range(0, n-1):
            for j in range(0, n-i-1):
                if(self._compare.comparable(personList[j], personList[j+1]) > 0):
                    tmp = personList[j]
                    personList[j] = personList[j+1]
                    personList[j+1] = tmp
                j += 1
            i += 1

def testSortPerson():
    personList = [
        Person("Tony", 2, 54.5, 0.82),
        Person("Jack", 31, 74.5, 1.80),
        Person("Nick", 54, 44.5, 1.59),
        Person("Eric", 23, 62.0, 1.78),
        Person("Helen", 16, 45.7, 1.60)
    ]
    ageSorter = SortPerson(CompareByAge())
    ageSorter.sort(personList)
    print(" 根據年齡進行排序後的結果：")
    for person in personList:
        person.showMysef()
    print()

    heightSorter = SortPerson(CompareByHeight())
    heightSorter.sort(personList)
    print(" 根據身高進行排序後的結果：")
    for person in personList:
        person.showMysef()
    print()

testSortPerson()
```

執行結果

```
=============== RESTART: D:/Design_Patterns/ch14/p14_2.py ===============
根據年齡進行排序後的結果：
Tony 年齡：2歲，體重：54.50kg，身高：0.82m
Helen 年齡：16歲，體重：45.70kg，身高：1.60m
Eric 年齡：23歲，體重：62.00kg，身高：1.78m
Jack 年齡：31歲，體重：74.50kg，身高：1.80m
Nick 年齡：54歲，體重：44.50kg，身高：1.59m

根據身高進行排序後的結果：
Tony 年齡：2歲，體重：54.50kg，身高：0.82m
Nick 年齡：54歲，體重：44.50kg，身高：1.59m
Helen 年齡：16歲，體重：45.70kg，身高：1.60m
Eric 年齡：23歲，體重：62.00kg，身高：1.78m
Jack 年齡：31歲，體重：74.50kg，身高：1.80m
```

程式實例 p14_2.py 可用如圖 14-3 所示的類別圖來表示。

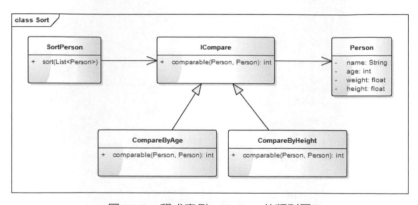

圖 14-3　程式實例 p14_2.py 的類別圖

　　看到這裡，一些熟悉 Python 的人肯定要吐槽了！ Python 是一種簡潔明瞭的語言，使用兩行程式碼就能解決的問題（程式實例 p14_3.py），為什麼要寫上面這一大堆的東西？

程式實例 p14_3.py　Python 內置的 sorted 方法排序

```python
from operator import itemgetter,attrgetter

# 使用 operator 模組根據年齡、身高進行排序
sortedPerons = sorted(personList, key = attrgetter('age'))
sortedPerons1 = sorted(personList, key=attrgetter('height'))
```

　　能提出這個問題，說明你一定是帶著思考在閱讀！之所以還要這麼寫，有以下幾個原因：

（1）設計模式是一種編譯思維，它和語言沒有強關聯，應當適用於所有物件導向語言。Python 因為語言本身的靈活性和良好的封裝性，自帶了很多功能。而其他語言並沒有這樣的功能，為了讓熟悉其他語言的人也能看懂，所以使用了最接近物件導向思維的方式進行實現（即使你熟悉 Python 也可透過它來學習一種新的思維方式）。

（2）這種最本質的實現方式，有助於你更好地理解各種語言的 Sort 函數的原理。熟悉 Java 人，再看看 java.lang.Comparable 介面和 java.util.Arrays 中的 Sort 方法（public static void sort(Object[] a)），一定會有更深刻的理解，因為 Comparable 介面使用的就是策略模式，只不過該介面的實現者就是實體類別本身（如前面例子中的 Person 就是實體類別）。

（3）使用 Python 語言本身的特性，還是難以實現一些特殊的需求，如要根據身高和體重的綜合情況來排序（身高和體重的權重分別是 0.6 和 0.4）。用策略模式就可以很方便地實現，只需要增加一個 CompareByHeightAndWeight 的策略類別，如程式實例 p14_4.py 所示。

程式實例 p14_4.py　根據身高和體重來排序

```python
class CompareByHeightAndWeight(ICompare):
    """ 根據身高和體重的綜合情況來排序
    ( 身高和體重的權重分別是 0.6 和 0.4)"""
    def comparable(self, person1, person2):
        value1 = person1.height * 0.6 + person1.weight * 0.4
        value2 = person2.height * 0.6 + person2.weight * 0.4
        return value1 - value2
```

14.5　應用場景

（1）如果一個系統裡面有許多類別，它們之間的區別僅在於有不同的行為，那麼可以使用策略模式動態地讓一個物件在許多行為中選擇一種。

（2）一個系統需要動態地在幾種演算法中選擇一種。

（3）設計程式介面時希望部分內部實現由呼叫方自己實現。

第 15 章

工廠模式 (Factory Pattern)

15.1　從生活中領悟工廠模式

15.1.1　故事劇情—你要拿鐵還是摩卡呢

　　Tony 所在的公司終於有了自己的休息區！在這裡大家可以看書、跑步、喝咖啡、玩體感遊戲！開心工作，快樂生活！

　　現在要說的是休息區裡的咖啡機，因為公司裡有很多 " 咖啡客 "，所以頗受歡迎！

　　咖啡機的使用也非常簡單，咖啡機旁邊有已經準備好的咖啡豆，想喝咖啡，只要往咖啡機裡加入少量的咖啡豆，然後選擇杯數和濃度，再按一下開關，10 分鐘後，帶著濃香的咖啡就為你準備好了！當然，如果你想喝一些其他口味的咖啡，也可以自備咖啡豆，無論你要拿鐵還是摩卡，都不是問題。那麼問題來了，你要拿鐵還是摩卡呢？

15.1.2　用程式來類比生活

　　你可能要問了：不就是一個咖啡機嗎，有什麼好炫耀的呢？非也非也，我只是想告訴你如何從生活的每一件小事中領悟設計模式，因為這裡又隱藏了一個模式，你猜到了嗎？我們還是先用程式來類比一下故事劇情中的場景吧！

程式實例 p15_1.py　模擬故事劇情

```python
# p15_1.py
from abc import ABCMeta, abstractmethod
# 引入 ABCMeta 和 abstractmethod 來定義抽象類別和抽象方法

class Coffee(metaclass=ABCMeta):
    """ 咖啡 """
    def _init_(self, name):
        self._name = name
    def getName(self):
        return self._name
    @abstractmethod
    def getTaste(self):
        pass


class LatteCaffe(Coffee):
    """ 拿鐵咖啡 """
    def _init_(self, name):
        super()._init_(name)
    def getTaste(self):
        return " 輕柔而香醇 "


class MochaCoffee(Coffee):
    """ 摩卡咖啡 """
    def _init_(self, name):
        super()._init_(name)
    def getTaste(self):
        return " 絲滑與醇厚 "


class Coffeemaker:
    """ 咖啡機 """
    @staticmethod
    def makeCoffee(coffeeBean):
        " 透過 staticmethod 裝飾器修飾來定義一個靜態方法 "
        if(coffeeBean == " 拿鐵咖啡豆 "):
            coffee = LatteCaffe(" 拿鐵咖啡 ")
        elif(coffeeBean == " 摩卡咖啡豆 "):
            coffee = MochaCoffee(" 摩卡咖啡 ")
```

```
        else:
            raise ValueError(" 不支持的參數：%s" % coffeeBean)
        return coffee

def testCoffeeMaker():
    latte = Coffeemaker.makeCoffee(" 拿鐵咖啡豆 ")
    print("%s 已為您準備好了，口感：%s。請慢慢享用！ " % (latte.getName(), latte.getTaste()) )
    mocha = Coffeemaker.makeCoffee(" 摩卡咖啡豆 ")
    print("%s 已為您準備好了，口感：%s。請慢慢享用！ " % (mocha.getName(), mocha.getTaste()))

testCoffeeMaker()
```

執行結果
```
==================== RESTART: D:\Design_Patterns\ch15\p15_1.py ====================
拿鐵咖啡已為您準備好了，口感：輕柔而香醇。請慢慢享用！
摩卡咖啡已為您準備好了，口感：絲滑與醇厚。請慢慢享用！
```

15.2　從劇情中思考工廠模式

15.2.1　什麼是簡單工廠模式

專門定義一個類別來負責創建其他類別的實例，根據參數的不同創建不同類別的實例，被創建的實例通常具有共同的父類別，這個模式叫**簡單工廠模式**（Simple Factory Pattern）。

簡單工廠模式又稱為**靜態工廠方法模式**。之所以叫 " 靜態 "，是因為在很多靜態語言（如 Java、C++）中方法通常被定義成一個靜態（static）方法，這樣便可透過類別名來直接呼叫方法。

15.2.2　工廠模式設計思維

在故事劇情中，我們透過咖啡機制作咖啡，加入不同風味的咖啡豆就產生不同口味的咖啡。這一過程就如同一個工廠一樣，我們加入不同的配料，就會生產出不同的產品，這就是程式設計中**工廠模式**的概念。

在工廠模式中，用來創建物件的類別叫工廠類別，被創建的物件的類別稱為產品類別。程式實例 p15_1.py 中 CoffeeMaker 就是工廠類別，LatteCaffe 和 MochaCoffee 就是產品類別。程式實例 p15_1.py 的類別圖如圖 15-1 所示。

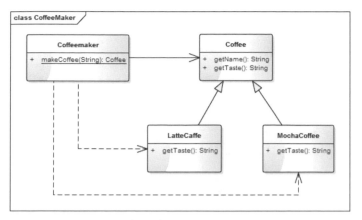

圖 15-1 程式實例 p15_1.py 的類別圖

15.3 工廠三姐妹

工廠模式三姐妹：簡單工廠模式 (Simple Factory Pattern)（小妹妹）、工廠方法模式 (Factory Method Pattern)（妹妹）、抽象工廠模式 (Abstract Factory Pattern)（姐姐）。這三種模式可以理解為同 種程式設計思維的三個版本，從簡單到高級不斷升級。故事劇情的模擬程式碼（程式實例 p15_1.py）用的就是最簡單的一個版本—簡單工廠模式。工廠方法模式是簡單工廠模式的升級，抽象工廠模式又是工廠方法模式的升級！下面我們將逐步剖析它們之間的區別和聯繫。

15.3.1 簡單工廠模式

這是最簡單的一個版本，只有一個工廠類別 SimpleFactory，類別中有一個靜態的創建方法 createProduct，該方法根據參數傳遞過來的類別型值（type）或名稱（name）來創建具體的產品（子類別）物件。

1. 定義

Define an interface for creating an object, it through the argument to decide which class to instantiate.

定義一個創建物件（產生實體物件）的介面，透過參數來決定創建哪個類別的實例。

2. 類別圖

簡單工廠模式的類別圖如圖 15-2 所示。

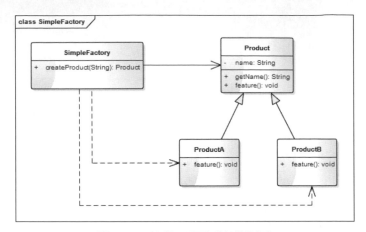

圖 15-2　簡單工廠模式的類別圖

　　SimpleFactory 是工廠類別，負責創建物件，如故事劇情中的 CoffeeMaker。Product 是要創建的產品的抽象類別，負責定義統一的介面，如故事劇情中的 Coffee。ProductA 和 ProductB 是具體的產品類別型，如故事劇情中的 LatteCaffe 和 MochaCoffee。

3. 優缺點

優點：

（1）實現簡單、結構清晰。

（2）抽象出一個專門的類別來負責某類別物件的創建，分割出創建的職責，不能直接創建具體的物件，只需傳入適當的參數即可。

（3）使用者可以不關注具體物件的類別名稱，只需知道傳入什麼參數可以創建哪些需要的物件。

缺點：

（1）不易拓展，一旦添加新的產品類別型，就不得不修改工廠的創建邏輯。不符合 " 開放 - 封閉 " 原則，如果要增加或刪除一個產品類別型，就要修改 switch ... case

...（或 if ... else ...）的判斷程式碼。

（2）當產品類別型較多時，工廠的創建邏輯可能過於複雜，switch ... case ...（或 if ... else ...）判斷會變得非常多。一旦出錯可能造成所有產品創建失敗，不利於系統的維護。

4. 應用場景

（1）產品具有明顯的繼承關係，且產品的類別型不太多。

（2）所有的產品具有相同的方法和類別似的屬性，使用者不關心具體的類別型，只希望傳入合適的參數能返回合適的物件。

儘管簡單工廠模式不符合 " 開放 - 封閉 " 原則（參見 " 第 26 章 關於設計原則的思考 "），但因為它簡單，所以仍然能在很多項目中看到它。

15.3.2　工廠方法模式

工廠方法模式 (Factory Method Pattern) 是簡單工廠模式的一個升級版本，為解決簡單工廠模式不符合"開放-封閉"原則的問題，我們對 SimpleFactory 進行了一個拆分，抽象出一個父類別 Factory，並增加多個子類別分別負責創建不同的具體產品。

1. 定義

Define an interface for creating an object, but let subclasses decide which class to instantiate. Factory Method lets a class defer instantiation to subclasses.

定義一個創建物件（產生實體物件）的介面，讓子類別來決定創建哪個類別的實例。工廠方法使一個類別的產生實體延遲到其子類別。

2. 類別圖

工廠方法模式的類別圖如圖 15-3 所示。

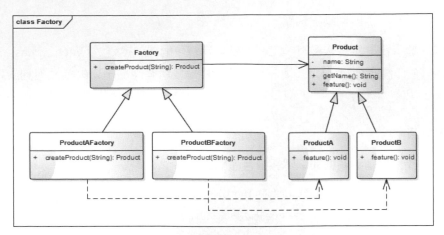

圖 15-3　工廠方法模式的類別圖

　　Product 是要創建的產品的抽象類別，ProductA 和 ProductB 是具體的產品類型。Factory 是所有工廠的抽象類別，負責定義統一的介面。ProductAFactory 和 ProductB-Factory 是具體的工廠類別，分別負責產品 ProductA 和 ProductB 的創建。

3. 優缺點

　　優點：

　　（1）解決了簡單工廠模式不符合 " 開放 - 封閉 " 原則的問題，使程式更容易拓展。

　　（2）實現簡單。

　　缺點：

　　對於有多種分類的產品，或具有二級分類的產品，工廠方法模式並不適用。

　　　　多種分類：如我們有一個電子白板程式，可以繪製各種圖形，那麼畫筆的繪製功能可以理解為一個工廠，而圖形可以理解為一種產品；圖形可以根據形狀分為直線、矩形、橢圓等，也可以根據顏色分為紅色圖形、綠色圖形、藍色圖形等。

　　　　二級分類：如一個家電工廠，它可能同時生產冰箱、空調和洗衣機，那麼冰箱、空調、洗衣機屬於一級分類；而洗衣機又可分為高效型的和節能型的，高效型洗衣機和節能型洗衣機就屬於二級分類。

4. 應用場景

（1）用戶端不知道它所需要的物件的類別。

（2）工廠類別希望透過其子類別來決定創建哪個具體類別的物件。

因為工廠方法模式簡單且易拓展，因此在項目中應用得非常廣泛，在很多標準庫和開源項目中都能看到它的影子。

15.3.3　抽象工廠模式

抽象工廠模式 (Abstract Factory Pattern) 是工廠方法模式的升級版本，工廠方法模式不能解決具有二級分類的產品的創建問題，抽象工廠模式就是用來解決這一問題的。

1. 定義

Provide an interface for creating families of related or dependent objects without specifying their concrete classes.

提供一個創建一系列相關或相互依賴的物件的介面，而無須指定它們的具體類別。

2. 類別圖

我們看一下前面提到的家電工廠的實現類別圖，如圖 15-4 所示。

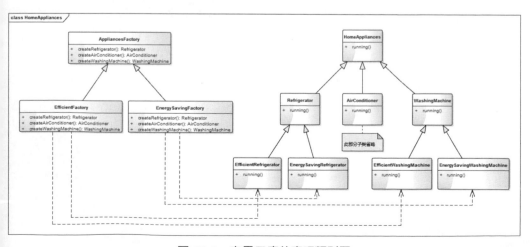

圖 15-4　家電工廠的實現類別圖

AppliancesFactory 是一個抽象的工廠類別，定義了三個方法，分別用來生產冰箱（Refrigerator）、空調（Air-conditioner）、洗衣機（WashingMachine）。EfficientFactory 和 EnergySavingFactory 是兩個具體的工廠類別，分別用來生產高效型的家電和節能型的家電。

從圖 15-4 中我們可以進一步抽象出抽象工廠模式的類別圖，如圖 15-5 所示。

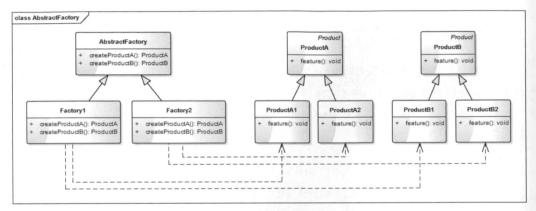

圖 15-5　抽象工廠模式的類別圖

抽象工廠模式適用於有多個系列且每個系列有相同子分類的產品。我們定義一個抽象的工廠類別 AbstractFactory，AbstractFactory 中定義生產每個系列產品的方法；而兩個具體的工廠實現類別 Factory1 和 Factory2 分別生產子分類別 1 的每一系列產品和子分類別 2 的每一系列產品。

如前面的例子中，有冰箱、空調、洗衣機三個系列的產品，而每個系列都有相同的子分類別，即高效型和節能型。透過抽象工廠模式的類別圖（圖 15-5）我們知道 Refrigerator、AirConditioner、WashingMachine 其實也可以不繼承自 HomeAppliances，因為可以把它們看成獨立的系列。當然在真實專案中要根據實際應用場景而定，如果這三種家電有很多相同的屬性，可以抽象出一個父類別 HomeAppliances，如果差別很大則沒有必要。

3. 優缺點

優點：

解決了具有二級分類的產品的創建。

缺點：

（1）如果產品的分類超過二級，如三級甚至更多級，抽象工廠模式將會變得非常臃腫。

（2）不能解決產品有多種分類、多種組合的問題。

4. 應用場景

（1）系統中有多於一個的產品族，而每次只使用其中某一產品族。

（2）產品等級結構穩定，設計完成之後，不會向系統中增加新的產品等級結構或者刪除已有的產品等級結構。

15.4　進一步思考

如果產品出現三級甚至更多級分類別怎麼辦？如果程式中出現了三級分類別的物件，就需要重新審視一下你的設計，看一下有些類別是不是可以進行歸納、抽象合併。如果實際的應用場景中確實有三級甚至更多級分類別，建議你不要使用工廠模式了，直接交給每一個具體的產品類別自己去創建吧！因為超過三級（含三級）以上分類別，會使工廠類別變得非常臃腫而難以維護，開發成本也會急遽增加。模式是死的，人是活的，不要為了使用設計模式而使用設計模式！

如果產品有多種分類別、多種組合怎麼辦？ 如果產品有多種分類別，就不能單獨使用工廠模式了，需要結合其他的設計模式進行優化。如 15.5 節的白板程式，既有形狀的分類別又有顏色的分類別，可以結合橋接模式（參見 20.2 節）一起使用，用橋接模式來定義產品，再用工廠模式來創建產品。

15.5　實戰應用

基於經典的簡單工廠模式，我們也可以對它進行一些延伸和拓展。一般的簡單工廠模式中我們可以創建任意多個物件，但在一些特定場景下，我們可能希望每一個具體的類別型只能創建一個物件，這就需要對工廠類別的實現方式做一些修改。

比如，在眾多的線上教育產品和視訊教學產品中都會有一個白板功能（用電子白板來類別比線路下的黑板功能），白板功能中需要不同類別型的畫筆，比如直線、矩形、橢圓等，但在一個白板中我們只需要一支畫筆。可對簡單工廠模式進行一些修改以滿足這種需求，具體的實現程式碼如下。

程式實例 p15_2.py　白板中畫筆的創建

```python
# p15_2.py
from abc import ABCMeta, abstractmethod
# 引入 ABCMeta 和 abstractmethod 來定義抽象類別和抽象方法
from enum import Enum
# Python 3.4 之後支援枚舉 Enum 的語法


class PenType(Enum):
    """ 畫筆類型 """
    PenTypeLine = 1
    PenTypeRect = 2
    PenTypeEllipse = 3



class Pen(metaclass=ABCMeta):
    """ 畫筆 """
    def _init_(self, name):
        self._name = name
    @abstractmethod
    def getType(self):
        pass
    def getName(self):
        return self._name

class LinePen(Pen):
    """ 直線畫筆 """
    def _init_(self, name):
        super()._init_(name)
    def getType(self):
        return PenType.PenTypeLine

class RectanglePen(Pen):
    """ 矩形畫筆 """
    def _init_(self, name):
```

```
            super()._init_(name)
      def getType(self):
          return PenType.PenTypeRect


class EllipsePen(Pen):
    """ 橢圓畫筆 """
    def _init_(self, name):
          super()._init_(name)
    def getType(self):
          return PenType.PenTypeEllipse


class PenFactory:
    """ 畫筆工廠類別 """
    def _init_(self):
        " 定義一個字典 (key:PenType，value：Pen) 來存放物件，確保每一個類別型只會有一個物件 "
        self._pens = {}
    def getSingleObj(self, penType, name):
        """ 獲得唯一實例的物件 """
    def createPen(self, penType):
        """ 創建畫筆 """
        if (self._pens.get(penType) is None):
            # 如果該物件不存在，則創建一個物件並存到字典中
            if penType == PenType.PenTypeLine:
                pen = LinePen(" 直線畫筆 ")
            elif penType == PenType.PenTypeRect:
                pen = RectanglePen(" 矩形畫筆 ")
            elif penType == PenType.PenTypeEllipse:
                pen = EllipsePen(" 橢圓畫筆 ")
            else:
                pen = Pen("")
            self._pens[penType] = pen
        # 否則直接返回字典中的物件
        return self._pens[penType]


def testPenFactory():
    factory = PenFactory()
    linePen = factory.createPen(PenType.PenTypeLine)
```

```
    print(" 創建了 %s，物件 id：%s，　類別：%s" % (linePen.getName(), id(linePen),
linePen.getType()) )
    rectPen = factory.createPen(PenType.PenTypeRect)
    print(" 創建了 %s，物件 id：%s，　類別：%s" % (rectPen.getName(), id(rectPen),
rectPen.getType()) )
    rectPen2 = factory.createPen(PenType.PenTypeRect)
    print(" 創建了 %s，物件 id：%s，　類別：%s" % (rectPen2.getName(), id(rectPen2),
rectPen2.getType()) )
    ellipsePen = factory.createPen(PenType.PenTypeEllipse)
    print(" 創建了 %s，物件 id：%s，　類別：%s" % (ellipsePen.getName(), id(ellipsePen),
ellipsePen.getType()) )

testPenFactory()
```

執行結果

```
================= RESTART: D:\Design_Patterns\ch15\p15_2.py =================
創建了 直線畫筆，物件id：60121200，　類別：PenType.PenTypeLine
創建了 矩形畫筆，物件id：60033264，　類別：PenType.PenTypeRect
創建了 矩形畫筆，物件id：60033264，　類別：PenType.PenTypeRect
創建了 橢圓畫筆，物件id：60033360，　類別：PenType.PenTypeEllipse
```

　　看到了嗎？在程式實例 p15_2.py 中，我們創建了兩次矩形畫筆的物件 rectPen 和
rectPen2，但這兩個變數指向的是同一個物件，因為物件的 ID 是一樣的。這說明透過
這種方式我們實現了每一個類別型只創建一個物件的功能。

第 16 章

命令模式 (Command Pattern)

16.1　從生活中領悟命令模式

16.1.1　故事劇情—大閘蟹，走起

　　David：聽說阿里開了一個實體店—盒馬鮮生，特別火爆！明天就週末了，我們一起去吃大閘蟹吧！Tony：吃貨！真是味覺的哥倫布啊，哪裡的餐飲新店都少不了你的影子。不過聽說盒馬鮮生到處是黑科技，而且海生是自己挑的，還滿新奇的。David：那就說好了，明天 11：00，盒馬鮮生，不吃不散！

　　Tony 和 David 來到杭州上城區的一家盒馬鮮生分店。這裡食客眾多，物品豐富，特別是生鮮，從幾十元的小龍蝦到幾百元的大閘蟹，再到一千多元的俄羅斯帝王蟹，應有盡有。帝王蟹是吃不起了，Tony 和 David 挑了一隻 900g 的一號大閘蟹。

　　食材挑好了，接下來就是現廠加工。加工的方式有多種，清蒸、薑蔥炒、香辣炒、避風塘炒等，可以自己任意選擇，當然不同的方式價格也有所不同。因為我們選的蟹是當時活動推薦的，所以免加工費。選擇一種加工方式後下單，下單後服務員會給你一個呼叫器，廚師根據訂單的順序進行加工，做好之後會有服務員送過來，Tony 和 David 只要在旁邊坐著等就可以了……

16.1.2　用程式來類比生活

　　盒馬鮮生之所以這麼火爆，一方面是因為中國從來就不缺像 David 這樣的吃貨，另一方面是因為裡面的生鮮很新鮮，而且可以自己挑選。很多人都喜歡吃大閘蟹，但你有沒有注意到一個問題？從你買大閘蟹到吃上大閘蟹的整個過程，可能都沒有見過

廚師，而你卻能享受美味的佳餚。這裡有一個很重要的角色就是服務員，他幫你下單，然後把訂單傳送給廚師，廚師收到訂單後根據訂單給你做餐。我們用程式碼來模擬一下這個過程。

程式實例 p16_1.py　模擬故事劇情

```python
# p16_1.py
from abc import ABCMeta, abstractmethod
# 引入 ABCMeta 和 abstractmethod 來定義抽象類別和抽象方法

class Chef():
    """ 廚師 """
    def steamFood(self, originalMaterial):
        print("%s 清蒸中 ..." % originalMaterial)
        return " 清蒸 " + originalMaterial
    def stirFriedFood(self, originalMaterial):
        print("%s 爆炒中 ..." % originalMaterial)
        return " 香辣炒 " + originalMaterial

class Order(metaclass=ABCMeta):
    """ 訂單 """
    def _init_(self, name, originalMaterial):
        self._chef = Chef()
        self._name = name
        self._originalMaterial = originalMaterial
    def getDisplayName(self):
        return self._name + self._originalMaterial
    @abstractmethod
    def processingOrder(self):
        pass

class SteamedOrder(Order):
    """ 清蒸 """
    def _init_(self, originalMaterial):
        super()._init_(" 清蒸 ", originalMaterial)
    def processingOrder(self):
        if(self._chef is not None):
            return self._chef.steamFood(self._originalMaterial)
```

```
        return ""

class SpicyOrder(Order):
    """ 香辣炒 """
    def _init_(self, originalMaterial):
        super()._init_(" 香辣炒 ", originalMaterial)
    def processingOrder(self):
        if (self._chef is not None):
            return self._chef.stirFriedFood(self._originalMaterial)
        return ""

class Waiter:
    """ 服務員 """
    def _init_(self, name):
        self._name = name
        self._order = None
    def receiveOrder(self, order):
        self._order = order
        print(" 服務員 %s：您的 %s 訂單已經收到，請耐心等待 " % (self._name,
order.getDisplayName()) )
    def placeOrder(self):
        food = self._order.processingOrder()
        print(" 服務員 %s：您的餐 %s 已經準備好，請您慢用 !" % (self._name, food) )


def testOrder():
    waiter = Waiter("Anna")
    steamedOrder = SteamedOrder(" 大閘蟹 ")
    print(" 客戶 David：我要一份 %s" % steamedOrder.getDisplayName())
    waiter.receiveOrder(steamedOrder)
    waiter.placeOrder()
    print()
    spicyOrder = SpicyOrder(" 大閘蟹 ")
    print(" 客戶 Tony：我要一份 %s" % spicyOrder.getDisplayName())
    waiter.receiveOrder(spicyOrder)
    waiter.placeOrder()

testOrder()
```

執行結果
```
================ RESTART: D:\Design_Patterns\ch16\p16_1.py ================
客戶David：我要一份 清蒸大閘蟹
服務員Anna：您的 清蒸大閘蟹 訂單已經收到,請耐心等待
大閘蟹清蒸中...
服務員Anna：您的餐 清蒸大閘蟹 已經準備好,請您慢用!

客戶Tony：我要一份 香辣炒大閘蟹
服務員Anna：您的 香辣炒大閘蟹 訂單已經收到,請耐心等待
大閘蟹爆炒中...
服務員Anna：您的餐 香辣炒大閘蟹 已經準備好,請您慢用!
```

16.2　從劇情中思考命令模式

16.2.1　什麼是命令模式

Encapsulate a request as an object, thereby letting you parametrize clients with different requests, queue or log requests, and support undoable operations.

將一個請求封裝成一個物件,從而讓你使用不同的請求把用戶端參數化,對請求排隊或者記錄請求日誌,可以提供命令的撤銷和恢復功能。

16.2.2　命令模式設計思維

在故事劇情中,我們只要發一個訂單就能吃到我們想要的那種加工方式的美味佳餚,而不用知道廚師是誰,更不用關心他是怎麼做的。像點餐的訂單一樣,發送者(客戶)與接收者(廚師)沒有任何依賴關係,我們只要發送訂單就能完成想要完成的任務,這在程式中叫作**命令模式**。

程式實例 p16_1.py 的實現流程如圖 16-1 所示。

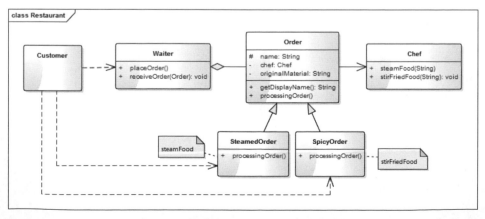

圖 16-1　程式實例 p16_1.py 的實現流程

16-5

　　命令模式的最大特點是將具體的命令與對應的接收者相關聯（捆綁），使得呼叫方不用關心具體的行動執行者及如何執行，只要發送正確的命令，就能準確無誤地完成相應的任務。就像軍隊，將軍一聲令下，士兵就得分秒不差，準確執行。

　　命令模式是一種高內聚的模式，之所以說是高內聚是因為它把命令封裝成物件，並與接收者關聯在一起，從而使（命令的）請求者（Invoker）和接收者（Receiver）分離。

16.3　命令模式的模型抽象

16.3.1　程式碼框架

　　模擬故事劇情的程式碼（程式實例 p16_1.py）相對比較粗糙，我們可以對它進行進一步的重構和優化，抽象出命令模式的框架。

程式實例 p16_2.py　命令模式的框架

```python
# p16_2.py
from abc import ABCMeta, abstractmethod
# 引入 ABCMeta 和 abstractmethod 來定義抽象類別和抽象方法

class Command(metaclass=ABCMeta):
    """ 命令的抽象類別 """
    @abstractmethod
    def execute(self):
        pass

class CommandImpl(Command):
    """ 命令的具體實現類別 """
    def _init_(self, receiver):
        self._receiver = receiver
    def execute(self):
        self._receiver.doSomething()

class Receiver:
    """ 命令的接收者 """
    def doSomething(self):
        print("do something...")
```

```python
class Invoker:
    """ 調度者 """
    def _init_(self):
        self._command = None
    def setCommand(self, command):
        self._command = command
    def action(self):
        if self._command is not None:
            self._command.execute()
```

16.3.2 類別圖

命令模式的類別圖如圖 16-2 所示。

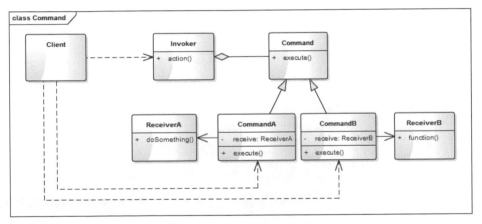

圖 16-2　命令模式的類別圖

　　Command 是核心類別，表示一項任務或一個動作，如故事劇情中的訂單，是所有命令的抽象類別，定義了統一的執行方法 execute。具體的命令實現類別 CommandA 和 CommandB 包裝了命令的接收者（分別是 ReceiveA 和 ReceiveB），在執行 execute 方法時會呼叫接收者的實現（如 doSomething 和 function）。Receiver 是命令的接收者，也是任務的具體執行者，如故事劇情中的廚師。Invoker 負責命令的呼叫，如故事劇情中的服務員。Client 是真正的用戶，如故事劇情中的顧客。

16.3.3　模型說明

1. 設計要點

　　命令模式中主要有四個角色，在設計命令模式時要找到並區分這些角色。

　　（1）**命令（Command）**：要完成的任務，或要執行的動作，這是命令模式的核心角色。

　　（2）**接收者（Receiver）**：任務的具體實施方，或行動的真實執行者。

　　（3）**調度者（Invoker）**：接收任務並發送命令，對接用戶的需求並執行內部的命令，負責外部用戶與內部命令的交互。

　　（4）**用戶（Client）**：命令的使用者，即真正的用戶。

2. 命令模式的優缺點

　　優點：

　　（1）對命令的發送者與接收者進行解耦，使得呼叫方不用關心具體的行動執行者及如何執行，只要發送正確的命令即可。

　　（2）可以很方便地增加新的命令。

　　缺點：

　　在一些系統中可能會有很多命令，而每一個命令都需要一個具體的類別去封裝，容易使命令的類別急遽膨脹。

16.4　實戰應用

　　在遊戲中，有兩個最基本的動作，一個是行走（也叫移動），另一個是攻擊。這幾乎是所有遊戲都少不了的基礎功能，不然就沒法玩了！現在我們來模擬一下遊戲角色（英雄）的移動和攻擊。為簡單起見，假設只有上移（U）、下移（D）、左移（L）、右移（R）、上跳（J）、下蹲（S）這 6 個動作，而攻擊（A）只有 1 種，括弧中的字元代表每一個動作在鍵盤上的按鍵，也就是對應動作的呼叫。這些動作的命令可以單獨使用，但更多的時候會組合在一起使用。比如，彈跳就是上跳和下蹲兩個動作的組

合，我們用 JP 表示；而彈跳攻擊是彈跳和攻擊的組合（也就是上跳＋攻擊＋下蹲），
我們用 JA 表示；而移動也可以兩個方向一起移動，如上移＋右移，我們用 RU 表示。
在下面的程式中，為簡單起見，我用標準輸入的字元來代表按鍵輸入事件。

程式實例 p16_3.py　　遊戲命令的模擬 GameCommand.py

```python
# p16_3.py
#!/usr/bin/python
# -*- coding: UTF-8 -*-
# Authoer: Spencer.Luo
# Date: 5/18/2018

from abc import ABCMeta, abstractmethod
# 引入 ABCMeta 和 abstractmethod 來定義抽象類別和抽象方法
import time
# 引入 time 模組進行時間的控制

class GameRole:
    """ 遊戲的角色 """
    # 每次移動的步距
    STEP = 5
    def _init_(self, name):
        self._name = name
        self._x = 0
        self._y = 0
        self._z = 0
    def leftMove(self):
        self._x -= self.STEP
    def rightMove(self):
        self._x += self.STEP
    def upMove(self):
        self._y += self.STEP
    def downMove(self):
        self._y -= self.STEP
    def jumpMove(self):
        self._z += self.STEP
    def squatMove(self):
        self._z -= self.STEP
```

```
        def attack(self):
            print("%s 發動攻擊 ..." % self._name)
        def showPosition(self):
            print("%s 的位置：(x:%s, y:%s, z:%s)" % (self._name, self._x, self._y, self._z) )


class GameCommand(metaclass=ABCMeta):
    """ 遊戲角色的命令類別 """
    def _init_(self, role):
        self._role = role
    def setRole(self, role):
        self._role = role
    @abstractmethod
    def execute(self):
        pass


class Left(GameCommand):
    """ 左移命令 """
    def execute(self):
        self._role.leftMove()
        self._role.showPosition()


class Right(GameCommand):
    """ 右移命令 """
    def execute(self):
        self._role.rightMove()
        self._role.showPosition()


class Up(GameCommand):
    """ 上移命令 """
    def execute(self):
        self._role.upMove()
        self._role.showPosition()


class Down(GameCommand):
    """ 下移命令 """
    def execute(self):
        self._role.downMove()
        self._role.showPosition()
```

```python
class Jump(GameCommand):
    """ 彈跳命令 """
    def execute(self):
        self._role.jumpMove()
        self._role.showPosition()
        # 跳起後空中停留半秒
        time.sleep(0.5)


class Squat(GameCommand):
    """ 下蹲命令 """
    def execute(self):
        self._role.squatMove()
        self._role.showPosition()
        # 下蹲後伏地半秒
        time.sleep(0.5)


class Attack(GameCommand):
    """ 攻擊命令 """
    def execute(self):
        self._role.attack()


class MacroCommand(GameCommand):
    """ 巨集命令，也就是組合命令 """
    def _init_(self, role = None):
        super()._init_(role)
        self._commands = []
    def addCommand(self, command):
        # 讓所有的命令作用於同一個物件
        self._commands.append(command)
    def removeCommand(self, command):
        self._commands.remove(command)
    def execute(self):
        for command in self._commands:
            command.execute()


class GameInvoker:
    """ 命令調度者 """
```

```python
    def _init_(self):
        self._command = None
    def setCommand(self, command):
        self._command = command
        return self
    def action(self):
        if self._command is not None:
            self._command.execute()


def testGame():
    """ 在控制台用字元來類比命令 """
    role = GameRole(" 常山趙子龍 ")
    invoker = GameInvoker()
    while True:
        strCmd = input(" 請輸入命令：");
        strCmd = strCmd.upper()
        if (strCmd == "L"):
            invoker.setCommand(Left(role)).action()
        elif (strCmd == "R"):
            invoker.setCommand(Right(role)).action()
        elif (strCmd == "U"):
            invoker.setCommand(Up(role)).action()
        elif (strCmd == "D"):
            invoker.setCommand(Down(role)).action()
        elif (strCmd == "JP"):
            cmd = MacroCommand()
            cmd.addCommand(Jump(role))
            cmd.addCommand(Squat(role))
            invoker.setCommand(cmd).action()
        elif (strCmd == "A"):
            invoker.setCommand(Attack(role)).action()
        elif (strCmd == "LU"):
            cmd = MacroCommand()
            cmd.addCommand(Left(role))
            cmd.addCommand(Up(role))
            invoker.setCommand(cmd).action()
        elif (strCmd == "LD"):
            cmd = MacroCommand()
```

```
            cmd.addCommand(Left(role))
            cmd.addCommand(Down(role))
            invoker.setCommand(cmd).action()
        elif (strCmd == "RU"):
            cmd = MacroCommand()
            cmd.addCommand(Right(role))
            cmd.addCommand(Up(role))
            invoker.setCommand(cmd).action()
        elif (strCmd == "RD"):
            cmd = MacroCommand()
            cmd.addCommand(Right(role))
            cmd.addCommand(Down(role))
            invoker.setCommand(cmd).action()
        elif (strCmd == "LA"):
            cmd = MacroCommand()
            cmd.addCommand(Left(role))
            cmd.addCommand(Attack(role))
            invoker.setCommand(cmd).action()
        elif (strCmd == "RA"):
            cmd = MacroCommand()
            cmd.addCommand(Right(role))
            cmd.addCommand(Attack(role))
            invoker.setCommand(cmd).action()
        elif (strCmd == "UA"):
            cmd = MacroCommand()
            cmd.addCommand(Up(role))
            cmd.addCommand(Attack(role))
            invoker.setCommand(cmd).action()
        elif (strCmd == "DA"):
            cmd = MacroCommand()
            cmd.addCommand(Down(role))
            cmd.addCommand(Attack(role))
            invoker.setCommand(cmd).action()
        elif (strCmd == "JA"):
            cmd = MacroCommand()
            cmd.addCommand(Jump(role))
            cmd.addCommand(Attack(role))
            cmd.addCommand(Squat(role))
```

```
        invoker.setCommand(cmd).action()
    elif (strCmd == "Q"):
        exit()


testGame()
```

測試結果如圖 16-3 所示。

```
================= RESTART: D:\Design_Patterns\ch16\p16_3.py =================
請輸入命令：R
常山趙子龍的位置：(x:5, y:0, z:0)
請輸入命令：U
常山趙子龍的位置：(x:5, y:5, z:0)
請輸入命令：L
常山趙子龍的位置：(x:0, y:5, z:0)
請輸入命令：L
常山趙子龍的位置：(x:-5, y:5, z:0)
請輸入命令：D
常山趙子龍的位置：(x:-5, y:0, z:0)
請輸入命令：JP
常山趙子龍的位置：(x:-5, y:0, z:5)
常山趙子龍的位置：(x:-5, y:0, z:0)
請輸入命令：RU
常山趙子龍的位置：(x:0, y:0, z:0)
常山趙子龍的位置：(x:0, y:5, z:0)
請輸入命令：Q
```

圖 16-3　測試結果

在程式實例 p16_3.py 中 MacroCommand 是一種組合命令，也叫**巨集命令**（Macro Command）。巨集命令是一個具體命令類別，它擁有一個集合屬性，在該集合中包含了對其他命令物件的引用。如上面的彈跳命令是上跳、攻擊、下蹲 3 個命令的組合，引用了 3 個命令物件。當呼叫巨集命令的 execute() 方法時，會迴圈地呼叫每一個子命令的 execute() 方法。一個巨集命令的成員可以是簡單命令，還可以是巨集命令，巨集命令將遞迴地呼叫它所包含的每個成員命令的 execute() 方法。

16.5　應用場景

（1）你希望系統發送一個命令（或信號），任務就能得到處理時。如 GUI 中的各種按鈕的點擊命令，再如自訂一套消息的回應機制。

（2）需要將請求呼叫者和請求接收者解耦，使得呼叫者和接收者不直接交互時。

（3）需要將一系列的命令組合成一組操作時，可以使用巨集命令的方式。

第 17 章

備忘模式 (Memento Pattern)

17.1　從生活中領悟備忘模式

17.1.1　故事劇情—好記性不如爛筆頭

　　經過兩三年的工作，Tony 學到的東西越來越多，業務也越來越熟，終於到了他帶領一個小組進行獨立開發的時候了。成為小組負責人後 Tony 的工作自然就多了：要負責技術選型，核心程式碼開發，還要深度參與需求討論和評審，期間還會被各種會議、面試打擾。

　　工作壓力變大之後，Tony 就經常忙了這事，忘了那事！為了解決這個問題，不至於落下重要的工作，Tony 想了一個辦法：每天 9 點到公司，花 10 分鐘想一下今天有哪些工作項：有哪些線上問題必須解決，有哪些任務需要完成；然後把這些列成一個今日 To Do List（待工作清單）。接著看一下新聞，刷一下朋友圈，等到 9:30 大家來齊後開始每日的晨會，然後就是一整天的忙碌……

　　因此在每天工作開始前（頭腦最清醒的一段時間）把需要完成的主要事項記錄下來，列一個 To Do List，是非常有必要的。這樣，當你忘記了要做什麼事情時，只要看一下 To Do List 就能想起所有當天要完成的工作項，就不會因忘記某項工作而影響專案的進度。好記性不如爛筆頭！

17.1.2　用程式來類比生活

　　Tony 為了能夠隨時回想起要做的工作項，把工作項都列到 To Do List 中。這樣就可以在因為忙碌而忘記時，透過查看 To Do List 想起來。下面我們用程式來類比一下故事劇情。

程式實例 p17_1.py　模擬故事劇情

```python
# p17_1.py
class Engineer:
    """ 工程師 """
    def _init_(self, name):
        self._name = name
        self._workItems = []
    def addWorkItem(self, item):
        self._workItems.append(item)
    def forget(self):
        self._workItems.clear()
        print(self._name + " 工作太忙了，都忘記要做什麼了！")
    def writeTodoList(self):
        """ 將工作項記錄到 TodoList"""
        todoList = TodoList()
        for item in self._workItems:
            todoList.writeWorkItem(item)
        return todoList
    def retrospect(self, todoList):
        """ 回憶工作項 """
        self._workItems = todoList.getWorkItems()
        print(self._name + " 想起要做什麼了！")
    def showWorkItem(self):
        if(len(self._workItems)):
            print(self._name + " 的工作項：")
            for idx in range(0, len(self._workItems)):
                print(str(idx + 1) + ". " + self._workItems[idx] + ";")
        else:
            print(self._name + " 暫無工作項！")


class TodoList:
    """ 工作項 """
    def _init_(self):
        self._workItems = []
    def writeWorkItem(self, item):
        self._workItems.append(item)
    def getWorkItems(self):
```

```
        return self._workItems

class TodoListCaretaker:
    """TodoList 管理類別 """
    def _init_(self):
        self._todoList = None
    def setTodoList(self, todoList):
        self._todoList = todoList
    def getTodoList(self):
        return self._todoList


def testEngineer():
    tony = Engineer("Tony")
    tony.addWorkItem(" 解決線上部分使用者因昵稱太長而無法顯示全的問題 ")
    tony.addWorkItem(" 完成 PDF 的解析 ")
    tony.addWorkItem(" 在閱讀器中顯示 PDF 第一頁的內容 ")
    tony.showWorkItem()
    caretaker = TodoListCaretaker()
    caretaker.setTodoList(tony.writeTodoList())
    print()
    tony.forget()
    tony.showWorkItem()
    print()
    tony.retrospect(caretaker.getTodoList())
    tony.showWorkItem()


testEngineer()
```

執行結果

```
================= RESTART: D:\Design_Patterns\ch17\p17_1.py =================
Tony的工作項：
1．解決線上部分使用者因昵稱太長而無法顯示全的問題；
2．完成PDF的解析；
3．在閱讀器中顯示PDF第一頁的內容；

Tony工作太忙了，都忘記要做什麼了！
Tony暫無工作項！

Tony想起要做什麼了！
Tony的工作項：
1．解決線上部分使用者因昵稱太長而無法顯示全的問題；
2．完成PDF的解析；
3．在閱讀器中顯示PDF第一頁的內容；
```

17.2　從劇情中思考備忘模式

17.2.1　什麼是備忘模式

Capture the object's internal state without exposing its internal structure, so that the object can be returned to this state later.

在不破壞內部結構的前提下捕獲一個物件的內部狀態，這樣便可在以後將該物件恢復到原先保存的狀態。

備忘模式的最大功能就是備份，可以保存物件的一個狀態作為備份，這樣便可讓物件在將來的某一時刻恢復到之前保存的狀態。

17.2.2　備忘模式設計思維

在故事劇情中，Tony 將自己的工作項寫在 To Do List 中作為備忘，這樣，在自己忘記工作內容時，可以透過 To Do List 來快速恢復記憶。像 To Do List 一樣，將一個物件的狀態或內容記錄起來，在狀態發生改變或出現異常時，可以恢復物件之前的狀態或內容，這在程式中叫作**備忘錄模式**，簡稱備忘模式。

如遊戲中死了的英雄可以滿血復活，很多電器（如電視、冰箱）都有恢復出廠設置功能；再如很多虛擬機器管理軟體（如 VMware）都可以保存快照，這樣在作業系統出現問題時可以快速地恢復到保存的某個點。人生沒有彩排，但程式卻可以讓你無數次重播！這便是備忘模式的設計思維。

17.3　備忘模式的模型抽象

17.3.1　類別圖

精簡版備忘模式的類別圖如圖 17-1 所示。

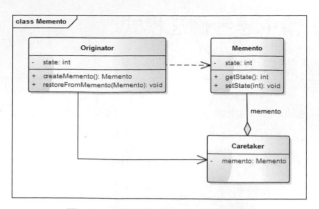

圖 17-1　精簡版備忘模式的類別圖

　　這是最原始和最簡單版本的備忘模式的類別圖（是 GoF 的《設計模式：可複用物件導向軟體的基礎》一書中提到的類別圖，也是很多其他設計模式的書籍中採用的類別圖）。在這個類別圖中，Originator 是要進行備份的物件的發起類別，如故事劇情中的 Engineer；Memento 是備份的狀態，如故事劇情中的 TodoList；Caretaker 是備份的管理類別，如故事劇情中的 TodoListCaretaker。Originator 依賴 Memento，但不直接與 Memento 進行交互，而是與 Memento 的管理類別 Caretaker 進行交互。對於上層應用來說不用關心具體是怎麼備份的和備份了什麼內容，只需要創建一個備份點，並能從備份點中還原即可。

　　精簡版的備忘模式只能備忘一個屬性而且只能備忘一次。在實際項目中很少看到這個版本，因為大部分實際應用場景都比這複雜。在實際項目中，通常會對原始的備忘模式進行改造，也就是使用備忘模式的升級版本。我們看一下比較通用的升級版的類別圖，如圖 17-2 所示。

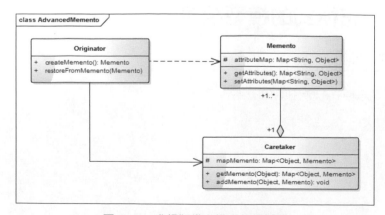

圖 17-2　升級版備忘模式的類別圖

與精簡版的類別圖相比，區別之處在於：

（1）Memento 不只能備份一個屬性，而且能備份一組（多個）屬性。

（2）Caretaker 能備份多個狀態，Originator 可從中選擇任意一個狀態進行恢復。

17.3.2　程式碼框架

因為升級版的備忘模式比較通用，我們可以抽象出升級版備忘模式的程式碼框架。

程式實例 p17_2.py　備忘模式的程式碼框架

```python
# p17_2.py
from copy import deepcopy


class Memento:
    """ 備忘錄 """
    def setAttributes(self, dict):
        """ 深度拷貝字典 dict 中的所有屬性 """
        self._dict_ = deepcopy(dict)
    def getAttributes(self):
        """ 獲取屬性字典 """
        return self._dict_


class Caretaker:
    """ 備忘錄管理類別 """
    def _init_(self):
        self._mementos = {}
    def addMemento(self, name, memento):
        self._mementos[name] = memento
    def getMemento(self, name):
        return self._mementos[name]


class Originator:
    """ 備份發起人 """
    def createMemento(self):
        memento = Memento()
        memento.setAttributes(self._dict_)
        return memento
    def restoreFromMemento(self, memento):
        self._dict_.update(memento.getAttributes())
```

17.3.3　模型說明

1. 設計要點

備忘模式中主要有三個角色，在設計備忘模式時要找到並區分這些角色。

（1）發起人（Originator）：需要進行備份的物件。

（2）備忘錄（Memento）：備份的狀態，即一個備份的存檔。

（3）備忘錄管理者（Caretaker）：備份存檔的管理者，由它負責與發起人的交互。

2. 備忘模式的優缺點

優點：

（1）提供了一種可以恢復狀態的機制，使得使用者能夠比較方便地回到某個歷史狀態。

（2）實現了資訊的封裝，使用者不需要關心狀態的保存細節。

缺點：

如果類別的成員變數過多，勢必會佔用比較多的資源，而且每一次保存都會消耗一定的記憶體。此時可以限制保存的次數。

17.4　實戰應用

相信你一定用過 DOS 命令列或 Linux 終端命令，透過向上鍵或向下鍵可以快速地向前或向後翻閱歷史指令，選擇其中的指令可以再次執行，這極大地方便了我們對命令的操作。這裡就用到了對歷史命令備忘的思維。我們可以類比一下 Linux 終端的處理常式。

程式實例 p17_3.py　類比 Linux 終端 TerminalMonitor.py

```
# p17_3.py
#!/usr/bin/python
# Authoer: Spencer.Luo
# Date: 5/20/2018
```

```python
# 引入升級版備忘模式關鍵類別
from p17_2 import Originator, Caretaker, Memento
import logging


class TerminalCmd(Originator):
    """ 終端命令 """
    def _init_(self, text):
        self._cmdName = ""
        self._cmdArgs = []
        self.parseCmd(text)
    def parseCmd(self, text):
        """ 從字串中解析命令 """
        subStrs = self.getArgumentsFromString(text, " ")
        # 獲取第一個欄位作為命令的名稱
        if(len(subStrs) > 0):
            self._cmdName = subStrs[0]
        # 獲取第一個欄位之後的所有字元作為命令的參數
        if (len(subStrs) > 1):
            self._cmdArgs = subStrs[1:]
    def getArgumentsFromString(self, str, splitFlag):
        """ 透過 splitFlag 進行分割，獲得參數陣列 """
        if (splitFlag == ""):
            logging.warning("splitFlag 為空 !")
            return ""
        data = str.split(splitFlag)
        result = []
        for item in data:
            item.strip()
            if (item != ""):
                result.append(item)
        return result
    def showCmd(self):
        print(self._cmdName, self._cmdArgs)


class TerminalCaretaker(Caretaker):
    """ 終端命令的備忘錄管理類別 """
    def showHistoryCmds(self):
```

```
        """ 顯示歷史命令 """
        for key, obj in self._mementos.items():
            name = ""
            value = []
            if(obj._TerminalCmd_cmdName):
                name = obj._TerminalCmd_cmdName
            if(obj._TerminalCmd_cmdArgs):
                value = obj._TerminalCmd_cmdArgs
            print("第 %s 條命令 : %s %s" % (key, name, value) )


def testTerminal():
    cmdIdx = 0
    caretaker = TerminalCaretaker()
    curCmd = TerminalCmd("")
    while (True):
        strCmd = input("請輸入指令：");
        strCmd = strCmd.lower()
        if (strCmd.startswith("q")):
            exit(0)
        elif(strCmd.startswith("h")):
            caretaker.showHistoryCmds()
        # 透過 "!" 符號表示獲取歷史的某個指令
        elif(strCmd.startswith("!")):
            idx = int(strCmd[1:])
            curCmd.restoreFromMemento(caretaker.getMemento(idx))
            curCmd.showCmd()
        else:
            curCmd = TerminalCmd(strCmd)
            curCmd.showCmd()
            caretaker.addMemento(cmdIdx, curCmd.createMemento())
            cmdIdx +=1


testTerminal()
```

　　輸出結果如圖 17-3 所示。

```
================ RESTART: D:\Design_Patterns\ch17\p17_3.py ================
請輸入指令：ls -l -a
ls ['-l', '-a']
請輸入指令：tar xvf archive_name.tar
tar ['xvf', 'archive_name.tar']
請輸入指令：grep -i python demo.py
grep ['-i', 'python', 'demo.py']
請輸入指令：q
```

圖 17-3　輸出結果

17.5　應用場景

（1）需要保存 / 恢復物件的狀態或資料時，如遊戲的存檔、虛擬機器的快照。

（2）需要實現撤銷、恢復功能的場景，如 Word 中的 Ctrl+Z、Ctrl+Y 功能，DOS 命令列或 Linux 終端的命令記憶功能。

（3）提供一個可回滾的操作，如資料庫的事務管理。

第 18 章

享元模式 (Flyweight Pattern)

18.1　從生活中領悟享元模式

18.1.1　故事劇情—顏料很貴，必須充分利用

團隊的拓展培訓是很多大公司都要組織的活動，因為拓展培訓能將企業培訓、團隊建設、企業文化融入有趣的體驗活動中。Tony 所在的公司今年也舉行了這樣的活動，形式是 " 團體活動 + 自由行 "，團體活動（第一天）就是素質拓展和技能培訓，自由行（第二天）就是自主選擇，輕鬆遊玩，因為活動地點是一個休閒娛樂區，有很多可玩的東西。

團體活動中有一個專案非常有意思，活動內容是：6 個人一組，每組完成一幅畫作，每組會拿到一張彩繪原型圖，然後根據原型圖完成一幅巨型彩繪圖（類似海報牆那種）。素材：原型圖每組一張，鉛筆每組一支，空白畫布每組一張，畫刷每組若干；而顏料卻是所有組共用的，有紅、黃、藍、綠、紫 5 種顏色各一大桶，足夠使用。開始前 3 分鐘為準備時間，採用什麼樣的合作方式每組自己討論，越快完成的組獲得的分數越高！顏料之所以是共用的，原因也很簡單，顏料很貴，必須充分利用。

Tony 所在的組 " 夢之隊 " 經過討論後，採用的合作方式是：繪畫天分最高的 Anmin 負責描邊（也就是素描），Tony 負責選擇和調配顏料（取到顏料後必須加水並攪拌均勻），而喜歡跑步的 Simon 負責傳送顏料（因為顏料放在中間，離每個組都有一段距離），其他人負責塗色。因為 " 夢之隊 " 成員配合得比較好，所以最後取得了最好成績。

18.1.2　用程式來類比生活

　　在故事劇情中，用來塗色的顏料只有紅、黃、藍、綠、紫 5 大桶，大家共用相同的顏料來節約資源。我們可以透過程式來類比一下顏料的使用過程。

程式實例 p18_1.py　模擬故事劇情

```python
# p18_1.py
import logging
# 引入 logging 模組記錄異常

class Pigment:
    """ 顏料 """
    def _init_(self, color):
        self._color = color
        self._user = ""
    def getColor(self):
        return self._color
    def setUser(self, user):
        self._user = user
        return self
    def showInfo(self):
        print("%s 取得 %s 色顏料 "  % (self._user, self._color) )

class PigmengFactory:
    """ 顏料的工廠類別 """
    def _init_(self):
        self._sigmentSet = {
            " 紅 ": Pigment(" 紅 "),
            " 黃 ": Pigment(" 黃 "),
            " 藍 ": Pigment(" 藍 "),
            " 綠 ": Pigment(" 綠 "),
            " 紫 ": Pigment(" 紫 "),
        }
    def getPigment(self, color):
        pigment = self._sigmentSet.get(color)
        if pigment is None:
            logging.error(" 沒有 %s 顏色的顏料！", color)
```

```
        return pigment

def testPigment():
    factory = PigmengFactory()
    pigmentRed = factory.getPigment(" 紅 ").setUser(" 夢之隊 ")
    pigmentRed.showInfo()
    pigmentYellow = factory.getPigment(" 黃 ").setUser(" 夢之隊 ")
    pigmentYellow.showInfo()
    pigmentBlue1 = factory.getPigment(" 藍 ").setUser(" 夢之隊 ")
    pigmentBlue1.showInfo()
    pigmentBlue2 = factory.getPigment(" 藍 ").setUser(" 和平隊 ")
    pigmentBlue2.showInfo()

testPigment()
```

執行結果
```
================= RESTART: D:\Design_Patterns\ch18\p18_1.py =================
夢之隊 取得 紅色顏料
夢之隊 取得 黃色顏料
夢之隊 取得 藍色顏料
和平隊 取得 藍色顏料
```

18.2　從劇情中思考享元模式

18.2.1　什麼是享元模式

Use sharing to support large numbers of fine-grained objects efficiently.

運用共用技術有效地支援大量細細微性物件的複用。

18.2.2　享元模式設計思維

　　在故事劇情中，我們透過限定顏料的數量並採用共用的方式來達到節約資源、節約成本的目的，在程式的世界中這種方式叫**享元模式**（Flyweight Pattern）。Flyweight 一詞來源於拳擊比賽，意思是 " 特羽量級 "。用在程式設計中，就是指享元模式要求能夠共用的物件必須是羽量級物件，也就是細細微性物件，因此享元模式又稱為**羽量級模式**。

享元模式以共用的方式高效地支援大量的細細微性物件，享元物件能做到共用的關鍵是區分內部狀態和外部狀態。

- 內部狀態（Intrinsic State）是存儲在享元物件內部並且不會隨環境改變而改變的狀態，因此內部狀態是可以共用的狀態，如故事劇情中顏料的顏色就是 Pigment 物件的內部狀態。

- 外部狀態（Extrinsic State）是隨環境改變而改變的、不可以共用的狀態。享元物件的外部狀態必須由用戶端保存，並在享元物件被創建之後，在需要使用的時候再傳入享元物件內部，如故事劇情中顏料的使用者就是外部狀態。

18.3　享元模式的模型抽象

18.3.1　類別圖

享元模式的類別圖如圖 18-1 所示。

Flyweight 是享元物件的抽象類別，負責定義物件的內部狀態和外部狀態的介面。FlyweightImpl 是享元物件的具體實現者，負責具體業務（狀態）的處理，如故事劇情中的 Pigment。UnshareFlyweightImpl 是不可共用的物件，不能夠使用共用技術的物件（一般不會出現在享元工廠中），只是實現了抽象類別 Flyweight 的介面（或空實現）。FlyweightFactory 是享元工廠，是享元模式的核心類別，其實就是享元物件的一個容器，職責也非常清晰：負責享元物件的創建和容器中物件的管理。

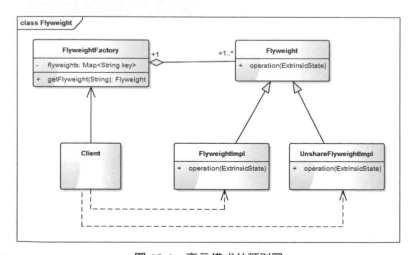

圖 18-1　享元模式的類別圖

18.3.2　基於框架的實現

　　模擬故事劇情的程式碼（程式實例 p18_1.py）中，我們在 PigmengFactory 的初始化（構造）函數中就把 5 種顏色的顏料都創建出來了，這是因為我們的顏料在活動之前就已經準備好了。在程式中我們可以在用到的時候再去創建它，這在包含一些初始化非常耗時的物件時，可有效地提升程式的性能，因為把耗時的操作分解了。外部狀態也可以透過參數的方式傳給 operation 方法，替代 set 的方式。

　　我們根據享元模式的類別圖把示例的程式碼重新實現一下，我們假設最開始的範例程式碼為 Version 1.0，下面看看基於框架的 Version 2.0 實現。

程式實例 p18_2.py　Version 2.0 的實現

```
# p18_2.py
from abc import ABCMeta, abstractmethod
# 引入 ABCMeta 和 abstractmethod 來定義抽象類別和抽象方法


class Flyweight(metaclass=ABCMeta):
    """ 享元類別 """
    @abstractmethod
    def operation(self, extrinsicState):
        pass


class FlyweightImpl(Flyweight):
    """ 享元類別的具體實現類別 """
    def _init_(self, color):
        self._color = color
    def operation(self, extrinsicState):
        print("%s 取得 %s 色顏料 " % (extrinsicState, self._color))

class FlyweightFactory:
    """ 享元工廠 """
    def _init_(self):
        self._flyweights = {}
    def getFlyweight(self, key):
        pigment = self._flyweights.get(key)
        if pigment is None:
            pigment = FlyweightImpl(key)
```

```
        return pigment

def testFlyweight():
    factory = FlyweightFactory()
    pigmentRed = factory.getFlyweight(" 紅 ")
    pigmentRed.operation(" 夢之隊 ")
    pigmentYellow = factory.getFlyweight(" 黃 ")
    pigmentYellow.operation(" 夢之隊 ")
    pigmentBlue1 = factory.getFlyweight(" 藍 ")
    pigmentBlue1.operation(" 夢之隊 ")
    pigmentBlue2 = factory.getFlyweight(" 藍 ")
    pigmentBlue2.operation(" 和平隊 ")

testFlyweight()
```

輸出結果和程式實例 p18_1.py 是一樣的。

18.3.3　模型說明

1. 設計要點

　　享元模式的實現非常簡單，在設計享元模式的程式時要注意兩個主要角色和四個設計要點。

　　兩個主要角色：

　　（1）**享元物件（Flyweight）**：即你期望用來共用的物件，享元物件必須是羽量級物件，也就是細細微性物件。

　　（2）**享元工廠（FlyweightFactory）**：享元模式的核心角色，負責創建和管理享元物件。享元工廠提供一個用於存儲享元物件的享元池，使用者需要物件時，首先從享元池中獲取，如果享元池中不存在，則創建一個新的享元物件返回給使用者，並在享元池中保存該新增對象。享元工廠其實是一個修改版本的簡單工廠模式，關於這部分內容，可參考 15.5 節。

　　四個設計要點：

　　（1）享元物件必須是羽量級、細細微性的物件。

　　（2）區分享元物件的內部狀態和外部狀態。

（3）享元物件的內部狀態和屬性一經創建不會被隨意改變。因為如果可以改變，則 A 取得這個物件 obj 後，改變了其狀態，B 再去取這個物件 obj 時就已經不是原來的狀態了。

（4）使用物件時透過享元工廠獲取，使得傳入相同的 key 時獲得相同的物件。

2. 享元模式的優缺點

優點：

（1）可以極大減少記憶體中物件的數量，使得相同物件或相似物件（內部狀態相同的物件）在記憶體中只保存一份。

（2）享元模式的外部狀態相對獨立，而且不會影響其內部狀態，從而使得享元物件可以在不同的環境中被共用。

缺點：

（1）享元模式使得系統更加複雜，需要分離出內部狀態和外部狀態，這使得程式的邏輯複雜化。

（2）享元物件的內部狀態一經創建不能被隨意改變。要解決這個問題，需要使用物件集區機制，即享元模式的升級版，要瞭解這部分內容，請閱讀 " 第 22 章 深入解讀物件集區技術 "。

18.4　應用場景

（1）一個系統有大量相同或者相似的物件，由於這類物件的大量使用，造成記憶體的大量耗費。

（2）物件的大部分狀態都可以外部化，可以將這些外部狀態傳入物件中。

享元模式是一個考慮系統性能的設計模式，使用享元模式可以節約記憶體空間，提高系統的性能，因為它的這一特性，在實際項目中使用得比較多。比如流覽器的緩存，就可以使用這個設計思維，流覽器會將已打開頁面的圖片、檔緩存到本地，如果在一個頁面中多次出現相同的圖片（即一個頁面中多個 img 標籤指向同一個圖片位址），則只需要創建一個圖片物件，在解析到 img 標籤的地方多次重複顯示這個物件即可。

第 19 章

存取模式 (Visitor Pattern)

19.1　從生活中領悟存取模式

19.1.1　故事劇情——一千個讀者一千個哈姆雷特

　　光陰似箭！轉眼，Tony 已在職場上混跡快 5 年了。都說第 5 年是一個瓶頸，Tony 能否突破這個瓶頸，他心裡也沒底，但他總覺得該留下點什麼了。Tony 喜歡寫博客，經常把自己對行業的看法、對應用到的技術的總結寫成文章分享出來，這一習慣從大二開始，一路堅持下來 Tony 已經寫了不少原創文章。

　　喜歡寫作的人都有一個共同的夢想，就是希望有一天能寫出一本書。Tony 也一樣，出一本暢銷書是隱藏在他內心的一個夢想，時刻有一種聲音在呼喚著他！這也是他一直堅持寫作的動力。正好在第 5 年這個拐點，他該行動了！

　　Tony 真的動筆了，寫起了他醞釀已久的一個主題——從生活的角度解讀設計模式。文章一經發表，便收到了很多朋友的好評。技術圈的朋友評價：能抓住模式的核心思維，深入淺出，很有見地！做產品和設計的朋友評價：配圖非常有趣，文章很有層次感！那些 IT 圈外的朋友則評價：技術的內容一臉懵，但故事很精彩，像看小說或故事集！真是**一千個讀者一千個哈姆雷特**啊！

19.1.2　用程式來類比生活

　　在故事劇情中，Tony 的書是以完全一樣的內容呈現給讀者的，但他的那些讀者卻因為專業和工作性質不同，讀到了不同的味道。我們用程式來類比一個這個場景。

程式實例 p19_1.py　　模擬故事劇情

```python
# p19_1.py
from abc import ABCMeta, abstractmethod
# 引入 ABCMeta 和 abstractmethod 來定義抽象類別和抽象方法

class DesignPatternBook:
    """《從生活的角度解讀設計模式》一書 """
    def getName(self):
        return "《從生活的角度解讀設計模式》"

class Reader(metaclass=ABCMeta):
    """ 存取者，也就是讀者 """
    @abstractmethod
    def read(self, book):
        pass

class Engineer(Reader):
    """ 工程師 """
    def read(self, book):
        print(" 技術人讀 %s 一書後的感受：能抓住模式的核心思維，深入淺出，很有見地！" %
book.getName())

class ProductManager(Reader):
    """ 產品經理 """
    def read(self, book):
        print(" 產品經理讀 %s 一書後的感受：配圖非常有趣，文章很有層次感！" % book.getName())

class OtherFriend(Reader):
    """IT 圈外的朋友 """
    def read(self, book):
        print("IT 圈外的朋友讀 %s 一書後的感受：技術的內容一臉懵，但故事很精彩，像看小說或故事集！"
            % book.getName())

def testBook():
    book = DesignPatternBook()
    fans = [Engineer(), ProductManager(), OtherFriend()];
    for fan in fans:
```

```
        fan.read(book)

testBook()
```

執行結果

```
================= RESTART: D:/Design_Patterns/ch19/p19_1.py =================
技術人讀《從生活的角度解讀設計模式》一書後的感受：能抓住模式的核心思想，深入淺出
，很有見地！
產品經理讀《從生活的角度解讀設計模式》一書後的感受：配圖非常有趣，文章很有層次感
！
IT圈外的朋友讀《從生活的角度解讀設計模式》一書後的感受：技術的內容一臉懵，但故事
很精彩，像看小說或故事集！
```

19.2　從劇情中思考存取模式

19.2.1　什麼是存取模式

Represent an operation to be performed on the elements of an object structure. Visitor lets you define a new operation without changing the classes of the elements on which it operates.

封裝一些作用於某種資料結構中各元素的操作，它可以在不改變資料結構的前提下定義作用於這些元素的新的操作。

19.2.2　存取模式設計思維

在故事劇情中，同樣內容的一本書，不同類型的讀者讀到了不同的味道。這裡讀者和書是兩類事物，雖有聯繫，卻是比較弱的聯繫，因此我們將其分開處理。這種方式在程式中叫**存取者模式**，簡稱存取模式。

在故事劇情中，讀者就是存取者，書就是被存取的物件，閱讀是存取的行為。

存取模式的核心思維在於：可以在不改變資料結構的前提下定義作用於這些元素的新操作。將資料結構和操作（或演算法）進行解耦，而且能更方便地拓展新的操作。

19.3 存取模式的模型抽象

19.3.1 程式碼框架

故事劇情的模擬程式碼（程式實例 p19_1.py）還是相對比較粗糙的，我們可以對它進行進一步的重構和優化，抽象出存取模式的框架模型。

程式實例 p19_2.py 存取模式的框架模型

```python
# p19_2.py
from abc import ABCMeta, abstractmethod
# 引入 ABCMeta 和 abstractmethod 來定義抽象類別和抽象方法

class DataNode(metaclass=ABCMeta):
    """ 資料結構類別 """
    def accept(self, visitor):
        """ 接受存取者的存取 """
        visitor.visit(self)

class Visitor(metaclass=ABCMeta):
    """ 存取者 """
    @abstractmethod
    def visit(self, data):
        """ 對資料物件的存取操作 """
        pass

class ObjectStructure:
    """ 資料結構的管理類別，也是資料物件的一個容器，可遍歷容器內的所有元素 """
    def _init_(self):
        self._datas = []
    def add(self, dataElement):
        self._datas.append(dataElement)
    def action(self, visitor):
        """ 進行資料存取的操作 """
        for data in self._datas:
            data.accept(visitor)
```

這裡 Visitor 的存取方法只有一個 visit()，是因為 Python 不支持方法的重載。在一些靜態語言（如 Java、C++）中，應該有多個方法，針對每一個 DataNode 子類別定義一個重載方法。

19.3.2　類別圖

上面的程式碼框架是存取模式的關鍵類別的實現，存取模式的類別圖如 19-2 所示。

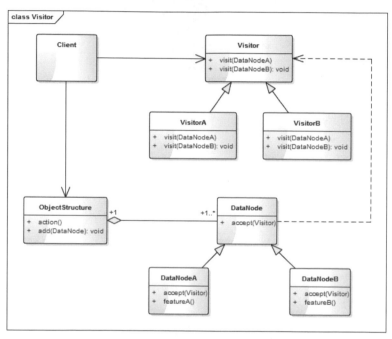

圖 19-2　存取模式的類別圖

DataNode 是資料節點，可接受（accept）存取者的存取，如上面示例中的 Design-PatternBook；DataNodeA 和 DataNodeB 是它的具體實現類別。Visitor 是存取者類別，可存取（visit）具體的物件，如上面示例中的 Reader。ObjectStructure 是資料結構的管理類別，也是資料物件的一個容器，可遍歷容器內的所有元素。

19.3.3　基於框架的實現

有了上面的程式碼框架（程式實例 p19_2.py）之後，我們要實現故事劇情的模擬程式碼就更簡單了。我們假設最開始的範例程式碼為 Version 1.0，下面看看基於框架的 Version 2.0 吧。

程式實例 p19_3.py　Version 2.0 的實現

```python
# p19_3.py
from p19_2 import DataNode, Visitor, ObjectStructure

class DesignPatternBook(DataNode):
    """《從生活的角度解讀設計模式》一書 """
    def getName(self):
        return "《從生活的角度解讀設計模式》"

class Engineer(Visitor):
    """ 工程師 """
    def visit(self, book):
        print(" 技術人讀 %s 一書後的感受：能抓住模式的核心思維，深入淺出，很有見地！" %
book.getName())

class ProductManager(Visitor):
    """ 產品經理 """
    def visit(self, book):
        print(" 產品經理讀 %s 一書後的感受：配圖非常有趣，文章很有層次感！" % book.getName())

class OtherFriend(Visitor):
    """IT 圈外的朋友 """
    def visit(self, book):
        print("IT 圈外的朋友讀 %s 一書後的感受：技術的內容一臉蒙，但故事很精彩，像看小說或故事集！"
            % book.getName())

def testVisitBook():
    book = DesignPatternBook()
    objMgr = ObjectStructure()
    objMgr.add(book)
    objMgr.action(Engineer())
    objMgr.action(ProductManager())
    objMgr.action(OtherFriend())

testVisitBook()
```

輸出結果和程式實例 p19_1.py 是一樣的。

19.3.4　模型說明

1. 設計要點

存取模式中主要有三個角色，在設計存取模式時要找到並區分這些角色。

（1）存取者（Visitor）：負責對資料節點進行存取和操作。

（2）資料節點（DataNode）：即要被操作的資料物件。

（3）物件結構（ObjectStructure）：資料結構的管理類別，也是資料物件的一個容器，可遍歷容器內的所有元素。

2. 存取模式的優缺點

優點：

（1）將資料和操作（演算法）分離，降低了耦合度。將有關元素物件的存取行為集中到一個存取者物件中，而不是分散在一個個的元素類別中，類別的職責更加清晰。

（2）增加新的存取操作很方便。使用存取模式，增加新的存取操作就意味著增加一個新的具體存取者類別，實現簡單，無須修改原始程式碼，符合 " 開閉原則 "。

（3）讓使用者能夠在不修改現有元素類別層次結構的情況下，定義作用於該層次結構的操作。

缺點：

（1）增加新的元素類別很困難。在存取模式中，每增加一個新的元素類別都意味著要在抽象存取者角色中增加一個新的抽象操作，並在每一個具體存取者類別中增加相應的具體操作，這違背了 " 開閉 - 原則 " 的要求。

（2）破壞資料物件的封裝性。存取模式要求存取者物件能夠存取並呼叫每一個元素的操作細節，這意味著元素物件有時候必須暴露一些自己的內部操作和內部狀態，否則無法供存取者存取。

19.4 實戰應用

在寵物界,貓和狗歷來就是一對歡喜冤家!假設寵物店中有 N 隻貓和 M 隻狗。我們要進行下面這 3 個操作:

(1)計算在這些寵物中雌貓、雄貓、雌狗、雄狗的數量。

(2)計算貓的平均體重和狗的平均體重。

(3)找出年齡最大的貓和狗。

這時候,如果要在貓和狗的物件上添加這些操作,將會增加非常多的方法而 " 污染 " 原有的物件,而且這些操作的拓展性也將非常差。這時存取模式是解決這個問題的最好方法,我們一起看一下具體的實現。

程式實例 p19_4.py 貓和狗問題

```python
# p19_4.py
from p19_2 import DataNode, Visitor, ObjectStructure

class Animal(DataNode):
    """ 動物類別 """
    def _init_(self, name, isMale, age, weight):
        self._name = name
        self._isMale = isMale
        self._age = age
        self._weight = weight
    def getName(self):
        return self._name
    def isMale(self):
        return self._isMale
    def getAge(self):
        return self._age
    def getWeight(self):
        return self._weight

class Cat(Animal):
    """ 貓 """
```

```python
    def _init_(self, name, isMale, age, weight):
        super()._init_(name, isMale, age, weight)
    def speak(self):
        print("miao~")


class Dog(Animal):
    """ 狗 """
    def _init_(self,  name, isMale, age, weight):
        super()._init_( name, isMale, age, weight)
    def speak(self):
        print("wang~")


class GenderCounter(Visitor):
    """ 性別統計 """
    def _init_(self):
        self._maleCat = 0
        self._femaleCat = 0
        self._maleDog = 0
        self._femalDog = 0
    def visit(self, data):
        if isinstance(data, Cat):
            if data.isMale():
                self._maleCat += 1
            else:
                self._femaleCat += 1
        elif isinstance(data, Dog):
            if data.isMale():
                self._maleDog += 1
            else:
                self._femalDog += 1
        else:
            print("Not support this type")
    def getInfo(self):
        print("%d 只雄貓，%d 只雌貓，%d 只雄狗，%d 只雌狗。"
            % (self._maleCat, self._femaleCat, self._maleDog, self._femalDog) )


class WeightCounter(Visitor):
```

```python
    """ 體重的統計 """
    def _init_(self):
        self._catNum = 0
        self._catWeight = 0
        self._dogNum = 0
        self._dogWeight  = 0
    def visit(self, data):
        if isinstance(data, Cat):
            self._catNum +=1
            self._catWeight += data.getWeight()
        elif isinstance(data, Dog):
            self._dogNum += 1
            self._dogWeight += data.getWeight()
        else:
            print("Not support this type")
    def getInfo(self):
        print(" 貓的平均體重是：%0.2fkg，  狗的平均體重是：%0.2fkg" %
              ((self._catWeight / self._catNum),(self._dogWeight / self._dogNum)))


class AgeCounter(Visitor):
    """ 年齡統計 """
    def _init_(self):
        self._catMaxAge = 0
        self._dogMaxAge = 0
    def visit(self, data):
        if isinstance(data, Cat):
            if self._catMaxAge < data.getAge():
                self._catMaxAge = data.getAge()
        elif isinstance(data, Dog):
            if self._dogMaxAge < data.getAge():
                self._dogMaxAge = data.getAge()
        else:
            print("Not support this type")
    def getInfo(self):
        print(" 貓的最大年齡是：%s，狗的最大年齡是：%s" % (self._catMaxAge, self._dogMaxAge) )


def testAnimal():
```

```
    animals = ObjectStructure()
    animals.add(Cat("Cat1", True, 1, 5))
    animals.add(Cat("Cat2", False, 0.5, 3))
    animals.add(Cat("Cat3", False, 1.2, 4.2))
    animals.add(Dog("Dog1", True, 0.5, 8))
    animals.add(Dog("Dog2", True, 3, 52))
    animals.add(Dog("Dog3", False, 1, 21))
    animals.add(Dog("Dog4", False, 2, 25))
    genderCounter = GenderCounter()
    animals.action(genderCounter)
    genderCounter.getInfo()
    print()

    weightCounter = WeightCounter()
    animals.action(weightCounter)
    weightCounter.getInfo()
    print()

    ageCounter = AgeCounter()
    animals.action(ageCounter)
    ageCounter.getInfo()

testAnimal()
```

執行結果

```
================== RESTART: D:/Design_Patterns/ch19/p19_4.py ==================
1只雄貓，2只雌貓，2只雄狗，2只雌狗。
貓的平均體重是：4.07kg， 狗的平均體重是：26.50kg
貓的最大年齡是：1.2，狗的最大年齡是：3
```

使用存取模式後，程式碼結構是不是清晰了很多！

19.5　應用場景

（1）物件結構中包含的物件類別型比較少，而且這些類別需求比較固定，很少改變，但經常需要在此物件結構上定義新的操作。

（2）一個物件結構包含多個類別型的物件，希望對這些物件實施一些依賴其具體類別型的操作。在存取模式中針對每一種具體的類別型都提供了一個存取操作，不同類別型的物件可以有不同的存取操作。

（3）需要對一個物件結構中的物件進行很多不同的並且不相關的操作，需要避免讓這些操作 " 污染 " 這些物件的類別，也不希望在增加新操作時修改這些類別。存取模式使得我們可以將相關的存取操作集中起來定義在存取者類別中，物件結構可以被多個不同的存取者類別所使用，將物件本身與物件的存取操作分離。

第 20 章

其他經典設計模式

設計模式的開山鼻祖 GoF 的《設計模式：可複用物件導向軟體的基礎》一書中提到了 23 種設計模式，也稱為**經典設計模式**。但隨著技術的不斷革新與發展，有一些模式已不再常用，同時也有一些新的模式誕生。本書並未對這 23 種設計模式都進行一一講解，因為有一些設計模式在現今的軟體發展中用得非常少！而有一些卻在物件導向中應用得太頻繁，所以我們都不認為它是一種模式。前面 19 章我們已經對 20 種設計模式進行了詳細的講解，其中**工廠方法模式**和**抽象工廠模式**放在了同一章進行講解（15.3　工廠三姐妹）。剩餘的 3 種經典設計模式將放在本章一併進行講解和說明。

20.1　範本模式 (Template Method Pattern)

範本模式非常簡單，我都不覺得它是一種模式。只要你在使用物件導向語言進行開發，在有意無意之中就已經在使用它了。

20.1.1　模式定義

Define the skeleton of an algorithm in an operation, deferring some steps to client subclasses. Template Method lets subclasses redefine certain steps of an algorithm without changing the algorithm's structure.

定義一個操作中的演算法的框（骨）架，而將演算法中用到的某些具體的步驟放到子類別中實現，使得子類別可以在不改變演算法結構的情況下重新定義該演算法的某些特定步驟。這個定義演算法骨架的方法就叫**範本方法模式**，簡稱**範本模式**。

20.1.2　類別圖結構

範本模式的類別圖如圖 20-1 所示。

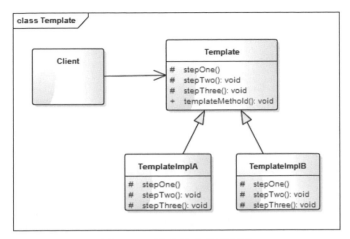

圖 20-1 範本模式的類別圖

Template 是一個範本類別，用於定義範本方法（某種演算法的框架），也就是
templateMethold()。TemplateImplA 和 TemplateImplB 是範本類別的具體子類別，用於
實現演算法框架中的一些特定步驟，也就是演算法中的可定制部分。

20.1.3 程式碼框架

根據圖 20-1，我們可以抽象出範本模式的框架模型。

程式實例 p20_1.py 範本模式的框架模型

```python
# p20_1.py
from abc import ABCMeta, abstractmethod
# 引入 ABCMeta 和 abstractmethod 來定義抽象類別和抽象方法

class Template(metaclass=ABCMeta):
    """ 範本類別（抽象類別）"""
    @abstractmethod
    def stepOne(self):
        pass
    @abstractmethod
    def stepTwo(self):
        pass
    @abstractmethod
```

```
    def stepThree(self):
        pass
    def templateMethold(self):
        """ 範本方法 """
        self.stepOne()
        self.stepTwo()
        self.stepThree()


class TemplateImplA(Template):
    """ 範本實現類別 A"""
    def stepOne(self):
        print(" 步驟一 ")
    def stepTwo(self):
        print(" 步驟二 ")
    def stepThree(self):
        print(" 步驟三 ")


class TemplateImplB(Template):
    """ 範本實現類別 B"""
    def stepOne(self):
        print("Step one")
    def stepTwo(self):
        print("Step two")
    def stepThree(self):
        print("Step three")
```

20.1.4　應用案例

在閱讀電子書時，根據每個人的不同閱讀習慣，可以設置不同的翻頁方式，如左右平滑、模擬翻頁。不同的翻頁方式，給人以不同的展示效果。 根據這一需求，我們用程式來類比實現一下。

程式實例 p20_2.py　閱讀器視圖

```
# p20_2.py
from abc import ABCMeta, abstractmethod
# 引入 ABCMeta 和 abstractmethod 來定義抽象類別和抽象方法
```

```python
class ReaderView(metaclass=ABCMeta):
    """ 閱讀器視圖 """
    def _init_(self):
        self._curPageNum = 1
    def getPage(self, pageNum):
        self._curPageNum = pageNum
        return " 第 " + str(pageNum) + " 頁的內容 "
    def prePage(self):
        """ 範本方法，往前翻一頁 """
        content = self.getPage(self._curPageNum - 1)
        self._displayPage(content)
    def nextPage(self):
        """ 範本方法，往後翻一頁 """
        content = self.getPage(self._curPageNum + 1)
        self._displayPage(content)
    @abstractmethod
    def _displayPage(self, content):
        """ 翻頁效果 """
        pass


class SmoothView(ReaderView):
    """ 左右平滑的視圖 """
    def _displayPage(self, content):
        print(" 左右平滑 :" + content)


class SimulationView(ReaderView):
    """ 模擬翻頁的視圖 """
    def _displayPage(self, content):
        print(" 模擬翻頁 :" + content)


def testReader():
    smoothView = SmoothView()
    smoothView.nextPage()
    smoothView.prePage()

    simulationView = SimulationView()
```

```
    simulationView.nextPage()

    simulationView.prePage()


testReader()
```

執行結果
```
================= RESTART: D:/Design_Patterns/ch20/p20_2.py =================
左右平滑:第2頁的內容
左右平滑:第1頁的內容
模擬翻頁:第2頁的內容
模擬翻頁:第1頁的內容
```

　　是不是非常簡單！因為範本模式只是用了物件導向的繼承機制。而這種繼承方式，你在自己寫的程式碼中可能很多地方已經有意無意用了。

20.1.5　應用場景

　　（1）對一些複雜的演算法進行分割，將其演算法中固定不變的部分設計為範本方法和父類別具體方法，而一些可以改變的細節由其子類別來實現。即一次性實現一個演算法的不變部分，並將可變的行為留給子類別來實現。

　　（2）各子類別中公共的行為應被提取出來並集中到一個公共父類別中以避免程式碼重複。

　　（3）需要透過子類別來決定父類別演算法中某個步驟是否執行，實現子類別對父類別的反向控制。

20.2　橋接模式 (Bridge Pattern)

　　這個模式可以和策略模式合為一個模式，因為思維相同，程式碼結構也幾乎一樣，它們的類別圖結構也幾乎相同。只是一個（策略模式）側重于物件行為，另一個（橋接模式）側重於軟體結構。

20.2.1　模式定義

Decouple an abstraction from its implementation so that the two can vary independently.

　　將抽象和實現解耦，使得它們可以獨立地變化。

　　橋接模式關注的是抽象和實現的分離，使得它們可以獨立地發展；橋樑模式是結構型模式，側重於軟體結構。而策略模式關注的是對演算法、規則的封裝，使得演算法可以獨立於使用它的用戶而變化；策略模式是行為型模式，側重于物件行為。

　　設計模式其實就是一種程式設計思維，沒有固定的結構。要區分不同的模式，要多從語義和用途的角度去判斷。

20.2.2　類別圖結構

　　策略模式的類別圖和橋接模式的類別圖分別如圖 20-2 和圖 20-3 所示。

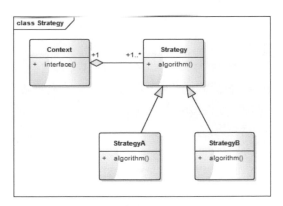

圖 20-2　策略模式的類別圖

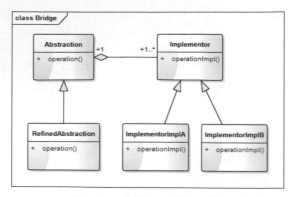

圖 20-3　橋接模式的類別圖

從類別圖可以看出，橋接模式和策略模式幾乎是一樣的，只是多了對抽象（Abstraction）的具體實現類別，用於對抽象化角色進行修正。

在圖 20-3 中，Implementor 是一個實現化角色，定義必要的行為和屬性；ImplementorImplA 和 ImplementorImplB 是具體的實現化角色。Abstraction 是抽象化角色，它的作用是對實現化角色 Implementor 進行一些行為的抽象；RefinedAbstraction 是抽象化角色的具體實現類別，對抽象化角色進行修改。

20.2.3　應用案例

在幾何圖形的分類中，假設我們有矩形和橢圓之分，這時我們又希望加入顏色（紅色、綠色）來拓展它的層級。如果用一般繼承的思維，則會有如圖 20-4 所示的類別圖。

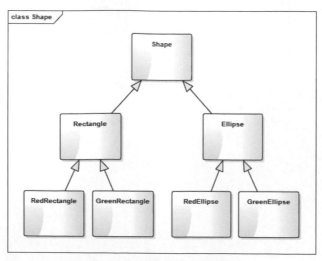

圖 20-4　繼承關係的類別圖

如果我們再增加幾個形狀（如三角形），再增加幾種顏色（如藍色、紫色），這個類別圖將會越來越臃腫。這時，我們就希望對這個設計進行解耦，將形狀和顏色分成兩個分支，獨立發展，互不影響。橋接模式就派上用場了，我們看一下使用橋接模式後的類別圖，如圖 20-5 所示。

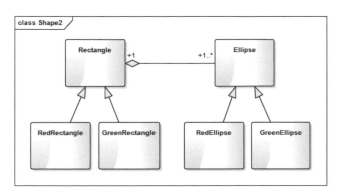

圖 20-5　用橋接模式後的類別圖

我們用程式碼來實現一下這種結構。

程式實例 p20_3.py　幾何圖形的分類別

```python
# p20_3.py
from abc import ABCMeta, abstractmethod
# 引入 ABCMeta 和 abstractmethod 來定義抽象類別和抽象方法

class Shape(metaclass=ABCMeta):
    """ 形狀 """
    def _init_(self, color):
        self._color = color
    @abstractmethod
    def getShapeType(self):
        pass
    def getShapeInfo(self):
        return self._color.getColor() + "的" + self.getShapeType()

class Rectange(Shape):
    """ 矩形 """
    def _init_(self, color):
        super()._init_(color)
```

```python
    def getShapeType(self):
        return "矩形"

class Ellipse(Shape):
    """橢圓"""
    def _init_(self, color):
        super()._init_(color)
    def getShapeType(self):
        return "橢圓"

class Color(metaclass=ABCMeta):
    """顏色"""
    @abstractmethod
    def getColor(self):
        pass

class Red(Color):
    """紅色"""
    def getColor(self):
        return "紅色"

class Green(Color):
    """綠色"""
    def getColor(self):
        return "綠色"

def testShap():
    redRect = Rectange(Red())
    print(redRect.getShapeInfo())
    greenRect = Rectange(Green())
    print(greenRect.getShapeInfo())

    redEllipse = Ellipse(Red())
    print(redEllipse.getShapeInfo())
    greenEllipse = Ellipse(Green())
    print(greenEllipse.getShapeInfo())

testShap()
```

| 執行結果 | ```
================ RESTART: D:/Design_Patterns/ch20/p20_3.py ================
紅色的矩形
綠色的矩形
紅色的橢圓
綠色的橢圓
``` |

20.2.4　應用場景

（1）一個產品（或物件）有多種分類和多種組合，即兩個（或多個）獨立變化的維度，每個維度都希望獨立進行擴展。

（2）因為使用繼承或因為多層繼承導致系統類別的個數急劇增加的系統，可以改用橋接模式來實現。

20.3　解釋模式 (Interpreter Pattern)

20.3.1　模式定義

解釋模式又叫解譯器模式，它是一種使用頻率相對較低但學習難度較大的設計模式，它用於描述如何使用物件導向語言構建一個簡單的語言解譯器。在某些情況下，為了更好地描述某些特定類別型的問題，我們可以創建一種新的語言，這種語言擁有自己的運算式和結構，即文法規則，這些問題的實例將對應為該語言中的句子。如在金融業務中，經常需要定義一些模型運算來統計、分析大量的金融資料，從而窺探一些商業發展趨勢。

Given a language, define a representation for its grammar along with an interpreter that uses the representation to interpret sentences in the language.

定義一個語言，定義它的文法的一種表示；並定義一個解譯器，該解譯器使用該文法來解釋語言中的句子。

20.3.2　類別圖結構

解釋模式的類別圖如圖 20-6 所示。
```

AbstractExpression 是解譯器的抽象類別，定義統一的解析方法。TerminalExpression 是終結符運算式，終結符運算式是語法中的最小單元邏輯，不可再拆分，如程式實例 p20_4.py 中的 VarExpression。NonTerminalExpression 是非終結符運算式，語法中每一條規則對應一個非終結符運算式，如程式實例 p20_4.py 中的 AddExpression 和 SubExpression。Context 是上下文環境類別，包含解析器之外的一些全域資訊，如程式實例 p20_4.py 中的 newExp 和 expressionMap。

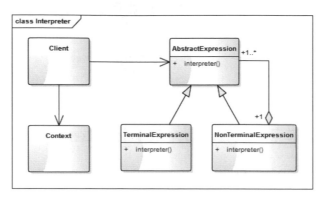

圖 20-6　解釋模式的類別圖

20.3.3　應用案例

我們用數學中最簡單的加減法來看解釋模式的應用。假設有兩個運算式規則：a+b+c 和 a+b-c，下面用解釋模式來實現這兩個運算式規則的解析流程。

程式實例 p20_4.py　類比文法規則的解釋過程

```python
# p20_4.py
from abc import ABCMeta, abstractmethod
# 引入 ABCMeta 和 abstractmethod 來定義抽象類別和抽象方法


class Expression(metaclass=ABCMeta):
    """ 抽象運算式 """
    @abstractmethod
    def interpreter(self, var):
        pass
```

```python
class VarExpression(Expression):
    """ 變數解析器 """
    def _init_(self, key):
        self._key = key
    def interpreter(self, var):
        return var.get(self._key)

class SymbolExpression(Expression):
    """ 運算子解析器，運算子的抽象類別 """
    def _init_(self, left, right):
        self._left = left
        self._right = right

class AddExpression(SymbolExpression):
    """ 加法解析器 """
    def _init_(self, left, right):
        super()._init_(left, right)
    def interpreter(self, var):
        return self. left.interpreter(var) + self._right.interpreter(var)

class SubExpression(SymbolExpression):
    """ 減法解析器 """
    def _init_(self, left, right):
        super()._init_(left, right)
    def interpreter(self, var):
        return self._left.interpreter(var) - self._right.interpreter(var)

class Stack:
    """ 封裝一個堆疊類別 """
    def _init_(self):
        self.items = []
    def isEmpty(self):
        return len(self.items) == 0
    def push(self, item):
        self.items.append(item)
    def pop(self):
        return self.items.pop()
```

```python
    def peek(self):
        if not self.isEmpty():
            return self.items[len(self.items) - 1]
    def size(self):
        return len(self.items)


class Calculator:
    """ 計算器類別 """
    def _init_(self, text):
        self._expression = self.parserText(text)
    def parserText(self, expText):
        # 定義一個棧，處理運算的先後順序
        stack = Stack()
        left = right = None # 左右運算式
        idx = 0
        while(idx < len(expText)):
            if (expText[idx] == '+'):
                left = stack.pop()
                idx += 1
                right = VarExpression(expText[idx])
                stack.push(AddExpression(left, right))
            elif(expText[idx] == '-'):
                left = stack.pop()
                idx += 1
                right = VarExpression(expText[idx])
                stack.push(SubExpression(left, right))
            else:
                stack.push(VarExpression(expText[idx]))
            idx += 1
        return stack.pop()
    def run(self, var):
        return self._expression.interpreter(var)


def testCalculator():
    # 獲取運算式
    expStr = input(" 請輸入運算式：");
    # 獲取各參數的鍵值對
    newExp, expressionMap = getMapValue(expStr)
```

```python
    calculator = Calculator(newExp)
    result = calculator.run(expressionMap)
    print(" 運算結果為 :" + expStr + " = " + str(result))


def getMapValue(expStr):
    preIdx = 0
    expressionMap = {}
    newExp = []
    for i in range(0, len(expStr)):
        if (expStr[i] == '+' or expStr[i] == '-'):
            key = expStr[preIdx:i]
            key = key.strip()    # 去除前後空字元
            newExp.append(key)
            newExp.append(expStr[i])
            var = input(" 請輸入參數 " + key + " 的值：");
            var = var.strip()
            expressionMap[key] = float(var)
            preIdx = i + 1
    # 處理最後一個參數
    key = expStr[preIdx:len(expStr)]
    key = key.strip()    # 去除前後空字元
    newExp.append(key)
    var = input(" 請輸入參數 " + key + " 的值：");
    var = var.strip()
    expressionMap[key] = float(var)
    return newExp, expressionMap


testCalculator()
```

執行結果

```
================= RESTART: D:/Design_Patterns/ch20/p20_4.py =================
請輸入運算式：a + b - c
請輸入參數a的值：20
請輸入參數b的值：10
請輸入參數c的值：5
運算結果為:a + b - c = 25.0
>>>
================= RESTART: D:/Design_Patterns/ch20/p20_4.py =================
請輸入運算式：a - b + c - d
請輸入參數a的值：20
請輸入參數b的值：5
請輸入參數c的值：10
請輸入參數d的值：3
運算結果為:a - b + c - d = 22.0
```

20.3.4　應用場景

解釋模式是一個簡單的語法分析工具，最顯著的優點是拓展性好，修改語法規則只要修改相應的非終結符運算式就可以了。解釋模式在實際的專案開發中應用得比較少，因為實現複雜，較難維護，但在一些特定的領域還是會被用到的，如數據分析、科學計算、數據統計與報表分析。

第二篇

進階篇

第 21 章

深入解讀篩檢程式模式

21.1　從生活中領悟篩檢程式模式

21.1.1　故事劇情─製作一杯鮮純細膩的豆漿

　　臘八已過，臘八粥已喝，馬上就要過年了！別的公司現在都在開年會，發現金紅包，發 iPhone，發平衡車……就在 Tony 躲在朋友圈的角落裡默默不語時，公司的年貨總算姍姍來遲─豆漿機。雖然比不上別的公司但也算是最後的慰藉了。

　　豆漿機已經有了，怎麼製作一杯鮮純細膩的豆漿呢？ Tony 在網上找了一些資料，摸索了半天總算學會了，準備週末買一些大豆，自製早餐！

　　把浸泡過的大豆放進機器，再加入半壺水。然後選擇模式並按下 " 啟動 " 鍵，等 15 分鐘就可以了。但這並沒有完，因為還有最關鍵的一步，那就是往杯子裡倒豆漿的時候要用過濾網把豆渣過濾掉。這樣，一杯美味的陽光早餐就做出來了。

21.1.2　用程式來類比生活

　　世間萬物，唯有愛與美食不可辜負！吃得健康才能活得出彩。故事劇情裡在製作豆漿的過程中，豆漿機很重要，但過濾網更關鍵，因為它直接影響了豆漿的品質。下面用程式來類比一下這一關鍵的步驟。

程式實例 p21_1.py　模擬故事劇情

```python
# p21_1.py
class FilterScreen:
    """ 過濾網 """
    def doFilter(self, rawMaterials):
        for material in rawMaterials:
            if (material == " 豆渣 "):
                rawMaterials.remove(material)
        return rawMaterials

def testFilterScreen():
    rawMaterials = [" 豆漿 ", " 豆渣 "]
    print(" 過濾前：", rawMaterials)
    filter = FilterScreen()
    filteredMaterials = filter.doFilter(rawMaterials)
    print(" 過濾後：", filteredMaterials)

testFilterScreen()
```

執行結果
```
================= RESTART: D:/Design_Patterns/ch21/p21_1.py =================
過濾前： ['豆漿', '豆渣']
過濾後： ['豆漿']
```

21.2　從劇情中思考篩檢程式模式

在上面的示例中，豆漿機中有豆漿和豆渣，我們往杯子中倒的過程中，要用過濾網把豆渣過濾掉才能獲得更加細膩的豆漿。過濾網起著過濾的作用，在程式中也有一種類似的機制，叫**篩檢程式模式**。

21.2.1　篩檢程式模式

篩檢程式模式就是根據某種規則，從一組物件中，過濾掉一些不符合要求的物件的過程。

如在互聯網上發佈資訊時對敏感詞彙的過濾，或在 Web 介面請求與回應時，對請求和回應資訊的過濾。篩檢程式模式的核心思維非常簡單，就是把不需要的資訊過濾掉，那麼怎麼判定哪些是不需要的資訊呢？這就需要制定規則。篩檢程式是對資料流程進行操作，篩檢程式的處理流程如圖 21-1 所示。

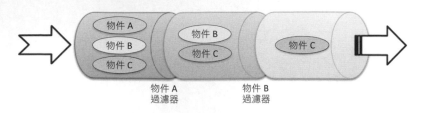

圖 21-1　篩檢程式的處理流程

　　舉一個更具體的例子，在建築行業中，沙子是最重要的原材料之一。這些沙子很多是從江河中打撈上來的，但是打撈上來的不只有沙子，還有小石頭和水。要得到顆粒均勻的沙子，就必須把水和石頭過濾掉。

21.2.2　與職責模式的聯繫

　　在第 7 章中，我們講了職責模式（即責任鏈模式）。篩檢程式與責任鏈的相似之處是處理過程都一環一環地進行，不同之處在於責任鏈中責任的傳遞一般會有一定的順序，而篩檢程式通常沒有這種順序，所以篩檢程式比責任鏈簡單。當然，篩檢程式也可以按照職責模式的方式來實現，這時我們認為每一次的過濾都是一種職責（一個任務），而整個過濾流程是一種特殊的鏈。

21.3　篩檢程式模式的模型抽象

　　一些熟悉 Python 的讀者可能會覺得故事劇情的模擬程式碼（程式實例 p21_1.py）寫法太麻煩了，Python 本身就自帶了 filter() 函數，用下面的程式實例 p21_2.py 就能輕鬆搞定，結果一樣，而程式碼能少好幾行。

程式實例 p21_2.py　用內置的 filter() 函數實現過濾

```
# p21_2.py
def testFilter():
    rawMaterials = ["豆漿", "豆渣"]
    print("過濾前：", rawMaterials)
```

```
filteredMaterials = list(filter(lambda material: material == "豆漿", rawMaterials))
print("過濾後：", filteredMaterials)
```

能提出這個問題，說明你是帶著思考在閱讀本書的。但之所以要這麼寫，有以下兩個原因：

（1）Python 自帶的 filter() 是函數式程式設計（即面向過程程式設計），而設計模式講述的是一種物件導向的設計思維。

（2）filter() 函數只是對簡單的陣列中物件的過濾，對於一些更複雜的需求（如對不符合要求的物件，不是過濾掉而是進行替換），filter() 函數是難以應付的。

21.3.1　程式碼框架

基於對上面這些問題的思考，我們可以對篩檢程式模式進行進一步的重構和優化，進而抽象出篩檢程式模式的框架模型。

程式實例 p21_3.py　篩檢程式模式的框架模型

```python
# p21_3.py
from abc import ABCMeta, abstractmethod
# 引入 ABCMeta 和 abstractmethod 來定義抽象類別和抽象方法

class Filter(metaclass=ABCMeta):
    """ 篩檢程式 """
    @abstractmethod
    def doFilter(self, elements):
        """ 過濾方法 """
        pass

class FilterChain(Filter):
    """ 篩檢程式鏈 """
    def _init_(self):
        self._filters = []
    def addFilter(self, filter):
        self._filters.append(filter)
    def removeFilter(self, filter):
```

```
        self._filters.remove(filter)
    def doFilter(self, elements):
        for filter in self._filters:
            elements = filter.doFilter(elements)
        return elements
```

21.3.2　類別圖

篩檢程式模式的類別圖如圖 21-2 表示。

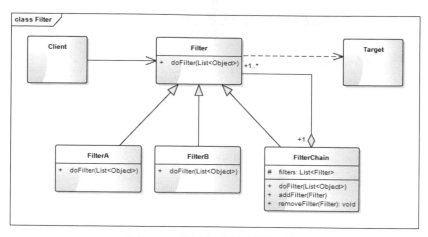

圖 21-2　篩檢程式模式的類別圖

Filter 是所有篩檢程式的抽象類別，定義了統一的過濾介面 doFilter()。FilterA 和 FilterB 是具體的篩檢程式類別，一個類別定義一個過濾規則。FilterChain 是一個篩檢程式鏈，它可以包含多個篩檢程式，並管理這些篩檢程式，在過濾物件元素時，包含的每一個篩檢程式都會進行一次過濾。Target 是要過濾的目標物件，一般是一個物件陣列，如故事劇情中的豆渣和豆漿。

21.3.3　基於框架的實現

有了程式實例 p21_3.py 的程式碼框架之後，我們要實現模擬故事劇情的程式碼就更簡單明確了。我們假設最開始的範例程式碼為 Version 1.0，下面看看基於框架的 Version 2.0 吧。

程式實例 p21_4.py Version 2.0 的實現

```
# p21_4.py
from p21_3 import Filter

class FilterScreen(Filter):
    """ 過濾網 """
    def doFilter(self, elements):
        for material in elements:
            if (material == " 豆渣 "):
                elements.remove(material)
        return elements
```

測試程式碼不用變，輸出結果和之前是一樣的。

21.3.4 模型說明

1. 設計要點

篩檢程式模式中主要有三個角色，在設計篩檢程式模式時要找到並區分這些角色。

（1）**過濾的目標（Target）**：即要被過濾的物件，通常是一個物件陣列（物件清單）。

（2）**篩檢程式（Filter）**：負責過濾不需要的物件，一般一個規則對應一個類別。

（3）**篩檢程式鏈（FilterChain）**：即篩檢程式的集合，負責管理和維護篩檢程式，用這個物件進行過濾時，它包含的每一個子篩檢程式都會進行一次過濾。這個類別並不總是必要的，但如果有多個篩檢程式，有這個類別將會帶來極大的方便。

2. 篩檢程式模式的優缺點

優點：

（1）將物件的過濾、校驗邏輯抽離出來，降低系統的複雜度。

（2）過濾規則可實現重複利用。

缺點：

性能較低，每個篩檢程式對每一個元素都會進行遍歷。如果有 n 個元素，m 個篩檢程式，則複雜度為 O(mn)。

21.4　實戰應用

我們在互聯網上發佈資訊時，經常被進行敏感詞過濾；我們提交的表單資訊以 HTML 的形式顯示，會對一些特殊字元進行轉換，這時我們就需要用篩檢程式模式對提交的資訊進行過濾和處理。

程式實例 p21_5.py　資訊發佈的過濾處理

```python
# p21_5.py
from p21_3 import Filter, FilterChain

import re
# 引入規則運算式庫

class SensitiveFilter(Filter):
    """ 敏感詞過濾 """
    def _init_(self):
        self._sensitives = [" 黃色 ", " 反動 ", " 貪污 "]
    def doFilter(self, elements):
        # 敏感詞列表轉換成規則運算式
        regex = ""
        for word in self._sensitives:
            regex += word + "|"
        regex = regex[0: len(regex) - 1]
        # 對每個元素進行過濾
        newElements = []
        for element in elements:
            item, num = re.subn(regex, "", element)
            newElements.append(item)
        return newElements
```

```python
class HtmlFilter(Filter):
    """HTML 特殊字元轉換"""
    def _init_(self):
        self._wordMap = {
            "&": "&amp;",
            "'": " &apos;",
            ">": "&gt;",
            "<": "&lt;",
            "\"": " &quot;",
        }
    def doFilter(self, elements):
        newElements = []
        for element in elements:
            for key, value in self._wordMap.items():
                element = element.replace(key, value)
            newElements.append(element)
        return newElements


def testFiltercontent():
    contents = [
        '有人出售黃色書：<黃情味道 >',
        '有人企圖搞反動活動，一" 造謠資訊 "',
    ]
    print(" 過濾前的內容：", contents)
    filterChain = FilterChain()
    filterChain.addFilter(SensitiveFilter())
    filterChain.addFilter(HtmlFilter())
    newContents = filterChain.doFilter(contents)
    print(" 過濾後的內容：", newContents)


testFiltercontent()
```

執行結果

```
================== RESTART: D:/Design_Patterns/ch21/p21_5.py ==================
過濾前的內容： ['有人出售黃色書：<黃情味道>', '有人企圖搞反動活動，一"造謠資訊"'
]
過濾後的內容： ['有人出售書：&lt;黃情味道&gt;', '有人企圖搞活動， 一 &quot;造謠資
訊 &quot;']
```

21.5　應用場景

（1）敏感詞過濾、輿情監測。

（2）需要對物件清單（或資料清單）進行檢驗、審查或預處理的場景。

（3）對網路介面的請求和回應進行攔截，例如對每一個請求和回應記錄日誌，以便日後分析。

第 22 章

深入解讀物件集區技術

22.1　從生活中領悟物件集區技術

22.1.1　故事劇情—共用機制讓生活更便捷

大學室友也是死黨 Sam 首次來杭州，作為東道主的 Tony 自然得悉心招待，不敢怠慢。這不，既要陪吃陪喝，還要陪玩，哈哈！

第一次來杭州，西湖是非去不可的。正值週末，風和日麗，最適合遊玩。上午 9 點出發，Tony 和 Sam 叫一輛滴滴快車從濱江到西湖的南山路。然後從大華飯店步行到斷橋，穿過斷橋，漫步白堤，遊走孤山島，就這樣一路走走停停，閒聊、拍照，很快就到了中午。中午他們在岳王廟附近找了一家生煎店，簡單解決了午餐（大餐留著晚上吃）。因為拍照拍得比較多，手機沒電了，正好看到店裡有共用充電寶（編註：即行動電源），便借了一個給手機充電，多休息了一個小時。下午，他們準備沿著最美的西湖路騎行。吃完午飯，他們找了兩輛共用自行車，從楊公堤開始騎行，路過太子灣、雷峰塔，然後到柳浪聞鶯。之後沿湖步行走到龍翔橋，找了一家最具杭州特色的飯店解決晚餐……

這一路行程從共用汽車（滴滴快車）到共用自行車，再到共用充電寶，共用的生活方式已滲透到了生活的方方面面。共用，不僅讓我們出行更便捷，而且更節約資源！

22.1.2　用程式來類比生活

　　共用經濟的飛速發展改變了我們的生活方式，例如共用自行車、共用雨傘、共用充電寶、共用 KTV 等。共用讓我們的生活更便利，你不用帶充電寶，卻可以隨時用到充電寶；共用讓我們更節約資源，你不用買自行車，但能隨時騎到自行車（一輛車可以為多個人服務）。我們以共用充電寶為例，用程式來類比一下它是怎樣做到資源節約和共用的。

程式實例 p22_1.py　模擬故事劇情

```python
# p22_1.py
class PowerBank:
    """ 移動電源 """
    def _init_(self, serialNum, electricQuantity):
        self._serialNum = serialNum
        self._electricQuantity = electricQuantity
        self._user = ""
    def getSerialNum(self):
        return self._serialNum
    def getElectricQuantity(self):
        return self._electricQuantity
    def setUser(self, user):
        self._user = user
    def getUser(self):
        return self._user
    def showInfo(self):
        print(" 序號 :%s 電量 :%d%%   使用者 :%s" % (self._serialNum, self._electricQuantity,
self._user) )


class ObjectPack:
    """ 對象的包裝類別
    封裝指定的物件（如充電寶）是否正在被使用中 """
    def _init_(self, obj, inUsing = False):
        self._obj = obj
        self._inUsing = inUsing
    def inUsing(self):
        return self._inUsing
```

```python
    def setUsing(self, isUsing):
        self._inUsing = isUsing
    def getObj(self):
        return self._obj


class PowerBankBox:
    """ 存放移動電源的智慧箱盒 """
    def _init_(self):
        self._pools = {}
        self._pools["0001"] = ObjectPack(PowerBank("0001", 100))
        self._pools["0002"] = ObjectPack(PowerBank("0002", 100))
    def borrow(self, serialNum):
        """ 借用移動電源 """
        item = self._pools.get(serialNum)
        result = None
        if(item is None):
            print(" 沒有可用的電源！")
        elif(not item.inUsing()):
            item.setUsing(True)
            result = item.getObj()
        else:
            print("%s 電源 已被借用！" % serialNum)
        return result
    def giveBack(self, serialNum):
        """ 歸還移動電源 """
        item = self._pools.get(serialNum)
        if(item is not None):
            item.setUsing(False)
            print("%s 電源 已歸還！" % serialNum)


def testPowerBank():
    box = PowerBankBox()
    powerBank1 = box.borrow("0001")
    if(powerBank1 is not None):
        powerBank1.setUser("Tony")
        powerBank1.showInfo()
    powerBank2 = box.borrow("0002")
```

```
    if(powerBank2 is not None):
        powerBank2.setUser("Sam")
        powerBank2.showInfo()
    powerBank3 = box.borrow("0001")
    box.giveBack("0001")
    powerBank3 = box.borrow("0001")
    if(powerBank3 is not None):
        powerBank3.setUser("Aimee")
        powerBank3.showInfo()

testPowerBank()
```

執行結果

```
================= RESTART: D:/Design_Patterns/ch22/p22_1.py =================
序號:0001 電量:100%  使用者:Tony
序號:0002 電量:100%  使用者:Sam
0001電源 已被借用！
0001電源 已歸還！
序號:0001 電量:100%  使用者:Aimee
```

22.2　從劇情中思考物件集區機制

在共用充電寶這個示例中，如果還有未被借用的設備，我們就能借到充電寶給自己的手機充電；用完之後把充電寶還回去，又能讓下一個人繼續借用；這樣就能讓充電寶的利用率達到最高。像共用充電寶一樣，在程式中也有一種對應的機制，可以讓物件重複地被使用，這就是**物件集區**。

22.2.1　什麼是物件集區

物件集區是一個集合，裡面包含了我們需要的已經過初始化且可以使用的物件。我們稱這些物件都被池化了，也就是被物件集區所管理，想要使用這樣的物件，從池子裡取一個就行，但是用完得歸還。

可以將物件集區理解為單例模式的延展一多例模式。**物件實例是有限的，要用可以，但用完必須歸還**，這樣其他人才能再使用。可以用圖 22-1 來形象地表示物件集區中物件的管理。

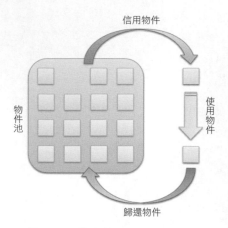

信用物件

使用物件

物件池

歸還物件

圖 22-1　物件集區中物件的管理

故事劇情中共用充電寶的示例非常形象地類比了物件集區的概念：物件集區就如同存放充電寶的智慧箱盒，物件就是充電寶，而物件的借用、使用、歸還分別對應著充電寶的借用、使用、歸還。

22.2.2　與享元模式的聯繫

在第 18 章中我們知道了享元模式可以實現物件的共用，使用享元模式可以節約記憶體空間，提高系統的性能。但這個模式也存在一個問題，那就是享元物件的內部狀態和屬性一經創建不能被隨意改變。因為如果可以改變，則 A 取得這個物件 obj 後，就改變了其狀態；B 再去取這個物件 obj 時就已經不是原來的狀態了。

物件集區機制正好可以彌補享元模式的這個缺陷。它透過借、還的機制，讓一個物件在某段時間內被一個使用者獨佔，用完之後歸還該物件。在獨佔的這段時間內使用者可以修改物件的部分屬性（因為這段時間內其他使用者不能使用這個物件）；而享元模式因為沒有這種機制，享元物件在整個生命週期內都是被所有使用者共用的。

什麼叫**獨佔**？就是你用著這個充電寶，同一時刻別人就不能用了，因為只有一個介面，只能給一個手機充電。

什麼叫**共用**？就是深夜幾個人圍一圓桌坐著，頭頂上掛著一盞電燈，大家都享受著這盞電燈帶來的光明，這盞電燈就是共用的。而且在一定範圍內來講它是無限共用的，因為圓桌上坐著 5 個人和坐著 10 個人，他們感覺到的光亮是一樣的。

物件集區機制就是享元模式的一個延伸，也可以理解為享元模式的升級版。

22.3　物件集區機制的模型抽象

22.3.1　程式碼框架

　　池子、借用、歸還是物件集區機制的核心思維，我們可以基於這一思維逐步抽象出一個簡單可用的框架模型。

程式實例 p22_2.py　物件集區機制的框架模型

```
# p22_2.py
from abc import ABCMeta, abstractmethod
# 引入 ABCMeta 和 abstractmethod 來定義抽象類別和抽象方法
import logging
# 引入 logging 模組用於輸出日誌資訊
import time
# 引入時間模組
logging.basicConfig(level=logging.INFO)
# 如果想在控制台列印 INFO 以上的資訊，則加上此配製

class PooledObject:
    """ 池物件，也稱池化對象 """
    def _init_(self, obj):
        self._obj = obj
        self._busy = False
    def getObject(self):
        return self._obj
    def setObject(self, obj):
        self._obj = obj
    def isBusy(self):
        return self._busy
    def setBusy(self, busy):
        self._busy = busy

class ObjectPool(metaclass=ABCMeta):
    """ 物件集區 """
    """ 物件集區初始化大小 """
    InitialNumOfObjects = 10
```

```python
    """ 物件集區最大的大小 """
    MaxNumOfObjects = 50
    def _init_(self):
        self._pools = []
        for i in range(0, ObjectPool.InitialNumOfObjects):
            obj = self.createPooledObject()
            self._pools.append(obj)
    @abstractmethod
    def createPooledObject(self):
        """ 創建池物件，由子類別實現該方法 """
        pass
    def borrowObject(self):
        """ 借用對象 """
        # 如果找到空閒物件，直接返回
        obj = self._findFreeObject()
        if(obj is not None):
            logging.info("%x 對象已被借用，time:%s", id(obj),
                        time.strftime("%Y-%m-%d %H:%M:%S", time.localtime(time.time())))
            return obj
        # 如果物件集區未滿，則添加新的物件
        if(len(self._pools) < ObjectPool.MaxNumOfObjects):
            pooledObj = self.addObject()
            if (pooledObj is not None):
                pooledObj.setBusy(True)
                logging.info("%x 對象已被借用，time:%s", id(obj),
                            time.strftime("%Y-%m-%d %H:%M:%S", time.localtime(time.time())))
                return pooledObj.getObject()
        # 物件集區已滿且沒有空閒物件，則返回 None
        return None
    def returnObject(self, obj):
        """ 歸還對象 """
        for pooledObj in self._pools:
            if(pooledObj.getObject() == obj):
                pooledObj.setBusy(False)
                logging.info("%x 對象已歸還，time:%s", id(obj),
                            time.strftime("%Y-%m-%d %H:%M:%S", time.localtime(time.time())))
                break
    def addObject(self):
```

```
        """ 添加新對象 """
        obj = None
        if(len(self._pools) < ObjectPool.MaxNumOfObjects):
            obj = self.createPooledObject()
            self._pools.append(obj)
            logging.info(" 添加新對象 %x, time:", id(obj),
                        time.strftime("%Y-%m-%d %H:%M:%S", time.localtime(time.time())))
        return obj
    def clear(self):
        """ 清空物件集區 """
        self._pools.clear()
    def _findFreeObject(self):
        """ 查找空閒的對象 """
        obj = None
        for pooledObj in self._pools:
            if(not pooledObj.isBusy()):
                obj = pooledObj.getObject()
                pooledObj.setBusy(True)
                break
        return obj
```

22.3.2　類別圖

物件集區技術的類別圖如圖 22-2 所示。

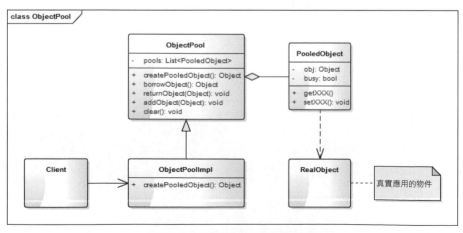

圖 22-2　物件集區技術的類別圖

　　ObjectPool 是一個抽象的物件集區，PooledObject 是池物件。在實際使用時要實現一個 ObjectPool 的子類別，並實現創建物件的方法 createPooledObject()；PooledObject 其實是對真實物件的一個包裝類別，用於控制其是否被佔用的狀態。

22.3.3　基於框架的實現

　　有了程式實例 p22_2.py 的程式碼框架之後，我們要實現故事劇情的模擬程式碼就更簡單了。我們假設最開始的範例程式碼為 Version 1.0，下面看看基於框架的 Version 2.0 吧。

程式實例 p22_3.py　Version 2.0 的實現

```python
# p22_3.py
from p22_2 import ObjectPool, PooledObject

class PowerBank:
    """ 移動電源 """
    def _init_(self, serialNum, electricQuantity):
        self._serialNum = serialNum
        self._electricQuantity = electricQuantity
        self._user = ""
    def getSerialNum(self):
        return self._serialNum
    def getElectricQuantity(self):
        return self._electricQuantity
    def setUser(self, user):
        self._user = user
    def getUser(self):
        return self._user
    def showInfo(self):
        print(" 序號 :%03d　電量 :%d%%　使用者 :%s" % (self._serialNum, self._electricQuantity,
self._user))

class PowerBankPool(ObjectPool):
    """ 存放移動電源的智慧箱盒 """
    _serialNum = 0
    @classmethod
```

```
    def getSerialNum(cls):
        cls._serialNum += 1
        return cls._serialNum
    def createPooledObject(self):
        powerBank = PowerBank(PowerBankPool.getSerialNum(), 100)
        return PooledObject(powerBank)


def testObjectPool():
    powerBankPool = PowerBankPool()
    powerBank1 = powerBankPool.borrowObject()
    if (powerBank1 is not None):
        powerBank1.setUser("Tony")
        powerBank1.showInfo()
    powerBank2 = powerBankPool.borrowObject()
    if (powerBank2 is not None):
        powerBank2.setUser("Sam")
        powerBank2.showInfo()
    powerBankPool.returnObject(powerBank1)
    # powerBank1 歸還後，不能再對其進行相關操作
    powerBank3 = powerBankPool.borrowObject()
    if (powerBank3 is not None):
        powerBank3.setUser("Aimee")
        powerBank3.showInfo()
    powerBankPool.returnObject(powerBank2)
    powerBankPool.returnObject(powerBank3)
    powerBankPool.clear()


testObjectPool()
```

執行結果
```
================= RESTART: D:/Design_Patterns/ch22/p22_3.py =================
INFO:root:3b50ff0對象已被借用，time:2019-10-06 06:04:50
序號:001　電量:100%　使用者:Tony
INFO:root:3b62550對象已被借用，time:2019-10-06 06:04:51
序號:002　電量:100%　使用者:Sam
INFO:root:3b50ff0對象已歸還，time:2019-10-06 06:04:51
INFO:root:3b50ff0對象已被借用，time:2019-10-06 06:04:51
序號:001　電量:100%　使用者:Aimee
INFO:root:3b62550對象已歸還，time:2019-10-06 06:04:51
INFO:root:3b50ff0對象已歸還，time:2019-10-06 06:04:51
```

22.3.4　模型說明

1. 設計要點

物件集區機制有兩個核心物件和三個關鍵動作**物件**（Object）。

兩個核心物件：

（1）**要進行池化的對象**：通常是一些創建和銷毀時會非常耗時，或物件本身非常占記憶體的物件。

（2）**物件集區**（Object Pool）：物件的集合，其實就是物件的管理器，管理物件的借用、歸還。

三個關鍵動作物件：

（1）**借用對象**（borrow object）：從物件集區中獲取對象。

（2）**使用物件**（using object）：即使用物件進行業務邏輯的處理。

（3）**歸還對象**（return、give back）：將物件歸還物件集區，歸還後這個物件的引用不能再用於其他物件，除非重新獲取物件。

2. 物件集區機制的優缺點

優點：

物件集區機制透過借用、歸還的思維，實現了物件的重複利用，能有效地節約記憶體，提升程式性能。

缺點：

（1）借用和歸還必須成對出現，用完必須歸還，不然這個物件將一直處於被佔用狀態。

（2）對已歸還的物件的引用，不能再進行任何其他的操作，否則將產生不可預料的結果。

物件集區機制的這兩個缺點有點類似於 C 語言中物件記憶體的分配和釋放，程式師必須自己負責記憶體的申請和釋放。同樣，對於物件集區的物件，程式師要自己負責物件的借用和歸還，這給程式師帶來了很大的負擔。

要解決這個問題，就要使用引用計數技術。**引用計數技術的核心思維**是，這個物件每多一個使用者（如物件的賦值和傳遞），引用就自動加 1；每少一個使用者（如 del 一個變數，或退出作用域），引用就自動減 1。當引用為 1 時（只有物件集區指向這個物件），自動歸還（returnObject）給物件集區，這樣使用者只需要申請一個物件（borrowObject），而不用關心什麼時候歸還。

這一部分的實現方式比較複雜，這裡不再詳細講述。引用計數技術在每一門電腦語言的實現方式中都各不相同，如 Java 的 Commons-pool 庫中就有 SoftReferenceObjectPool 類別用來解決這個問題；而 C++ 則可以使用智慧指標的方式來實現；Python 則內置了引用計數，你可以透過 sys 包中的 getrefcount() 來獲得一個物件被引用的數量。

22.4　應用場景

物件集區機制特別適用於那些初始化和銷毀的代價高且需要經常被產生實體的物件，如大物件、需佔用 I/O 的物件等，這些物件在創建和銷毀時會非常耗時，以及物件本身非常占記憶體的物件。如果是簡單的物件，物件的創建和銷毀都非常迅速，也 " 不吃 " 記憶體；但有些物件，把它進行池化的時間比自己構建還多，這樣就不划算了。因為物件集區的管理本身也是需要佔用資源的，如物件的創建、借用、歸還這些都是需要消耗資源的。我們經常聽到的（資料庫）連接池、執行緒池用到的都是物件集區機制的思維。

這一章講的是物件集區技術中最核心部分的一種實現，在實際的專案開發中，也有很多成熟的開源專案可以用，比如 Java 語言有 Apache 的 commons-pool 庫，提供了種類多樣、功能強大的物件集區實現；C++ 語言也有 Boost 庫，提供了相應的物件集區的功能。

第 23 章

深入解讀回檔機制

23.1　從生活中領悟回檔機制

23.1.1　故事劇情—把你的技能亮出來

　　鐵打的公司，流水的員工！公司中經常有新的員工來，也有老的員工走。為迎接新員工的到來，Tony 所在的公司每個月都會舉辦一個新人見面會，在見面會上每個新人都要給大家表演一個節目，節目類型不限，內容隨意！只要把你的技能都亮出來，把最有趣的一面展示給大家就行。有的人選擇唱一首歌，有的人會彈一首 Ukulele 曲子，有的人能說一個搞笑段子，有的人會表演魔術，還有的人耍起了滑板，真是各種鬼才……

23.1.2　用程式來類比生活

　　職場處處艱辛，但生活充滿樂趣！每個人都有自己的愛好，每個人也有自己擅長的技能。在新人見面會上把自己最擅長的技能展示出來，是讓大家快速記住你的最好方式。下面用程式來類比一下這個場景。

程式實例 p23_1.py　模擬故事劇情

```
# p23_1.py

class Employee:
    """ 公司員工 """
    def _init_(self, name):
```

```
        self._name = name
    def doPerformance(self, skill):
        print(self._name + " 的表演 :", end="")
        skill()


def sing():
    """ 唱歌 """
    print(" 唱一首歌 ")
def dling():
    """ 拉 Ukulele"""
    print(" 彈一首 Ukulele 曲子 ")
def joke():
    """ 説段子 """
    print(" 説一個搞笑段子 ")
def performMagicTricks():
    """ 表演魔術 """
    print(" 神秘魔術 ")
def skateboarding():
    """ 玩滑板 """
    print(" 酷炫滑板 ")


def testSkill():
    helen = Employee("Helen")
    helen.doPerformance(sing)
    frank = Employee("Frank")
    frank.doPerformance(dling)
    jacky = Employee("Jacky")
    jacky.doPerformance(joke)
    chork = Employee("Chork")
    chork.doPerformance(performMagicTricks)
    Kerry = Employee("Kerry")
    Kerry.doPerformance(skateboarding)


testSkill()
```

執行結果

```
================== RESTART: D:/Design_Patterns/ch23/p23_1.py ==================
Helen的表演:唱一首歌
Frank的表演:彈一首Ukulele曲子
Jacky的表演:說一個搞笑段子
Chork的表演:神秘魔術
Kerry的表演:酷炫滑板
```

23.2　從劇情中思考回檔機制

在故事劇情中，每一個新員工都要進行表演，每個人表演自己擅長的技能。因此我們定義了一個 Employee 類，裡面有一個 doPerformance() 方法，用來進行表演；但每個人擅長的技能不一樣，因此我們為每一種技能都定義了一個方法，在呼叫時傳遞給 doPerformance()。像這樣將一個函數傳遞給另一個函數的方式叫**回檔機制**。

23.2.1　回檔機制

把函數作為參數，傳遞給另一個函數，延遲到另一個函數的某個時刻執行的過程叫**回檔**。假設我們有一個函數 callback(args)，這個函數可以作為參數傳遞給另一個函數 otherFun(fun, args)，如 otherFun(callback, [1, 2, 3])，那麼 callback 叫回呼函數，otherFun 叫高階函數，也叫包含（呼叫）函數。

回呼函數的本質是一種模式（一種解決常見問題的模式），或一種機制，因此回呼函數的實現方式也被稱為**回檔模式**或**回檔機制**。

在故事劇情中，doPerformance() 就是一個高階函數（包含函數），為每一個表演者定義的方法（如 sing()、dling()、joke()）就是回呼函數。

23.2.2　設計思維

回呼函數來自一種著名的程式設計範式—函數式程式設計，在函數式程式設計中可以指定函數作為參數。函數是 Python 內置支援的一種封裝，我們透過把大段程式碼拆成函數，再進行一層一層的函式呼叫，就可以把複雜任務分解成簡單的任務，這種分解可以稱為面向過程的程式設計，也稱為**函數式程式設計**。把函數作為參數傳給另一個函數的回檔機制是函數式程式設計的核心思維。

我們在程式開發中經常會用到一些庫，如 Python 內置的庫、協力廠商庫。這些庫會定義一些通用的方法（如 filter()、map()），這些方法都是高階函數。我們在呼叫的時候要先定義一個回呼函數以實現特定的功能，並將這個函數作為參數傳遞給高階函數。回檔機制過程圖如圖 23-1 所示。

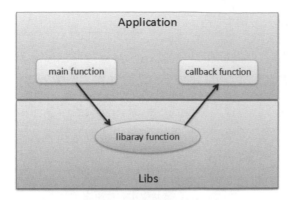

圖 23-1　回檔機制過程圖

　　當我們把一個回呼函數作為參數傳遞給另一個函數時，我們只傳遞了這個函數的定義，並沒有在參數中執行它，而在包含函數的函數體內的某個位置被執行，就像回呼函數在包含函數的函數體內被定義一樣。

23.3　回檔機制的模型抽象

23.3.1　面向過程的實現方式

　　把函數作為參數傳入另一個函數的回檔機制是函數式程式設計的核心思維，函數式程式設計使用的是一種面向過程的程式設計思維。回檔機制的實現方式非常簡單，程式碼框架如程式實例 p23_2.py 所示。

程式實例 p23_2.py　回檔機制的程式碼框架

```
# p23_2py
def callback(*args, **kwargs):
    """ 回呼函數 """
    # todo 函數體的實現
def otherFun(fun, *args, **kwargs):
    """ 高階函數，也叫包含函數 """
    # todo 函數體的實現
# 函數的呼叫方式
otherFun(callable)
```

第 23 章　深入解讀回檔機制

23.3.2　物件導向的實現方式

　　回呼函數屬於函數式程式設計，也就是面向過程程式設計。在物件導向程式設計中，如何實現這種機制呢？特別是那些不支援函數作為參數來傳遞的語言（如 Java）。

　　回想一下前面講解的各種設計模式，也許你能找到解決方案，那就是策略模式。策略模式透過定義一系列演算法，將每個演算法都封裝起來，使它們之間可以相互替換。其程式碼框架如程式實例 p23_3.py 所示。

程式實例 p23_3.py　使用策略模式實現回檔機制

```python
# p23_3.py
from abc import ABCMeta, abstractmethod
# 引入 ABCMeta 和 abstractmethod 來定義抽象類別和抽象方法

class Strategy(metaclass=ABCMeta):
    """ 演算法的抽象類別 """
    @abstractmethod
    def algorithm(self, *args, **kwargs):
        """ 定義演算法 """
        Pass

class StrategyA(Strategy):
    """ 策略 A """
    def algorithm(self, *args, **kwargs):
        print(" 演算法 A 的實現 ...")

class StrategyB(Strategy):
    """ 策略 B """
    def algorithm(self, *args, **kwargs):
        print(" 演算法 B 的實現 ...")

class Context:
    """ 上下文環境類 """
    def interface(self, strategy, *args, **kwargs):
        """ 交互介面 """
        print(" 回檔執行前的操作 ")
        strategy.algorithm()
```

23-6

```
        print(" 回檔執行後的操作 ")

# 呼叫方式
context = Context()
context.interface(StrategyA())
context.interface(StrategyB())
```

執行結果
```
================ RESTART: D:/Design_Patterns/ch23/p23_3.py ================
回檔執行前的操作
演算法A的實現...
回檔執行後的操作
回檔執行前的操作
演算法B的實現...
回檔執行後的操作
```

23.3.3　模型說明

1. 設計要點

在設計回檔機制的程式時要注意以下幾點。

（1）在支援函數式程式設計的語言中，可以使用回呼函數實現。作為參數傳遞的函數稱為回呼函數，接收回呼函數（參數）的函數稱為高階函數或包含函數。

（2）在只支援物件導向程式設計的語言中，可以使用策略模式來實現回檔機制。

2. 回檔機制的優缺點

優點：

（1）避免重複程式碼。

（2）增強程式碼的可維護性。

（3）有更多定制的功能。

缺點：

可能出現 " 回檔地獄 " 的問題，即多重的回檔函式呼叫。如回呼函數 A 被高階函數 B 呼叫，同時 B 本身又是一個回呼函數，被函數 C 呼叫。我們應儘量避免這種多重呼叫的情況，否則程式碼的可讀性很差，程式將很難維護。

23.4　實戰應用

23.4.1　基於回呼函數的實現

假設有這樣一個需求：求一個整數陣列（如 [2, 3, 6, 9, 12, 15, 18]）中所有的偶數和大於 10 的數。

程式實例 p23_4.py　求目標陣列

```python
# p23_4.py
def isEvenNumber(num):
    return num % 2 == 0
def isGreaterThanTen(num):
    return num > 10
def getResultNumbers(fun, elements):
    newList = []
    for item in elements:
        if (fun(item)):
            newList.append(item)
    return newList


def testCallback():
    elements = [2, 3, 6, 9, 12, 15, 18]
    list1 = getResultNumbers(isEvenNumber, elements)
    list2 = getResultNumbers(isGreaterThanTen, elements)
    print(" 所有的偶數：", list1)
    print(" 大於 10 的數：", list2)


testCallback()
```

執行結果

```
================= RESTART: D:/Design_Patterns/ch23/p23_4.py =================
所有的偶數： [2, 6, 12, 18]
大於10的數： [12, 15, 18]
```

程式實例 p23_4.py 中，我們只是演示一下回呼函數如何實現。在真正的項目中，我們可直接使用 Python 內置的 filter 函數和 lambda 運算式，程式碼更簡潔，如下：

```python
elements = [2, 3, 6, 9, 12, 15, 18]
list1 = list(filter(lambda x: x % 2 == 0, elements))
list2 = list(filter(lambda x: x > 10, elements))
```

23.4.2　基於策略模式的實現

我們用策略模式來實現故事劇情中的模擬程式碼。

程式實例 p23_5.py　用策略模式類比故事劇情

```python
# p23_5.py
from abc import ABCMeta, abstractmethod
# 引入 ABCMeta 和 abstractmethod 來定義抽象類別和抽象方法

class Skill(metaclass=ABCMeta):
    """ 技能的抽象類別 """
    @abstractmethod
    def performance(self):
        """ 技能表演 """
        pass

class NewEmployee:
    """ 公司新員工 """
    def _init_(self, name):
        self._name = name
    def doPerformance(self, skill):
        print(self._name + " 的表演 :", end="")
        skill.performance()

class Sing(Skill):
    """ 唱歌 """
    def performance(self):
        print(" 唱一首歌 ")

class Joke(Skill):
    """ 説段子 """
    def performance(self):
        print(" 説一個搞笑段子 ")

class Dling(Skill):
    """ 拉 Ukulele"""
    def performance(self):
```

```
        print(" 彈一首 Ukulele 曲子 ")

class PerformMagicTricks(Skill):
    """ 表演魔術 """
    def performance(self):
        print(" 神秘魔術 ")

class Skateboarding(Skill):
    """ 玩滑板 """
    def performance(self):
        print(" 酷炫滑板 ")

def testStrategySkill():
    helen = NewEmployee("Helen")
    helen.doPerformance(Sing())
    frank = NewEmployee("Frank")
    frank.doPerformance(Dling())
    jacky = NewEmployee("Jacky")
    jacky.doPerformance(Joke())
    chork = NewEmployee("Chork")
    chork.doPerformance(PerformMagicTricks())
    Kerry = NewEmployee("Kerry")
    Kerry.doPerformance(Skateboarding())

testStrategySkill()
```

輸出結果和程式實例 p23_1.py 的輸出結果是一樣的。

這種用策略模式實現回檔機制的類圖如圖 23-2 所示。

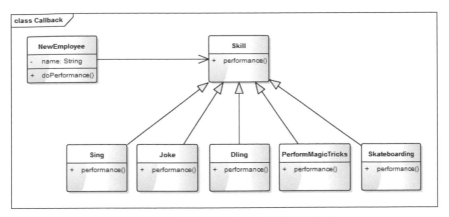

圖 23-2　用策略模式實現回檔機制的類圖

有人可能會問上面這個類圖和策略模式不太一樣啊！策略模式中 Context 和 Strategy 是一種聚合關係，即 Context 中存有 Strategy 的物件；而這裡 NewEmployee 和 Skill 是一種依賴關係，NewEmployee 不存 Skill 的物件。這裡要說明一下，設計模式不是一成不變的，而是可以根據實現情況靈活變通的。如果你願意，依然可以寫成聚合關係，但程式碼將不會這麼優雅。

Java 的實現：用 Java 這種支援匿名類的語言來實現，更能感受到回檔的味道，程式碼也更簡潔優雅。

程式實例 p23_6.java　用 Java 語言實現回檔機制

```java
/**
 * 定義一個技能的介面
 */
interface ISkill {
    public void performance();
}

/**
 * 員工類
 */
public class NewEmployee {
    private String name;

    public NewEmployee(String name) {
```

```
        this.name = name;
    }

    public void doPerformance(ISkill skill) {
        System.out.print(this.name + " 的表演:");
        skill.performance();
    }

    /**
     *   用 Main 方法來測試
     */
    public static void main(String args[])
    {
        NewEmployee helen = new NewEmployee("Helen");
        helen.doPerformance(new ISkill() {
            @Override
            public void performance() {
                System.out.println(" 說一搞笑段子 ");
            }
        });

        NewEmployee frank = new NewEmployee("Frank");
        frank.doPerformance(new ISkill() {
            @Override
            public void performance() {
                System.out.println(" 彈一首 Ukulele 曲子 ");
            }
        });
    }
}
```

23.4.3 回檔在非同步中的應用

程式的執行方式有兩種，一種叫同步執行，一種叫非同步執行。

- 同步執行：只有前一個任務執行完畢，才能執行後一個任務；

- 非同步執行：前一個任務還沒有執行完畢，就可以執行後一個任務（前一個任務執行完成後會收到一個通知）。

舉一個更通俗的例子：

> 　　下班了，你叫同事一起去看電影，你同事說：我還有工作沒做完，等我做完再去。你就一直在那等…… 一直到他完成了工作，才一起去看電影。這就是同步執行。
>
> 　　下班了，你叫同事一起去看電影，你同事說：等我一會，還有點工作沒完成，做完了我會告訴你，你先忙點別的。然後你就去看書或玩手機了…… 他完成了工作喊你一聲，你倆就一起去看電影了。這就是非同步執行。

　　前面講的回檔的應用都是基於同步執行的方式，而回檔更多的是應用在非同步執行中。回呼函數在非同步呼叫中應用得非常廣泛，特別是前端的 JS 程式碼中，所有的執行結果都是透過回呼函數的方式來通知的。非同步執行的實現方式有兩種：一種是透過多執行緒的方式（一個任務開一個新的執行緒），另一種是透過多工的方式（如 JS 的非同步就是透過基於任務佇列的事件迴圈來實現的）。

　　非同步呼叫經常用在一些比較耗時的任務上，如 I/O 操作、網路請求等。如下載功能就是一項非常耗時的操作（特別是大檔的下載），假設我們有多個檔需要下載。如果是同步的方式，只能等第一個檔下載完後才能下載第二個檔，而且這期間不能進行任何其他的操作。但如果是非同步的方式，就可以同時下載多個檔。

　　非同步的方式下載，我們只要點一下第一個要下載的檔，再點一下第二個要下載的檔，就可以去幹別的事了。我們還可以定義一個下載進度的回呼函數，即時顯示下載的進度；還可以定義一個下載完成的回呼函數，檔下載完成後及時通知我們。

　　用程式來類比一下這樣的下載過程，如程式實例 p23_7.py 所示。

程式實例 p23_7.py 非同步下載功能

```
# p23_7.py
import requests
# 引入 Http 請求模組
from threading import Thread
# 引入執行緒模組


class DownloadThread (Thread):
    """ 下載檔案的執行緒 """
```

```python
    # 每次寫文件的緩衝大小
    CHUNK_SIZE = 1024 * 512
    def _init_(self, fileName, url, savePath, callBackProgerss, callBackFinished):
        super()._init_()
        self._fileName = fileName
        self._url = url
        self._savePath = savePath
        self._callbackProgress = callBackProgerss
        self._callBackFionished = callBackFinished
    def run(self):
        readSize = 0
        r = requests.get(self._url, stream=True)
        totalSize = int(r.headers.get('Content-Length'))
        print("[ 下載 %s] 文件大小 :%d" % (self._fileName, totalSize))
        with open(self._savePath, "wb") as file:
            for chunk in r.iter_content(chunk_size = self.CHUNK_SIZE):
                if chunk:
                    file.write(chunk)
                    readSize += self.CHUNK_SIZE
                    self._callbackProgress(self._fileName, readSize, totalSize)
        self._callBackFionished(self._fileName)


def testDownload():
    def downloadProgress(fileName, readSize, totalSize):
        """ 定義下載進度的回呼函數 """
        percent = (readSize / totalSize) * 100
        print("[ 下載 %s] 下載進度 :%.2f%%" % (fileName, percent))
    def downloadFinished(fileName):
        """ 定義下載完成後的回呼函數 """
        print("[ 下載 %s] 檔下載完成！ " % fileName)


    print(" 開始下載 TestForDownload1.pdf......")
    downloadUrl1 = "http://pe9hg91q8.bkt.clouddn.com/TestForDownload1.pdf"
    download1 = DownloadThread("TestForDownload1", downloadUrl1, "./download/
TestForDownload1.pdf", downloadProgress, downloadFinished)
    download1.start()
    print(" 開始下載 TestForDownload2.zip......")
```

```
    downloadUrl2 = "http://pe9hg91q8.bkt.clouddn.com/TestForDownload2.zip"
    download2 = DownloadThread("TestForDownload2", downloadUrl2, "./download/
TestForDownload2.zip", downloadProgress, downloadFinished)
    download2.start()
    print(" 執行其他的任務......")


testDownload()
```

　　注：Python 預設沒有 requests 模組，需要先安裝 requests 模組，pip 的安裝命令如下：

```
pip install requests
```

執行結果

開始下載 TestForDownload1.pdf......
開始下載 TestForDownload2.zip......
執行其他的任務 ......
[下載 TestForDownload1] 文件大小 :13725012
[下載 TestForDownload2] 文件大小 :1767147
[下載 TestForDownload1] 下載進度 :3.82%
[下載 TestForDownload1] 下載進度 :7.64%
[下載 TestForDownload1] 下載進度 :11.46%
[下載 TestForDownload1] 下載進度 :15.28%
[下載 TestForDownload1] 下載進度 :19.10%
[下載 TestForDownload1] 下載進度 :22.92%
[下載 TestForDownload1] 下載進度 :26.74%
[下載 TestForDownload1] 下載進度 :30.56%
[下載 TestForDownload1] 下載進度 :34.38%
[下載 TestForDownload1] 下載進度 :38.20%
[下載 TestForDownload1] 下載進度 :42.02%
[下載 TestForDownload1] 下載進度 :45.84%
[下載 TestForDownload1] 下載進度 :49.66%
[下載 TestForDownload1] 下載進度 :53.48%
[下載 TestForDownload1] 下載進度 :57.30%
[下載 TestForDownload2] 下載進度 :29.67%
[下載 TestForDownload2] 下載進度 :59.34%
[下載 TestForDownload2] 下載進度 :89.01%

```
[ 下載 TestForDownload1] 下載進度 :61.12%
[ 下載 TestForDownload2] 下載進度 :118.67%
[ 下載 TestForDownload2] 檔下載完成！
[ 下載 TestForDownload1] 下載進度 :64.94%
[ 下載 TestForDownload1] 下載進度 :68.76%
[ 下載 TestForDownload1] 下載進度 :72.58%
[ 下載 TestForDownload1] 下載進度 :76.40%
[ 下載 TestForDownload1] 下載進度 :80.22%
[ 下載 TestForDownload1] 下載進度 :84.04%
[ 下載 TestForDownload1] 下載進度 :87.86%
[ 下載 TestForDownload1] 下載進度 :91.68%
[ 下載 TestForDownload1] 下載進度 :95.50%
[ 下載 TestForDownload1] 下載進度 :99.32%
[ 下載 TestForDownload1] 下載進度 :103.14%
[ 下載 TestForDownload1] 檔下載完成！
```

23.5　應用場景

（1）在協力廠商庫和框架中。

（2）非同步執行（例如讀檔、發送 HTTP 請求）。

（3）在需要更多通用功能的地方，更好地實現抽象（可處理各種類型的函數）。

第 24 章

深入解讀 MVC 模式

24.1　從生活中領悟 MVC 模式

24.1.1　故事劇情—定格最美的一瞬間

現在很多人都喜歡拍照，朋友圈裡每天都充斥著人們生活、工作、旅行的照片；特別是每逢假期，更是被各種刷屏！雖然有些人只是純粹地為了博得點讚與關注，滿足小小的虛榮心，但更多的人是為了記錄生活中美好的瞬間，跟朋友們分享此刻的狀態與心情。攝影的最大意義也在於此：**定格最美的你和最感人的瞬間！**

要拍出好看的照片，必須要有好的設備。今年雙 11，Tony 給自己準備了一個禮物—相機，他要開始培養一種新的愛好，提升自己的審美水準！（" 攝影毀一生，單反窮三代 " 的節奏要開始了……）

相機一到，Tony 就迫不及待地打開包裝，塞上電源，裝上鏡頭，好了！快門一按，照片出來了，打開顯示器—" 嗯，畫質不錯！" 剛說完，2 秒之後，圖片沒了！這是怎麼回事呢？研究半天才知道，原來相機裡沒有存儲卡！買的時候以為是自帶機身記憶體的，現在才知道相機大部分是不帶機身記憶體的。

單反最大的好處是可以更新鏡頭，更換記憶體；除此之外，Tony 的 EOS 80D 還有一項獨特的功能—EOS Utility，透過它可以連接手機、筆記本，這樣就可以在手機和電腦上查看圖片、視訊了。

24.1.2　用程式來類比生活

很多人都喜歡攝影，但並不是所有人都知道相機的構成和工作流程。一部完整的（單反）相機主要由兩部分組成：機身和鏡頭。機身通常會附帶一個顯示器，此外你還需要一張 SD 卡,當然電源也是必需的。因此相機的功能性部件有四個:鏡頭、機身、SD 卡、顯示器。它們各司其職,構成相機的完整功能。**鏡頭**用於採集圖像,**機身**負責控制快門、光圈和感光度(拍攝的模式和功能),**SD 卡**用來存儲圖像,**顯示器**用來查看圖像、視訊。

用相機拍攝照片的整個工作流程大致是這樣的:

(1)根據拍攝的場景和模特,透過機身的各個控制按鈕調整好各項設置(快門、光圈和感光度、測光等)。

(2)進行構圖和對焦(突出關鍵目標)。

(3)按下快門進行拍照,拍照的原理是透過鏡頭採集圖像,光線透過鏡頭進入電子感應器,電子感應器接收光線並處理,轉換成數位信號後記錄到 SD 卡中。

(4)打開顯示器查看拍攝的圖像,觀看拍攝的效果。

我們用程式來類比一下用相機拍攝照片的整個工作流程。

程式實例 p24_1.py　模擬故事劇情

```python
# p24_1.py
import random
# 引入亂數模組


class Camera:
    """ 相機機身 """
    # 對焦類型
    SingleFocus = " 單點對焦 "
    AreaFocus = " 區域對焦 "
    BigAreaFocus = " 大區域對焦 "
    Focus45 = "45 點自動對焦 "
    def _init_(self, name):
        self._name = name
        self._aperture = 0.0        # 光圈
        self._shutterSpeed = 0      # 快門速度
        self._ligthSensitivity = 0 # 感光度
        self._lens = Lens()         # 鏡頭
        self._sdCard = SDCard()     # SD 卡
        self._display = Display()   # 顯示器
```

```python
    def shooting(self):
        """ 拍照 """
        print("[ 開始拍攝中 ")
        imageLighting = self._lens.collecting()
        # 透過快門、光圈和感光度、測光來控制拍攝的過程，省略此部分
        image = self._transferImage(imageLighting)
        self._sdCard.addImage(image)
        print(" 拍攝完成 ]")
    def viewImage(self, index):
        """ 查看圖像 """
        print(" 查看第 %d 張圖像：" % (index + 1))
        image = self._sdCard.getImage(index)
        self._display.showImage(image)
    def _transferImage(self, imageLighting):
        """ 接收光線並處理成數位信號，簡單類比 """
        print(" 接收光線並處理成數位信號 ")
        return Image(6000, 4000, imageLighting)
    def setting(self, aperture, shutterSpeed, ligthSensitivity):
        """ 設置相機的拍攝屬性：光圈、快門、感光度 """
        self._aperture = aperture
        self._shutterSpeed = shutterSpeed
        self._ligthSensitivity = ligthSensitivity
    def focusing(self, focusMode):
        """ 對焦，要透過鏡頭來調節焦點 """
        self._lens.setFocus(focusMode)
    def showInfo(self):
        """ 顯示相機的屬性 """
        print("%s 的設置    光圈：F%0.1f   快門：1/%d   感光度：ISO %d" %
            (self._name, self._aperture, self._shutterSpeed, self._ligthSensitivity))


class Lens:
    """ 鏡頭 """
    def _init_(self):
        self._focusMode = ''     # 對焦
        self._scenes = {0 : ' 風光 ', 1 : ' 生態 ', 2 : ' 人文 ', 3 : ' 紀實 ', 4 : ' 人像 ', 5 : ' 建築 '}
    def setFocus(self, focusMode):
        self._focusMode = focusMode
    def collecting(self):
        """ 圖像採集，採用隨機的方式來類比自然的拍攝過程 """
```

```
        print(" 採集光線，%s" % self._focusMode)
        index = random.randint(0, len(self._scenes)-1)
        scens = self._scenes[index]
        return " 美麗的 " + scens + " 圖像 "


class Display:
    """ 顯示器 """
    def showImage(self, image):
        print(" 圖片大小：%d x %d，　圖片內容：%s" % (image.getWidth(), image.getHeight(),
image.getPix()))


class SDCard:
    """SD 存儲卡 """
    def _init_(self):
        self._images = []
    def addImage(self, image):
        print(" 存儲圖像 ")
        self._images.append(image)
    def gctImage(self, index):
        if (index >= 0 and index < len(self._images)):
            return self._images[index]
        else:
            return None


class Image:
    """ 圖像 ( 圖片 )，方便起見用字串來代表圖像的內容 ( 圖元 )"""
    def _init_(self, width, height, pixels):
        self._width = width
        self._height = height
        self._pixels = pixels
    def getWidth(self):
        return  self._width
    def getHeight(self):
        return self._height
    def getPix(self):
        return self._pixels


def testCamera():
    camera = Camera("EOS 80D")
```

```
    camera.setting(3.5, 60, 200)

    camera.showInfo()

    camera.focusing(Camera.BigAreaFocus)

    camera.shooting()

    print()

    camera.setting(5.6, 720, 100)

    camera.showInfo()

    camera.focusing(Camera.Focus45)

    camera.shooting()

    print()

    camera.viewImage(0)

    camera.viewImage(1)


testCamera()
```

```
================= RESTART: D:/Design_Patterns/ch24/p24_1.py =================
EOS 80D的設置　　光圈：F3.5　快門：1/60　感光度：ISO 200
[開始拍攝中
採集光線，大區域對焦
接收光線並處理成數位信號
存儲圖像
拍攝完成]

EOS 80D的設置　　光圈：F5.6　快門：1/720　感光度：ISO 100
[開始拍攝中
採集光線，45點自動對焦
接收光線並處理成數位信號
存儲圖像
拍攝完成]

查看第1張圖像：
圖片大小：6000 x 4000，　圖片內容：美麗的 建築 圖像
查看第2張圖像：
圖片大小：6000 x 4000，　圖片內容：美麗的 人像 圖像
```

24.2　從劇情中思考 MVC 模式

　　相機有四個關鍵的功能性部件：鏡頭、機身、SD 卡和顯示器。拍攝相關的各項操作基本都是透過機身的各個控制按鈕來實現的。鏡頭負責採集圖像，顯示器負責顯示圖像，SD 卡負責存儲圖像，機身負責調節和控制鏡頭、顯示器和 SD 卡。它們各司其職，構成相機的完整功能。如同相機中各個部件的架構，在程式中也一種類似的架構，叫 MVC 模式。

　　MVC 將程式的各個模組進行分層，M（Model）負責資料的存儲，V（View）負責資料的顯示，C（Controller）負責與使用者的交互邏輯，也就是業務邏輯。

24.2.1　MVC 模式

MVC 模式是軟體工程中的一種軟體架構模式，把軟體系統分為三個基本部分：模型（Model）、視圖（View）和控制器（Controller）。

模型負責資料的持久化（也就是存儲）；視圖負責資料的輸入和顯示，直接和使用者交互的一層，如大家看到的網站的頁面內容、在表單上輸入的資料；控制器負責具體的業務邏輯，根據使用者的請求內容操作相應的模型和視圖。

MVC 模式到目前為止沒有一個標準的定義，但它的應用卻廣泛到讓每一個程式師都耳熟能詳。不同的框架、不同的組織對 MVC 模式的理解都不太一樣，" 什麼是標準的 MVC 模式 " 便成了眾多程式師茶餘飯後的一個話題。但有一點是公認的：MVC 模式將程式分成了三層，即模型層（Model）、視圖層（View）和控制層（Controller）。軟體的分層是為了更好地對軟體進行解耦，不同的層可以獨立開發，既方便團隊的分工合作，也增強了程式的可維護性。

故事劇情中的相機就是對 MVC 模式非常形象的一個比喻：SD 卡相當於模型層（Model），進行圖像的存儲；鏡頭和顯示器相當於視圖層（View），分別負責採集圖像和顯示圖像；而機身相當於控制層（Controller），負責拍攝相關的控制，以及對鏡頭、顯示器和 SD 卡的相關調度。

24.2.2　與仲介模式的聯繫

仲介模式透過一個仲介物件來封裝一系列的物件交互，使多個物件之間不需要顯式地相互引用，從而使其耦合鬆散。MVC 模式可以理解成對仲介模式的一種延伸，可以將仲介模式提升到一個更高的系統架構層次。MVC 中的 "C"（Controller）就充當著仲介的角色，負責把 "M"（Model）和 "V"（View）隔離開，協調 M 和 V 的協同工作。

24.2.3　與面板模式的聯繫

面板模式的核心思維是：用一個簡單的介面來封裝一個複雜的系統，使這個系統更容易使用，也就是對軟體進行分層，不同的層實現不同的功能。

而 MVC 模式將這一思維應用到了極致，它將軟體拆分成視圖層、模型層和控制層。這種拆分方式被廣泛應用于現今的很多軟體，特別是 Web 網站。

24.3　MVC 模式的模型抽象

24.3.1　MVC

最初的 MVC 模式框架圖如圖 24-1 所示。

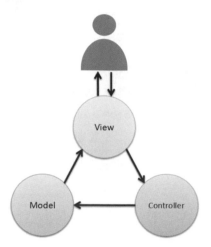

圖 24-1　最初的 MVC 模式框架圖

（1）User 直接與 View 進行交互；

（2）View 傳送指令到 Controller；

（3）Controller 完成業務邏輯後，要求 Model 更新資料和狀態；

（4）Model 將新的資料發送到 View，使用者得到回饋。

24.3.2　MVP

　　MVP 是 MVC 的一個變種，很多框架都自稱遵循 MVC 模式，但是實際上它們卻實現的是 MVP 模式；在 MVP 中使用 Presenter 對視圖和模型進行解耦，視圖和模型獨立發展，互不干擾，溝通都透過 Presenter 進行。

　　MVP 模式框架圖如圖 24-2 所示。

　　（1）Presenter 相當於 MVC 中的 Controller，負責業務邏輯的處理；

（2）Model 和 View 不能直接通信，只能透過 Presenter 間接地通信；

（3）Presenter 與 Model、Presenter 與 View 是雙向通信；

（4）Presenter 協調和控制 Model 與 View 的工作。

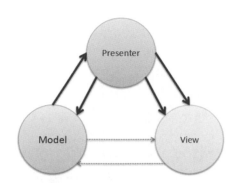

圖 24-2　MVP 模式框架圖

其實 MVP 模式被應用得更為廣泛，很多著名的框架都用的是這種模式，如 Java 的 Spring MVC，PHP 的 Laravel。故事劇情中相機的範例程式碼（程式實例 p24_1.py）也用的是這種模式。

24.3.3　MVVM

MVVM（Model-View-ViewModel）最早由微軟提出，ViewModel 指 "Model of View"，即 " 視圖的模型 "，它將 View 的狀態和行為抽象化，讓我們可以將 UI 和業務邏輯分開。

MVVM 模式架構圖如圖 24-3 所示。

在 MVP 中，Presenter 負責協調和控制 Model 與 View 的工作，保證 Model 和 View 的資料即時同步和更新，但這個操作需要程式師寫程式碼手動控制。而 MVVM 中 ViewModel 把 View 和 Model 的同步邏輯自動化了，以前 Presenter 負責的 View 和 Model 同步不再需要手動地進行操作，而是交給框架所提供的資料綁定功能來負責，只需要告訴它 View 顯示的資料對應的是 Model 的哪一部分即可。

MVVM 模式的最佳實踐當屬前端的 Vue.js 框架。Vue.js 專注於 MVVM 中的 View-Model，不僅做到了資料雙向綁定，而且也是一個相對羽量級的 JS 庫。

　　雙向資料綁定可以簡單地理解為一個範本引擎，當視圖改變時更新模型，當模型改變時更新視圖，如圖 24-4 所示。不同的框架實現雙向資料綁定的技術有所不同，Vue 採用資料劫持和發佈 - 訂閱模式的方式。

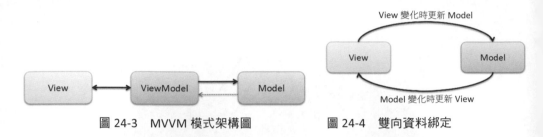

圖 24-3　MVVM 模式架構圖　　　圖 24-4　雙向資料綁定

　　MVVM 也是 MVC 的一個變種。從 MVC 到 MVP，再到 MVVM，就像一個打怪升級的過程，軟體架構模式隨著軟體技術的升級而不斷發展和延伸。

24.3.4　模型說明

1. 設計要點

　　MVC 模式有三個關鍵的角色，在設計 MVC 模式時要找到並區分這些角色。

　　（1）**模型（Model）**：負責資料的存儲和管理。

　　（2）**視圖（View）**：負責資料的輸入和顯示，是直接和使用者交互的一層。

　　（3）**控制器（Controller）**：負責具體的業務邏輯，根據使用者的請求內容操作相應的模型和視圖。

2. MVC 模式的優缺點

　　優點：

　　（1）低耦合性。MVC 模式將視圖和模型分離，可以獨立發展。

　　（2）高重用性和可適用性。對於某些應用，我們可能會有不同的端，如 Web 端、移動端、桌面端，但它們使用的使用者資料是相同的，因此可以用同一套服務端程式碼，即 M 層和 C 層是相同的。

（3）快速開發，快速部署。有很多現成的框架本身就是採用 MVC 模式進行設計的，如 Java 的 Spring MVC、PHP 的 ThinkPHP，採用這些框架可以快速地進行開發。

（4）方便團隊合作。將軟體分成三層後，可以由不同的人員負責不同的模組。

缺點：

增加了系統結構和實現的複雜性。對於簡單的介面，嚴格遵循 MVC 會使模型、視圖與控制器分離，增加很多程式碼。

24.4　應用場景

MVC 的應用可謂隨處可見，幾乎可在各大成熟的框架中看到它的影子。MVC 最核心的思維是軟體分層，將軟體分成模型層、視圖層和控制層。

最早期的軟體，邏輯程式碼、介面程式碼、資料混雜在一起，像一碗義大利面，如圖 24-5 所示。

後來有了資料庫，有了各種存儲介質，於是就有了模型層，但這時介面程式碼和邏輯程式碼還是混雜在一起的，如圖 24-6 所示。如 JSP 程式碼中會同時摻雜 HTML 的網頁程式碼和 Java 的控制程式碼，只是透過 Java Bean 將模型層給獨立出去了；PHP 的程式碼中也會同時包含 HTML 的網頁程式碼和 PHP 的控制程式碼。

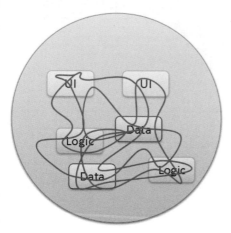

圖 24-5　義大利麵式的軟體

圖 24-6　早期的 Web 網站

　　隨著互聯網的發展，網站的業務邏輯越來越複雜，這種前後端一站式的架構越來不能滿足時代的要求。這時出現了前後端分離，前端一個項目，後端一個項目；前端透過 AJAX 請求後端的介面，後端負責業務邏輯和資料的存儲，後端處理完請求後透過 HTTP 協定將資料返回給前端，如圖 24-7 所示。

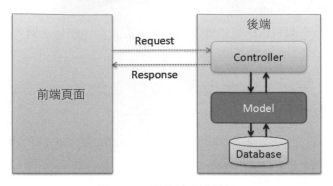

圖 24-7　前後端分離框架

　　互聯網發展非常迅速，資料越來越來多，業務也越來越複雜。為了回應快速開發、快速部署的要求，前後端都出現了很多成熟的框架，而每一個框架幾乎都可用 MVC 模式來實現。這時，前端應用 MVC 模式（前端的 Model 並不持久化資料，只是緩存資料或臨時資料），後端也用 MVC 模式。我們如果站在一個更高的層次看，整個網站也是一種 MVC 模式，前端相當於 View，而後端同時負責 Controller 和 Model（伺服器程式碼相當於 Controller，資料庫相當於 Model）；用戶直接與前端進行交互，根本不知道有後端的存在，如圖 24-8 所示。

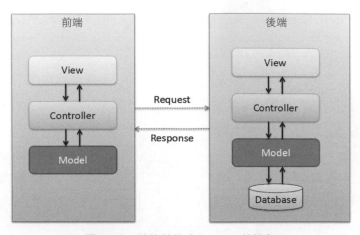

圖 24-8　前後端均應用 MVC 的構架

第三篇

經驗篇

第 25 章

關於設計模式的理解

25.1　眾多書籍之下為何還要寫此書

設計模式可謂老生常談了，我曾經思考過很長一段時間要不要寫這本書，因為這一主題的書籍太多了，網上免費的資料也非常多。思考再三，最終決定寫它，主要有以下幾個原因：

（1）網上的資料雖然非常多，但就如同你所知的，網上資料一大抄！內容極其雷同而粗淺。

（2）講設計模式的書籍雖然非常多，但用 Python 來描述的非常少，僅有的那麼幾本也是從國外翻譯過來的，內容多少會有些變味。

（3）能把抽象難懂的設計模式講得通俗易懂、妙趣橫生的非常少。

25.2　設計模式玄嗎

我覺得它玄，也不玄！

怎麼講呢？《孫子兵法》玄不玄？也玄！因為芸芸眾生中能看懂、悟透的人很少，能真正靈活應用的人更少！而且戰爭的成敗受眾多因素的影響，如天時、地利、人和。但你要問中國歷代名將中有哪個不讀《孫子兵法》的？幾乎沒有，如三國的曹操、南宋的岳飛、明代的戚繼光，這些人可謂把兵法用得出神入化了。兩千多年來世界上其他沒看過《孫子兵法》的國家是怎麼打仗的？照樣打。沒學過兵法的人就不會使用裡面的計策嗎？當然會用，而且經常用。比如 " 借刀殺人 "，相信這個計策人們在耍小聰明的時候都用過；而 " 打草驚蛇 " 這個計策估計連小孩都會用。這樣的例子還有很多，只是你不知道古代已經有人把它總結成 " 戰爭模式 " 了。所以說《孫子兵法》其實也不玄。

同樣的道理，" 設計模式 " 是一套被反覆使用的、被多數人知曉的、被無數工程師實踐的程式碼設計經驗的總結。因為它比較抽象，沒有一定的程式設計經驗很難讀懂，更不能理解其精髓，所以很多人覺得它玄。但真正的架構師和優秀的程式師幾乎沒有不看設計模式的。能把設計模式應用得爐火純青的，那就是大神。同樣的問題：沒有學過設計模式就不會使用設計模式了嗎？當然不是！只要你有兩年以上的程式設計經驗，像範本模式、單例模式、適配（Wrapper）模式，這些你肯定用過（哪怕你沒有看過一本講設計模式的書），只是你不知道有前人已經總結成書了。所以說設計模式其實也不玄！

在網上看到一句話，我還是很贊同的：

對於 10 萬行以下的程式碼量的漢子來說，設計模式 = 玄學；

對於 10~50 萬行程式碼量的漢子來說，設計模式 = 科學；

對於 50 萬行以上程式碼量的漢子來說，設計模式 = 文學。

25.3　如何區分不同的模式

設計模式是對物件導向思維的常見使用場景的總結和歸納。設計模式之間的區分，更多的要從它們的含義和應用場景來區分，而不應該從它們的類別圖結構來區分。

策略模式、狀態模式、橋接模式這三種模式的類別圖幾乎是完全一樣的。從物件導向的繼承、多態、封裝的角度來分析，它們是完全一樣的。

但它們的實際應用場景不同，側重點不同。策略模式側重的是演算法的變更導致執行結果的差異，狀態模式側重的是物件本身狀態的改變導致行為的變化，而橋模式接強調的是實現與抽象的分離。

25.4　程式設計思維的三重境界

所以有人說：**設計模式這東西很虛！**要我說：**它確實虛！**如果它看得見摸得著，那我就沒必要講了。設計模式是物件導向思維的高度提煉和範本化。既然是思維，能不虛嗎？它就像道家裡面的 " 道 " 的理念，每個人對 " 道 " 的理解是不一樣的，對 " 道 " 的認知也有不同的境界，而不同的境界對應著不同的修為。

宋代禪宗大師青原行思提出參禪的三重境界：

參禪之初，看山是山，看水是水；禪有悟時，看山不是山，看水不是水；禪中徹悟，看山仍是山，看水仍是水。

上面講述的是對禪道的認識的三重不同境界。設計模式既然是一種程式設計思維，那也會有不同的境界，我這裡也將它概括為三重境界。

- **一重境界**：依葫蘆畫瓢。這屬於初學階段，以為設計模式只有書中提到的那幾種，能把模式名稱倒背如流，但真正要用時，還得去翻書，依據類別圖照搬照改。

- **二重境界**：靈活運用。這屬於中級階段，即對每一種設計模式都非常熟悉，有較深入的思考，而且能夠根據實際的業務場景選擇合適的模式，並對相應的模式進行恰當的修改以符合實際需求。

- **三重境界**：心中無模式。這算最終階段，這裡說無模式並非不使用設計模式，而是設計模式的理念已經融入使用者的靈魂和血液，已經不在乎具體使用哪種通用模式了，但寫出的每一處程式碼都遵循了設計的原則，能靈活地創造和使用新的模式（可能這種模式使用者自己也不知道該叫什麼）。這就是所謂的**心中無模式卻處處有模式**。

第 26 章

關於設計原則的思考

如果說**設計模式**是物件導向程式設計的程式設計思維，那麼**設計原則**就是這些程式設計思維的指導總綱。SOLID 原則是眾多設計原則中威力最大、最廣為人知的五大原則，除 SOLID 原則外，還有一些更為簡單實用的原則。

26.1　SOLID 原則

SOLID 是物件導向設計（OOD）的五大基本原則的首字母縮寫組合，由俗稱 " 鮑勃大叔 " 的 Robert C. Martin 在《敏捷軟體發展：原則、模式與實踐》一書中提出來。這些原則結合在一起能夠指導程式師開發出易於維護和擴展的軟體。這五大原則分別是：S—單一職責原則，O—開放封閉原則，L—裡氏替換原則，I—介面隔離原則，D—依賴倒置原則

26.1.1　單一職責原則

單一職責原則，即 Single Responsibility Principle，簡稱 SRP。

1. 核心思維

> A class should have only one reason to change.
>
> 一個類別應該有且僅有一個原因引起它的變更。

這句話這樣說可能不太容易理解，解釋一下。類別 T 負責兩個不同的職責（可以理解為功能）：職責 P1，職責 P2。當由於職責 P1 需求發生改變而需要修改類別 T 時，可能會導致原本運行正常的職責 P2 功能發生故障，這就不符合單一職責原則。這時就應該將類別 T 拆分成兩個類別 T1、T2，使 T1 完成職責 P1 功能，T2 完成職責 P2 功能。這樣，當修改類別 T1 時，不會使職責 P2 存在故障風險；同理，當修改 T2 時，也不會使職責 P1 存在故障風險。

2. 通俗來講

一個類別只負責一項功能或一類別相似的功能。

當然這個 " 一 " 並不是絕對的，應該理解為一個類別只負責盡可能獨立的一項功能，盡可能少的職責。就好比一個人的精力、時間都是有限的，如果什麼事情都做，那麼什麼事情都做不好；所以應該集中精力做一件事，才能把事情做好。

3. 案例分析

眾所周知，動物都能運動，我們用跑來表示運動。產品經理告訴你，我們的動物只有陸生的哺乳動物，那麼我們定義一個動物的類別。

程式實例 p26_1.py

```python
# p26_1.py
class Animal:
    """ 動物 """
    def _init_(self, name):
        self._name = name

    def running(self):
        print(self._name + " 在跑 ...")

Animal(" 貓 ").running()
Animal(" 狗 ").running()
```

執行結果
```
================= RESTART: D:/Design_Patterns/ch26/p26_1.py =================
貓在跑...
狗在跑...
```

這樣定義完全沒有問題，一個類別只負責一項功能。但過了兩天，產品經理告訴你，我們的動物不只有陸生動物，還有水生動物（如魚類別），水生動物在水裡遊。這個時候你怎麼辦？

好好改程式碼吧！這個時候，我們可能會有三種寫法。

程式實例 p26_2.py　方法一

```python
# p26_2.py
class Animal:
    """ 動物 """
    def _init_(self, name, type):
        self._name = name
        self._type = type
    def running(self):
        if(self._type == " 水生 "):
```

```
            print(self._name + " 在水裡遊...")
        else:
            print(self._name + " 在陸上跑...")

Animal(" 狗 ", " 陸生 ").running()
Animal(" 魚 ", " 水生 ").running()
```

執行結果
```
================= RESTART: D:/Design_Patterns/ch26/p26_2.py =================
狗在陸上跑...
魚在水裡遊...
```

　　這種寫法，改起來相對快速，但在程式碼的方法級別就違背了單一職責原則，因為影響 running 這個功能的因素有兩個，一個是陸地的因素，另一個是水質的因素。如果哪一天要區分是在池塘裡遊還是在海裡遊，就又得修改 running 方法（增加 if... else... 判斷），這種修改對陸地上跑的動物來說，存在極大的隱患。可能哪一天程式突然出現 bug，就會出現 " 駱駝在海裡遊 "。

程式實例 p26_3.py　方法二

```python
# p26_3.py
class Animal:
    """ 動物 """
    def _init_(self, name):
        self._name = name
    def running(self):
        print(self._name + " 在陸上跑...")
    def swimming(self):
        print(self._name + " 在水裡遊...")

Animal(" 狗 ").running()
Animal(" 魚 ").swimming()
```

執行結果
```
================= RESTART: D:/Design_Patterns/ch26/p26_3.py =================
狗在陸上跑...
魚在水裡遊...
```

　　這種寫法在程式碼的方法級別上是符合單一職責原則的，一個方法負責一項功能，因水質的原因修改 swimming 方法不會影響陸生動物的 running 方法。但在類別的級別上它是不符合單一職責原則的，因為它同時可以幹兩件事情：跑和遊。而且這種寫法給用戶增加了麻煩，呼叫方需要時刻明白哪種動物是會跑的，哪種動物是會游泳的；不然就很可能會出現 " 狗呼叫了 swimming 方法，魚呼叫了 running 方法 " 的窘境。

程式實例 p26_4.py　方法三

```
# p26_4.py
class TerrestrialAnimal():
    """ 陸生生物 """
    def _init_(self, name):
        self._name = name
    def running(self):
        print(self._name + " 在陸上跑 ...")

class AquaticAnimal():
    """ 水生生物 """
    def _init_(self, name):
        self._name = name
    def swimming(self):
        print(self._name + " 在水裡遊 ...")

TerrestrialAnimal(" 狗 ").running()
AquaticAnimal(" 魚 ").swimming()
```

執行結果

```
================= RESTART: D:/Design_Patterns/ch26/p26_4.py =================
狗在陸上跑...
魚在水裡遊...
```

　　這種寫法就符合單一職責原則。此時影響動物移動的因素有兩個：一個是陸地的因素，另一個水質的因素；動物對應兩個職責：一個是跑，另一個是遊。所以我們將動物根據不同的職責拆分成陸生生物（TerrestrialAnimal）和水生生物（AquaticAnimal）。

4. 優缺點

　　優點：

　　（1）功能單一，職責清晰。

　　（2）增強可讀性，方便維護。

缺點：

（1）拆分得太詳細，類別的數量會急劇增加。

（2）職責的度量沒有統一的標準，需要根據專案實現情況而定。

26.1.2　開放封閉原則

開放封閉原則，即 Open Close Principle，簡稱 OCP。

1. 核心思維

Software entities (classes, modules, functions, etc.) should be open for extension, but closed for modification.

軟體實體（如類別、模組、函數等）應該對拓展開放，對修改封閉。

2. 通俗來講

在一個軟體產品的生命週期內，不可避免會有一些業務和需求的變化，我們在設計程式碼的時候應該盡可能地考慮這些變化。在增加一個功能時，應當盡可能地不去改動已有的程式碼；當修改一個模組時不應該影響到其他模組。

3. 案例分析

我們還是以上面的動物為例，假設有這樣一個場景：動物園裡有很多種動物，遊客希望觀察每一種動物是怎樣活動的。

根據程式實例 p26_4.py 的程式碼，我們可能會寫出如下這樣的呼叫方式。

程式實例 p26_5.py　觀察動物的活動情況

```
# p26_5.py
from p26_4 import TerrestrialAnimal, AquaticAnimal


class Zoo:
    """ 動物園 """
    def _init_(self):
        self._animals =[
```

```
            TerrestrialAnimal(" 狗 "),
            AquaticAnimal(" 魚 ")
        ]
    def displayActivity(self):
        for animal in self._animals:
            if isinstance(animal, TerrestrialAnimal):
                animal.running()
            else:
                animal.swimming()


zoo = Zoo()
zoo.displayActivity()
```

執行結果
```
================= RESTART: D:/Design_Patterns/ch26/p26_5.py =================
狗在陸上跑...
魚在水裡遊...
狗在陸上跑...
魚在水裡遊...
```

　　這種寫法目前是沒有問題的，但如果要再加一個類別型的動物（如鳥類別，鳥是會飛的），這個時候就又得修改 displayActivity() 方法，再增加一個 if... else... 判斷。

```
def displayActivity(self):
        for animal in self._animals:
                if isinstance(animal, TerrestrialAnimal):
                        animal.running()
                elif isinstance(animal, BirdAnimal)
                        animal.flying()
                else:
                        animal.swimming()
```

　　這是不符合 " 開放封閉原則 " 的，因為每增加一個類別就要修改 displayActivity() 法，我們要將修改關閉，這時我們就要重新設計程式碼。

程式實例 p26_6.py　遵循開放封閉原則的設計

```
# p26_6.py

from abc import ABCMeta, abstractmethod
```

```python
# 引入 ABCMeta 和 abstractmethod 來定義抽象類別和抽象方法

class Animal(metaclass=ABCMeta):
    """ 動物 """
    def _init_(self, name):
        self._name = name
    @abstractmethod
    def moving(self):
        pass

class TerrestrialAnimal(Animal):
    """ 陸生生物 """
    def _init_(self, name):
        super()._init_(name)
    def moving(self):
        print(self._name + " 在陸上跑 ...")

class AquaticAnimal(Animal):
    """ 水生生物 """
    def _init_(self, name):
        super()._init_(name)
    def moving(self):
        print(self._name + " 在水裡遊 ...")

class BirdAnimal(Animal):
    """ 鳥類動物 """
    def _init_(self, name):
        super()._init_(name)
    def moving(self):
        print(self._name + " 在天空飛 ...")

class Zoo:
    """ 動物園 """
    def _init_(self):
        self._animals =[]
    def addAnimal(self, animal):
        self._animals.append(animal)
```

```
    def displayActivity(self):
        print(" 觀察每一種動物的活動方式：")
        for animal in self._animals:
            animal.moving()

def testZoo():
    zoo = Zoo()
    zoo.addAnimal(TerrestrialAnimal(" 狗 "))
    zoo.addAnimal(AquaticAnimal(" 魚 "))
    zoo.addAnimal(BirdAnimal(" 鳥 "))
    zoo.displayActivity()


testZoo()
```

執行結果

```
================= RESTART: D:/Design_Patterns/ch26/p26_6.py =================
觀察每一種動物的活動方式：
狗在陸上跑...
魚在水裡遊...
鳥在天空飛...
```

　　這時我們把各種類型的動物抽象出了一個基類別—動物類別（Animal）；同時把遊（swimming）和飛（flying）的動作也抽象成了移動（moving）。這樣我們每增加一種類型的動物，只要增加一個 Animal 的子類別即可，其他程式碼幾乎可以不用動；要修改一種類型動物的行為，只要修改對應的類別即可，其他的類別不受影響。這才是符合物件導向原則的設計。

26.1.3　裡氏替換原則

　　裡氏替換原則，即 Liskov Substitution Principle，簡稱 LSP。

1. 核心思維

　　Functions that use pointers to base classes must be able to use objects of derived classes without knowing it.

　　所有能引用基類別的地方必須能透明地使用其子類別的物件。

　　一個類別 T 有兩個子類別 T1、T2，凡是能夠使用 T 的物件的地方，就能使用 T1 的物件或 T2 的物件，這是因為子類別擁有父類別的所有屬性和行為。

2. 通俗來講

　　只要父類別能出現的地方子類別就能出現（就可以用子類別來替換它）。反之，子類別能出現的地方父類別不一定能出現（子類別擁有父類別的所有屬性和行為，但子類別拓展了更多的功能）。

3. 案例分析

　　我們還是以動物為例，陸地上的動物都能在地上跑，但猴子除了能在陸地上跑還會爬樹。因此我們可以為猴子單獨定義一個類別 Monkey，並在 Zoo 類別中增加一個觀察指定動物的爬樹行為的方法。

程式實例 p26_7.py　增加猴子類別

```
# p26_7.py
from p26_6 import BirdAnimal, TerrestrialAnimal, AquaticAnimal

class Monkey(TerrestrialAnimal):
    """ 猴子 """
    def _init_(self, name):
        super()._init_(name)

    def climbing(self):
        print(self._name + " 在爬樹，動作靈活輕盈 ...")

# 修改 Zoo 類別，增加 climbing 方法
class Zoo:
    """ 動物園 """
    def _init_(self):
        self._animals =[]
    def addAnimal(self, animal):
        self._animals.append(animal)
    def displayActivity(self):
        print(" 觀察每一種動物的活動方式：")
        for animal in self._animals:
            animal.moving()
    def monkeyClimbing(self, monkey):
        monkey.climbing()
```

```
def testZoo():
    zoo = Zoo()
    zoo.addAnimal(TerrestrialAnimal(" 狗 "))
    zoo.addAnimal(AquaticAnimal(" 魚 "))
    zoo.addAnimal(BirdAnimal(" 鳥 "))
    monkey = Monkey(" 猴子 ")
    zoo.addAnimal(monkey)
    zoo.displayActivity()
    print()
    print(" 觀察猴子的爬樹行為：")
    zoo.monkeyClimbing(monkey)

testZoo()
```

執行結果

```
================= RESTART: D:\Design_Patterns\ch26\p26_7.py =================
觀察每一種動物的活動方式：
狗在陸上跑...
魚在水裡遊...
鳥在天空飛...
觀察每一種動物的活動方式：
狗在陸上跑...
魚在水裡遊...
鳥在天空飛...
猴子在陸上跑...

觀察猴子的爬樹行為：
猴子在爬樹，動作靈活輕盈...
```

這裡 Zoo 的 addAnimal 方法接受 Animal 類別的物件，所以 Animal 子類別的物件
都能傳入。但 Zoo 的 monkeyClimbing 方法只接受 Monkey 類別的物件，當傳入 Terres-
trialAnimal（Monkey 的父類別）的物件時，程式將報錯。這說明子類別能出現的地方，
父類別不一定能出現。

26.1.4 依賴倒置原則

依賴倒置原則，即 Dependence Inversion Principle，簡稱 DIP。

1. 核心思維

> High level modules should not depend on low level modules; both should depend on abstractions. Abstractions should not depend on details. Details should depend upon abstractions.
>
> 高層模組不應該依賴低層模組，二者都該依賴其抽象。抽象不應該依賴細節，細節應該依賴抽象。

　　高層模組就是呼叫端，低層模組就是具體實現類別。抽象就是指介面或抽象類別，細節是指具體的實現類別。也就是說，我們只依賴抽象程式設計。

2. 通俗來講

　　把具有相同特徵或相似功能的類別，抽象成介面或抽象類別，讓具體的實現類別繼承這個抽象類別（或實現對應的介面）。抽象類別（介面）負責定義統一的方法，實現類別負責具體功能的實現。

3. 案例分析

　　在程式實例 p26_6.py（遵循開放封閉原則的設計）中，我們把各種類型的動物抽象成一個抽象類別 Animal，並定義了統一的方法 moving()，這也遵循了依賴倒置原則。我們的 Zoo（動物園）類別是一個高層模組，Zoo 類別中的 displayActivity() 方法依賴的是動物的抽象類別 Animal 和其定義的抽象方法 moving()，這就是高層模組依賴抽象而不是依賴細節的表現。

　　我們對這個案例進行一次更深層次的挖掘。我們知道民以食為天，動物更是如此，動物每天都要吃東西。一說到動物吃東西，你可能立刻就會想：狗喜歡吃肉，魚喜歡吃草，鳥喜歡吃蟲子！你在小學就會背了，哈哈！

　　如果讓你用程式來類比一下動物吃東西的過程，你會怎麼設計你的程式呢？你可能會不假思索地寫出下面這樣的程式碼。

程式實例 p26_8.py　動物吃東西

```python
# p26_8.py
class Dog:
```

```
        def eat(self, meat):
            pass


class Fish:
    def eat(self, grass):
        pass
```

如果寫出這樣的程式碼，那就糟糕了！ 因為這樣實現會有兩個問題：

（1）每一種動物，你都需要為其定義一個食物類別，高度依賴於細節。

（2）每一種動物只能吃一種東西（它最喜歡的食物），這與現實相違背。如：貓不僅喜歡吃老鼠，還喜歡吃魚；不僅魚喜歡吃草，牛也喜歡吃草。

這個時候就應該遵循**依賴倒置原則**來進行設計：抽象出一個食物（Food）類別，動物（Animal）應該依賴食物的抽象類別 Food，而不應該依賴具體的細節（具體的食物）。我們根據這一原則來設計一下程式碼，如程式實例 p26_9.py 所示。

程式實例 p26_9.py　遵循依賴倒置原則的設計

```python
# p26_9.py

from abc import ABCMeta, abstractmethod
# 引入 ABCMeta 和 abstractmethod 來定義抽象類別和抽象方法


class Animal(metaclass=ABCMeta):
    """ 動物 """
    def _init_(self, name):
        self._name = name
    def eat(self, food):
        if(self.checkFood(food)):
            print(self._name + " 進食 " + food.getName())
        else:
            print(self._name + " 不吃 " + food.getName())
    @abstractmethod
    def checkFood(self, food):
        """ 檢查哪種食物能吃 """
        pass
```

```python
class Dog(Animal):
    """ 狗 """
    def _init_(self):
        super()._init_(" 狗 ")
    def checkFood(self, food):
        return food.category() == " 肉類 "

class Swallow(Animal):
    """ 燕子 """
    def _init_(self):
        super()._init_(" 燕子 ")
    def checkFood(self, food):
        return food.category() == " 昆蟲 "

class Food(metaclass=ABCMeta):
    """ 食物 """
    def _init_(self, name):
        self._name = name
    def getName(self):
        return self._name
    @abstractmethod
    def category(self):
        """ 食物類別 """
        pass
    @abstractmethod
    def nutrient(self):
        """ 營養成分 """
        pass

class Meat(Food):
    """ 肉 """
    def _init_(self):
        super()._init_(" 肉 ")
    def category(self):
        return " 肉類 "
    def nutrient(self):
```

```
        return " 蛋白質、脂肪 "


class Worm(Food):
    """ 蟲子 """
    def _init_(self):
        super()._init_(" 蟲子 ")
    def category(self):
        return " 昆蟲 "
    def nutrient(self):
        return " 蛋白質含、微量元素 "


def testFood():
    dog = Dog()
    swallow = Swallow()
    meat = Meat()
    worm = Worm()
    dog.eat(meat)
    dog.eat(worm)
    swallow.eat(meat)
    swallow.eat(worm)


testFood()
```

執行結果

```
================= RESTART: D:/Design_Patterns/ch26/p26_9.py =================
狗進食肉
狗不吃蟲子
燕子不吃肉
燕子進食蟲子
```

　　在這個例子中，動物抽象出一個父類別 Animal，食物也抽象出一個抽象類別 Food。Animal 抽象不依賴於細節（具體的食物類別），具體的動物（如 Dog）也不依賴於細節（具體的食物類別）。就是說我們只依賴抽象程式設計。程式實例 p26_9.py 的實現可用類別圖表示，如圖 26-1 所示。

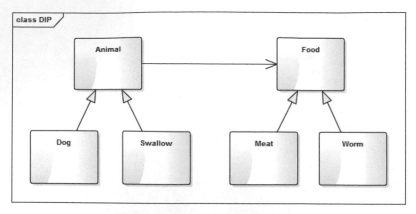

圖 26-1　遵循依賴倒置原則的設計

26.1.5　介面隔離原則

介面隔離原則，即 Interface Segregation Principle，簡稱 ISP。

1. 核心思維

> Clients should not be forced to depend upon interfaces that they don't use. Instead of one fat interface many small interfaces are preferred based on groups of methods, each one serving one submodule.
>
> 用戶端不應該依賴它不需要的介面。用多個細細微性的介面來替代由多個方法組成的複雜介面，每一個介面服務於一個子模組。

類別 A 透過介面 interface 依賴類別 C，類別 B 透過介面 interface 依賴類別 D，如果介面 interface 對於類別 A 和類別 B 來說不是最小介面，則類別 C 和類別 D 必須去實現它們不需要的方法。

2. 通俗來講

建立單一介面，不要建立龐大臃腫的介面，儘量細化介面，介面中的方法儘量少。也就是說，我們要為不同類別的類建立專用的介面，而不要試圖建立一個很龐大的接口供所有依賴它的類別呼叫。

　　介面儘量小，但是要有限度。當發現一個介面過於臃腫時，就要對這個介面進行適當的拆分。但是如果介面過小，則會造成介面數量過多，使設計複雜化。所以介面大小一定要適度。

3. 案例分析

　　我們知道在生物學分類中，從高到低有界、門（含亞門）、綱、目、科、屬、種七個等級。脊椎動物就是脊索動物的一個亞門，是萬千動物中數量最多、結構最複雜的一個門類別。哺乳動物（也稱獸類別）、鳥類別、魚類別是脊椎動物中最重要的三個子分類別；哺乳動物大都生活於陸地，魚類別都生活在水裡，而鳥類別大都能飛行。

　　但這些特性並不是絕對的，如蝙蝠是哺乳動物，但它卻能飛行；鯨魚也是哺乳動物，卻生活在海中；天鵝是鳥類別，能在天上飛，也能在水裡遊，還能在地上走。所以在前面的示例中，將動物根據活動場所分為水生動物、陸生動物和飛行動物是不夠準確的，因為奔跑、游泳、飛翔只是動物的一種行為，而且有些動物可能同時具有多種行為，因此應該把它們抽象成介面。我們應該根據生理特徵來分類別，如哺乳類別、鳥類別、魚類別。哺乳類別動物具有恒溫、胎生、哺乳等生理特徵；鳥類別動物具有恒溫、卵生、前肢成翅等生理特徵；魚類別動物具有流線型體形、用鰓呼吸等生理特徵。

　　這裡分別將奔跑、游泳、飛翔抽象成介面的操作就是對介面的一種細細微性拆分，可以提高程式設計的靈活性。程式碼的實現如下。

程式實例 p26_10.py　遵循介面隔離原則的設計

```
# p26_10.py

from abc import ABCMeta, abstractmethod
# 引入 ABCMeta 和 abstractmethod 來定義抽象類別和抽象方法

class Animal(metaclass=ABCMeta):
    """（脊椎）動物 """
    def _init_(self, name):
        self._name = name
    def getName(self):
        return self._name
    @abstractmethod
```

```python
    def feature(self):
        pass
    @abstractmethod
    def moving(self):
        pass


class IRunnable(metaclass=ABCMeta):
    """ 奔跑的介面 """
    @abstractmethod
    def running(self):
        pass


class IFlyable(metaclass=ABCMeta):
    """ 飛行的介面 """
    @abstractmethod
    def flying(self):
        pass


class INatatory(metaclass=ABCMeta):
    """ 游泳的介面 """
    @abstractmethod
    def swimming(self):
        pass


class MammalAnimal(Animal, IRunnable):
    """ 哺乳動物 """
    def _init_(self, name):
        super()._init_(name)
    def feature(self):
        print(self._name + " 的生理特徵：恒溫，胎生，哺乳。")
    def running(self):
        print(" 在陸上跑 ...")
    def moving(self):
        print(self._name + " 的活動方式：", end="")
        self.running()


class BirdAnimal(Animal, IFlyable):
```

```python
    """ 鳥類動物 """
    def _init_(self, name):
        super()._init_(name)
    def feature(self):
        print(self._name + " 的生理特徵：恒溫，卵生，前肢成翅。")
    def flying(self):
        print(" 在天空飛 ...")
    def moving(self):
        print(self._name + " 的活動方式：", end="")
        self.flying()


class FishAnimal(Animal, INatatory):
    """ 魚類動物 """
    def _init_(self, name):
        super()._init_(name)
    def feature(self):
        print(self._name + " 的生理特徵：流線型體形，用鰓呼吸。")
    def swimming(self):
        print(" 在水裡遊 ...")
    def moving(self):
        print(self._name + " 的活動方式：", end="")
        self.swimming()


class Bat(MammalAnimal, IFlyable):
    """ 蝙蝠 """
    def _init_(self, name):
        super()._init_(name)
    def running(self):
        print(" 行走功能已經退化。")
    def flying(self):
        print(" 在天空飛 ...", end="")
    def moving(self):
        print(self._name + " 的活動方式：", end="")
        self.flying()
        self.running()


class Swan(BirdAnimal, IRunnable, INatatory):
```

```
        """ 天鵝 """
        def _init_(self, name):
            super()._init_(name)
        def running(self):
            print(" 在陸上跑 ...", end="")
        def swimming(self):
            print(" 在水裡遊 ...", end="")
        def moving(self):
            print(self._name + " 的活動方式：", end="")
            self.running()
            self.swimming()
            self.flying()


class CrucianCarp(FishAnimal):
        """ 鯽魚 """
        def _init_(self, name):
            super()._init_(name)


def testAnimal():
    bat = Bat(" 蝙蝠 ")
    bat.feature()
    bat.moving()
    swan = Swan(" 天鵝 ")
    swan.feature()
    swan.moving()
    crucianCarp = CrucianCarp(" 鯽魚 ")
    crucianCarp.feature()
    crucianCarp.moving()


testAnimal()
```

結果如下：

```
================= RESTART: D:/Design_Patterns/ch26/p26_10.py =================
蝙蝠的生理特徵：恒溫，胎生，哺乳。
蝙蝠的活動方式：在天空飛...行走功能已經退化。
天鵝的生理特徵：恒溫，卵生，前肢成翅。
天鵝的活動方式：在陸上跑...在水裡遊...在天空飛...
鯽魚的生理特徵：流線型體形，用鰓呼吸。
鯽魚的活動方式：在水裡遊...
```

程式實例 p26_10.py（遵循介面隔離原則的設計）的程式碼可用類別圖表示，如圖 26-2 所示。

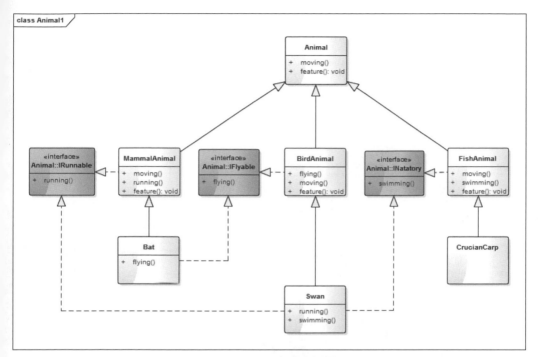

圖 26-2 遵循介面隔離原則的設計

4. 優點

（1）**提高程式設計的靈活性**。將介面進行細分後，多個介面可自由發展，互不干擾。

（2）**提高內聚，減少對外交互**。使介面用最少的方法去完成最多的事情。

（3）**為依賴介面的類別定制服務**。只暴露給呼叫的類別需要的方法，不需要的方法則隱藏起來。

26.2　是否一定要遵循這些設計原則

26.2.1　軟體設計是一個逐步優化的過程

從 26.1 節對五個原則的講解中，應該體會到軟體的設計是一個循序漸進、逐步優化的過程。經過一次次的邏輯分析，一層層的結構調整和優化，最終才能得出一個較為合理的設計圖。整個動物世界的類別圖如圖 26-3 所示。

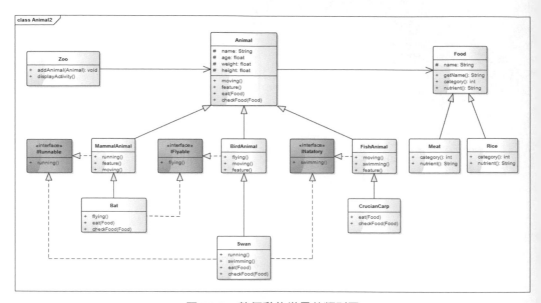

圖 26-3　整個動物世界的類別圖

我們對上面五個原則做一個總結：

（1）**單一職責原則告訴我們實現類別要職責單一**。用於指導類別的設計，增加一個類別時使用單一職責原則來核對該類別的設計是否純粹乾淨。也就是讓一個類別的功能盡可能單一，不要想著一個類別包攬所有功能。

（2）**裡氏替換原則告訴我們不要破壞繼承體系**。用於指導類別繼承的設計，設計類別之間的繼承關係時，使用裡氏替換原則來判斷這種繼承關係是否合理。只要父類別能出現的地方子類別就能出現（就可以用子類別來替換它），反之則不一定。

（3）**依賴倒置原則告訴我們要面向介面程式設計**。用於指導如何抽象，即要依賴抽象和介面程式設計，不要依賴具體的實現。

（4）介面隔離原則告訴我們在設計介面的時候要精簡單一。用於指導介面的設計，當發現一個介面過於臃腫時，就要對這個介面進行適當的拆分。

（5）開放封閉原則告訴我們要對擴展開放，對修改封閉。開放封閉原則可以說是整個設計的最終目標和原則！開放封閉原則是總綱，其他四個原則是對這個原則的具體解釋。

26.2.2　不是一定要遵循這些設計原則

設計原則是軟體設計的核心思維和規範。在實際的專案開發中，是否一定要遵循這些設計原則？答案不總是肯定的，要視情況而定。因為在實際的專案開發中，必須要按時按量地完成任務。專案的進度受時間成本、測試資源的影響，而且程式也一定要保證穩定可靠。

還記得我們在單一職責原則中提到的一個例子嗎？面對需求的變更，我們有三種解決方法。方法一，直接改原有的函數（方法），這種方式最快速，但後期維護最困難，而且不便拓展，是一定要杜絕的。方法二，增加一個新方法，不修改原有的方法，這在方法級別上是符合單一職責原則的，但會給上層的呼叫增加不少麻煩。在項目比較複雜，類別比較龐大，而且測試資源比較緊缺時，增加新方法不失為一種快速和穩妥的方式。因為如果要進行大範圍的程式碼重構，勢必要對影響到的模組進行全覆蓋的測試回歸，才能確保系統的穩定可靠。方法三，增加一個新的類別來負責新的職責，兩個職責分離，這是符合單一職責原則的。在專案首次開發或邏輯相對簡單的情況下，需要採用這種方式。

在實際的專案開發中，我們要盡可能地遵循這些設計原則。但並不是要 100% 地遵從，需要結合實際的時間成本、測試資源、程式碼改動難度等情況進行綜合評估，適當取捨，採用最高效合理的方式。

26.3　更為實用的設計原則

前面講的物件導向設計的 SOLID 五大原則是一種理想環境下的設計原則。在實際的專案開發過程中，往往沒有這麼充分的條件（如團隊成員的整體技術水準、團隊的溝通成本），或沒有這麼充足的時間遵循這些原則去設計，或遵循這些原則設計的實現成本太大。在受現實條件所限不能遵循五大原則來設計時，我們還可以遵循下面這些更為簡單、實用的原則，讓我們的程式更加靈活、更易於理解。

26.3.1　LoD 原則（Law of Demeter）

> Each unit should have only limited knowledge about other units: only units "closely" related to the current unit. Only talk to your immediate friends, don't talk to strangers.
>
> 每一個邏輯單元應該對其他邏輯單元有最少的瞭解：也就是說只親近當前的物件。只和直接（親近）的朋友說話，不和陌生人說話。

這一原則又稱為迪米特法則，簡單地說就是：一個類別對自己依賴的類別知道的越少越好，這個類別只需要和直接的物件進行交互，而不用在乎這個物件的內部組成結構。

例如，類別 A 中有類別 B 的物件，類別 B 中有類別 C 的物件，呼叫方有一個類別 A 的物件 a，這時如果要存取 C 物件的屬性，不要採用類似下面的寫法：

```
a.getB().getC().getProperties()
```

而應該是：

```
a.getCProperties()
```

至於 getCProperties 怎麼實現是類別 A 要負責的事情，我只和我直接的物件 a 進行交互，不存取我不瞭解的對象。

大家都知道大熊貓是我們國家的國寶，而為數不多的熊貓大部分都生活在動物園中。動物園內的動物種類別繁多，展館佈局複雜，如有鳥類別館、熊貓館等。假設某國外領導人來訪華，參觀我們的動物園，他想知道動物園內叫 " 貝貝 " 的大熊貓年齡多大，體重多少。他難道要先去調取熊貓館的資訊，然後去查找叫 " 貝貝 " 的這只大熊貓，再去看它的資訊嗎？顯然不用，他只要問一下動物園的館長就可以了。動物園的館長會告訴他所有需要的資訊，因為他只認識動物園的館長，而且他並不瞭解動物園的內部結構，也不需要去瞭解。

以上過程，可用類似下面的程式碼來表示：

```
zooAdmin.getPandaBeiBeiInfo()
```

26.3.2　KISS 原則（Keep It Simple and Stupid）

Keep It Simple and Stupid

保持簡單和愚蠢。

　　這一原則正如這句話本身一樣容易理解。" 簡單 " 就是要讓你的程式能簡單、快速地被實現；" 愚蠢 " 是說你的設計要簡單到傻瓜都能理解，即簡單就是美！

　　為什麼要簡單呢？因為大多數技術團隊，成員的技術水準都參差不齊。如果你的程式設計得太複雜，有些成員可能無法理解這種設計的真實意圖，而且複雜的程式講解起來也會增加溝通成本。為什麼說愚蠢呢？對有同樣需求的一個軟體，每個人都有自己獨特的思維邏輯和實現方式，因此你寫的程式對於另一個人來說就是個陌生的項目。所以你的程式碼要愚蠢到不管是什麼時候，不管是誰來接手這個項目，都能很容易地被看懂；否則，不要讓他看到你的聯繫方式和位址，你懂的。

　　有些人可能會覺得設計模式這東西很高大上（神化了它的功能），學了一些設計模式，就為了模式而模式，去過度地設計程式，這是非常不可取的。例如，監聽模式是一種應用非常廣泛的設計模式，合理地應用能很好地對程式進行解耦，使程式的表現層和資料邏輯層分離，但在我接手過的一些項目中卻看到有這樣的設計：A 監聽 B，B 又監聽 C，C 再監聽 D（如圖 26-4 所示），這時就會出現資料的層層傳遞和連鎖式的反應。因為如果 D 的資料發生變更，就會引起 C 的更新，C 的更新又會影響 B，B 又影響 A，同時資料也從 D 流向 C，再流向 B，再流向 A。這種一環扣一環的設計有時是非常可怕的，一旦程式出現問題，追蹤起來將會非常困難。而且只要其中某一環節出現需求的變更，就可能會影響後續的所有環節。如果是一個新人來接手這樣的項目，你能想像到他會有多抓狂！這就是一個明顯的過度設計的例子。但是如果你能仔細地分析需求和業務邏輯，一定可以用更好的實現方式來替換它。

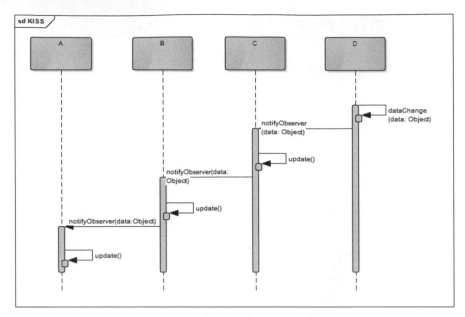

圖 26-4　過度設計的監聽模式

26.3.3　DRY 原則（Don't Repeat Yourself）

> Don't repeat yourself.
>
> 不要重複自己。

　　這又是一個極容易理解的原則：不要重複你的程式碼，即多次遇到同樣的問題，應該抽象出一個共同的解決方法，不要重複開發同樣的功能。也就是要盡可能地提高程式碼的複用率。

　　假設我們有這樣一個需要：有一個檔上傳的功能，我們要根據上傳檔的類型分目錄存放，這時我們就需要一個根據檔案名來獲取存放路徑的方法。

程式實例 p26_11.py　獲取檔存放路徑

```
# p26_11.py
import os
# 導入 os 庫，用於檔、路徑相關的解析
```

```
def getPath(basePath, fileName):
    extName = os.path.splitext(fileName)[1]
    filePath = basePath
    if(extName.lower() == ".txt"):
        filePath += "/txt/"
    elif(extName.lower() == ".pdf"):
        filePath += "/pdf/"
    else:
        filePath += "/other/"
    # 如果目錄不存在，則創建新目錄
    if (not os.path.exists(filePath)):
        os.makedirs(filePath)
    filePath += fileName
    return filePath
```

這一方法此時看起來好像沒什麼大問題，但隨著業務的發展，支持的檔案類型肯定會越來越多，就會出現一堆的 if...else... 判斷。當檔案類型達到十幾種時，估計就已經有一兩屏的程式碼了。

仔細觀察，你會發現這段程式碼有很多相似和重複的部分，如 if 條件的判斷和路徑的拼接。這時就需要遵循 DRY 原則對程式碼進行重構了，重構後的程式碼如下。

程式實例 p26_12.py　遵循 DRY 原則的設計

```
# p26_12.py
import os
# 導入 os 庫，用於檔、路徑相關的解析

def getPath(basePath, fileName):
    extName = fileName.split(".")[1]
    filePath = basePath + "/" + extName + "/"
    # 如果目錄不存在，則創建新目錄
    if (not os.path.exists(filePath)):
        os.makedirs(filePath)
    filePath += fileName
    return filePath
```

這樣就可以放心大膽地上傳檔了，不管什麼類型的檔都可以支援。

要遵循 DRY 原則，實現的方式非常多。

（1）**函數級別的封裝**：把一些經常使用的、重複出現的功能封裝成一個通用的函數。

（2）**類別級別的抽象**：把具有相似功能或行為的類別進行抽象，抽象出一個基類別，並把這幾個類別都有的方法提到基類別去實現。

（3）**泛型設計**：Java 中可使用泛型，以實現通用功能類別對多種資料類別型的支持；C++ 中可以使用類別範本的方式，或巨集定義的方式；Python 中可以使用裝飾器來消除冗餘的程式碼。

DRY 原則在單人開發時比較容易遵守和實現，但在團隊開發時不太容易做好，特別是**對於大團隊的專案，關鍵還是團隊內的溝通**。比如 Tony 在做模組 A 時用到了一個查詢使用者資訊的功能，於是實現了一個 getUserInfo(uid) 方法；這時團隊內的另一同事 Frank 在做模組 B 時，也要用到一個查詢使用者資訊的功能，但他不知道 Tony 已經實現了這個功能，於是又寫了一個 getUser(uid) 方法。

26.3.4　YAGNI 原則（You Aren't Gonna Need It）

> You aren't gonna need it, don't implement something until it is necessary.
>
> 你沒必要那麼著急，不要給你的類別實現過多的功能，直到你需要它的時候再去實現。

這個原則簡而言之為一只考慮和設計必需的功能，避免過度設計。只實現目前需要的功能，在以後需要更多功能時，可以再進行添加。如無必要，勿增加複雜性。軟體發展首先是一場溝通博弈。它背後的指導思維就是盡可能快、盡可能簡單地讓軟體運行起來（do the simplest thing that could possibly work）。

26.3.5　Rule Of Three 原則

Rule of three 稱為 " 三次法則 "，指的是當某個功能第三次出現時，再進行抽象化，即**事不過三，三則重構**。

　　這個準則表達的意思是：第一次實現一個功能時，就儘管大膽去做；第二次做類似的功能設計時會產生反感，但是還得去做；第三次還要實現類似的功能做同樣的事情時，就應該去審視是否有必要做這些重複勞動了，這個時候就應該重構你的程式碼了，即把重複或相似功能的程式碼進行抽象，封裝成一個通用的模組或介面。

　　這樣做有幾個理由。

　　（1）省事。如果一個功能只有一到兩個地方會用到，就不需要在"抽象化"上面耗費時間了。

　　（2）容易發現模式。"抽象化"需要找到問題的模式（即共同點或相似點），問題出現的場合越多，就越容易看出模式，從而更準確地"抽象化"。

　　（3）防止過度冗餘。如果相同功能的程式碼重複出現，後期的維護將會非常麻煩，這也就是重構的意義所在。這種重複最多可以容忍出現一次，再多就無法接受了，這與中國的"事不過三"的文化也是相符的。

　　到這時，你會發現 DRY 原則、YAGNI 原則、三次法則之間有一些非常有意思的關係。DRY 原則告訴我們不要有重複的程式碼，要對重複的功能進行抽象，找到通用的解決方法。YAGNI 原則追求"快和省"，意味著不要把精力放在抽象化上面，因為很可能"你不會需要它"。這兩個原則看起來是有一些矛盾的，這時就需要三次法則來進行調和，尋找程式碼冗余和開發成本的平衡點。三次法則告訴我們什麼時候可以容忍程式碼的冗餘，什麼時候需要進行重構（關於重構的話題，在第 27 章會有更詳細的探討）。

26.3.6　CQS 原則（Command-Query Separation）

　　查詢（Query）：當一個方法返回一個值來回應一個問題的時候，它就具有查詢的性質；

　　命令（Command）：當一個方法要改變物件的狀態的時候，它就具有命令的性質。

　　通常，一個方法可能是單純的查詢模式或者是單純的命令模式，也可能是兩者的混合體。在設計介面時，如果可能，應該儘量使介面單一化（也就是方法級別的單一職責原則）。保證方法的行為嚴格的是命令或者查詢，這樣查詢方法不會改變物件的狀態，沒有副作用；而會改變物件的狀態的方法不可能有返回值。也就是說，如果我們要問一個問題，就不應該影響到它的答案。原則的實際應用要視具體情況而定，需要權衡語義的清晰性和使用的簡單性。將 Command 和 Query 功能合併入一個方法，方便了客戶的使用，但是降低了清晰性。這一原則尤其適用於後端介面設計，在一個介面中，儘量不要又有查資料又有更新（修改或插入）資料的操作。

在系統設計中，很多系統也是以這樣的原則去設計的（如資料庫的主從架構），查詢功能和命令功能的系統分離，有利於提高系統的性能，也有利於增強系統的安全性。

第 27 章

關於專案重構的思考

27.1　什麼叫重構

重構有兩種解釋，一種是作為名詞的解釋，一種是作為動詞的解釋。

名詞解釋：對軟體內部結構的一種調整，目的是在不改變軟體可觀察行為的前提下，提高其可理解性，降低其修改成本。

動詞解釋：使用一系列重構手法，在不改變軟體可觀察行為的前提下，調整軟體的結構。

重構是軟體發展過程中一件重要的事情。

重構與重寫的區別是：

- 重構：不是對已有程式碼的全盤否定，而是對不合理的結構進行調整，對合理的模組進行改動；利用更好的方式，寫出更好、更可維護的程式碼。

- 重寫：已有的程式碼非常龐雜混亂，難以修改，重構還不如重新寫一個來得快。根據需求另立一個專案，完全重寫。

27.2　為何要重構

車子髒了就得洗，壞了就得修，報廢了就得換。

程式也一樣，不滿足需求就得改，難以跟上業務的變更就得重構，實在沒法改了就得重寫。

現在的互聯網項目已經不再像傳統的瀑布模型的專案一樣有明確的需求。現在專案反覆運算的速度和需求的變更都非常迅速。在編碼之前我們不可能瞭解所有的需求，軟體設計肯定會有考慮不周到、不全面的地方；而且隨著項目需求的不斷變更，很有可能原來的程式碼設計結構已經不能滿足當前的需求。這時就需要對軟體結構進行重新調整，也就是重構。

一個項目中，團隊成員的技術水準參差不齊。有一些工作年限比較短、技術水準比較差的成員寫的程式碼品質可能比較差，結構可能比較混亂，這時就需要對這部分程式碼進行適當的重構，使其具有更高的再使用性。

另外，一個軟體執行時間比較長，多代程式師的修修補補會使得這個軟體的程式碼非常臃腫龐雜，維護成本非常高。此時也需要對這個軟體進行適當的重構，以降低其修改成本。

要進行程式碼重構，常見的原因有以下幾種。

（1）**重複的程式碼太多**，沒有複用性，難以維護，需要修改時處處都得改。

（2）**程式碼的結構混亂**，注釋不清晰，沒有人能清楚地理解這段程式碼的含義。

（3）**程式沒有拓展性**，遇到新的變化，不能靈活處理。

（4）**物件結構強耦合**，業務邏輯太複雜，牽一髮而動全身，維護時排查問題非常困難。

（5）**部分模組性能低**，隨著使用者數量的增長，已無法滿足回應速度的要求。

這些導致程式碼重構的原因，稱為程式碼的壞味道，我稱之為**髒亂差**，這是程式碼層面的原因（或說表像）。

而程式碼是人寫出來的，這些髒亂差的程式碼是怎樣形成的呢？大概有以下幾種因素。

（1）上一個寫這段程式碼的程式師經驗不足，水準太差，或寫程式碼時不夠用心。

（2）奇葩的產品經理提出的奇葩需求。

（3）某一個模組業務太複雜，需求變更的次數太多，經手的程式師太多。每個人都在一個看似合適的地方加一段看似合適的程式碼，到最後沒人能夠完完整整地看懂這段程式碼。

27.3　什麼時機進行重構

重構分為兩個級別類型：一是對現有項目進行程式碼級別的重構；二是對現有的業務進行軟體架構的升級和系統的升級。

對於第一種情況，程式碼的重構應該貫穿于軟體的開發過程中。對於第二種情況，大型的重構最好封閉進行，由專門的（高水準）團隊負責，期間不接任何需求，重新設計、開發新的更高可用、高併發的系統，經集成測試透過後，再用新系統逐步替換老系統。之所以會有這種系統和架構的升級，主要是因為，對於互聯網產品，為適應業務快速發展的需求，不同的使用者量級別需要採用不同的架構。簡單的架構表現為開發簡單，反覆運算速度快；高可用架構表現為開發成本高，但支援的用戶量大，可承載的併發數高。

　　第二種情況屬於軟體架構的範疇，這裡主要討論第一種情況，即對專案本身進行程式碼級別的重構。這個重構應該貫穿于軟體的開發過程始終，沒必要單獨拿出一塊時間進行，只要你聞到程式碼的壞味道即可進行。我們可以遵循三次法則來進行重構，也就是第 26 章中提到的 Rule Of Three。

　　雖然重構可以隨時隨地進行，但還是需要一些觸發點來觸發你去做這件事。這些觸發點主要有以下幾個。

　　（1）**添加功能時**。當添加新功能時，如果發現某段程式碼改起來特別困難，拓展功能特別不靈活，就要重構這部分程式碼使添加新特性和功能變得更容易。在添加新功能時，只需梳理這部分功能相關的程式碼。如果一直保持這種習慣，日積月累，我們的程式碼會越來越乾淨，開發速度也會越來越快。

　　（2）**修補錯誤時**。在你改 Bug 或查找定位問題時，發現自己以前寫的程式碼或者別人的程式碼設計上有缺陷（如擴展性不靈活），或健壯性考慮得不夠周全（如漏掉一些該處理的異常），導致程式頻繁出現問題，那麼此時就是一個比較好的重構時機。

　　可能有人會說：道理都懂，但現實是線上問題發生時根本就沒那麼多時間去重構程式碼。我想說的是：只要不是十萬緊急的高危問題（大部分高危問題測試階段都能測出來），請儘量養成這種習慣。

　　每遇到一個問題就正面解決這個問題，不要選擇繞行（想盡 " 歪招 " 繞開問題），而是要解決前進道路上的一切障礙，這樣你對這塊程式碼就能更加熟悉，更加自信。下次再遇到類似的問題，你就可以再次使用這段程式碼或參考這段程式碼。軟體發展就是這樣的，改善某段程式碼在當時看起來會多花一些時間，但從長遠來看，這些時間肯定是值得的。多花一小時清除當前障礙，能為你將來避免繞路節省好幾天。 持續一段時間後，你會發現程式碼中的坑逐步被填平，欠下的技術債務也會越來越少。

　　複審程式碼時，很多公司會有 Code Review 的要求。每個公司 Code Review 的形式可能不太一樣。有的採用 " 結對程式設計 " 的方式，兩個人一起互審程式碼；有的是部門領導進行不定期的 Code Review；我們公司是在程式上線之前，程式碼合併申請的時候，由經驗豐富、成熟穩重的資深工程師負責審查。Code Review 的好處是能有效地發現一些潛在的問題（所謂當局者迷，旁觀者清。程式開發也一樣，同事更能發現你的程式碼的漏洞），有助於團隊成員進行技術的交流和溝通。

在 Code Review 時發現程式的問題或設計不足時，也是一個重構的極佳時機，因為在 Code Review 時，對方往往能提出一些更好的建議或想法。

27.4 如何重構程式碼

前面講解了什麼時候該重構我們的程式碼，而怎麼進行重構又是另一個重要的問題。下面將介紹一些最常用和實用的重構方法，這些方法針對各種程式設計語言都適用。

27.4.1 重命名

這是最低階、最簡單的一種重構手法（現在的集成 IDE 都特別智慧，透過 Rename 功能一鍵就能搞定），但並不代表它的功效就很差。

你有沒有見過一些特別奇葩、無腦或具有誤導性的變數名、函數名、類別名？如下面程式實例 p27_1.py 這樣的。

程式實例 p27_1.py　奇葩的命名

```
# p27_1.py
# 下面的例子改編自網上討論比較火的幾個案例

# Demo1
correct = False
# 嗯，這是對呢？還是錯呢？

# Demo2
from enum import Enum
class Color(Enum):
    Green = 1    # 綠色
    Hong = 2     # 紅色
# 嗯，這哥們是紅色（Red）的單詞不會寫呢，還是覺得綠色（Lv）的拼音太難看呢？

# Demo3
def dynamic():
```

```
pass
# todo something
```
你能想到這個函數是做什麼用的嗎？其實這是一個表示 " 活動 " 的函數。這英語是數學老師教的嗎？

如果有，果斷把它改掉！一個良好的名稱（變數名、函數名、類別名），能讓你的程式碼可讀性立刻提高十倍。27.5 節會講解變數取名的技巧和原則。

27.4.2　函數重構

1. 提煉函數

你有沒有見過一個函數有一千多行的程式碼？如果有，那麼恭喜你！前人給你留了一個偉大的坑等著你去填。這種程式碼是極其難以閱讀的，所以你需要對它進行拆分，將相對獨立的一段段程式碼區塊拆分成一個個子函數。這一過程叫作函數的提煉。

你是否經常看到相同（或相似）功能的程式碼出現在好幾個地方，在需求發生變更需要修改程式碼的時候，每一處你都得改一遍。這個時候你也需要將相同（或相似）功能的程式碼提煉成一個函數，然後在所有用到這段程式碼的地方呼叫這個函數即可。

2. 去除不必要的參數

如果函數體不再需要某個參數，果斷將該參數去除。儘量不要為未來預留參數（需要用到的時候再加），除非你很確定即將用到它。

3. 用對象取代參數

你有沒有見過有十幾個參數的函數？這種函數，即使是天才也不太容易記住每一個參數，往往是看到後面忘了前面。這個時候可以定義一個參數類別，類別中的成員定義為函數需要的各個參數，呼叫函數時將這個類別的物件傳入即可，函數體內可透過這個物件取得各個屬性。

4. 查詢函數和修改函數分離

我們在第 26 章講到 CQS 原則，根據這一原則要將查詢函數和修改函數分離。

5. 隱藏函數

一個類別方法，如果不被任何其他類別使用，或不希望被其他類別使用，則將這個方法聲明為 private（Python 中表現為 _functionName()），對外部隱藏。

27.4.3　重新組織資料

1. 用常量名替換常量值

有一個字面值，帶有特別的含義，而且可能在多個地方被用到。此時可以創建一個常量（或枚舉變數），並根據其含義為它命名，將具體的字面數值替換為這個常量。這樣，既能提高程式碼的可讀性，又方便修改（要修改這一字面值時，只要修改常量的定義即可）。

2. 用 Getter 和 Setter 方法代替直接方法

儘量避免直接存取類別的成員屬性，可以將類別的成員屬性聲明為 private，然後定義 public 的 Getter 和 Setter 方法來存取這些屬性。

3. 用物件取代陣列

有一個陣列（array），其中的各個元素代表不同的東西，用物件替換陣列。對於陣列中的每個元素，以一個值域表示。如電腦的外設 [mouse, keyboard, camera]，這裡的每一個元素都表示外設，但它們之間的功能和特性差別非常大。因此可以定義一個 ExtensionDevice 類別，將 mouse、keyboard、camera 定義為這個類別的成員。

27.4.4　用設計模式改善程式碼設計

資料結構的重構和函數的重構都是相對基礎的重構方法。有一些程式碼，類別的結構及類別之間的關係本身就不太合理，這時就要用設計模式的思維重新設計這些類別之間的關係。這需要我們有一定的抽象思維，也就是物件導向思維。大致的思考方向有以下幾種。

（1）把具有相似功能的類別歸納在一起，並抽象出一個基類別，讓這些類別繼承自這個基類別（也稱為父類別）。

（2）把子類別都使用的方法和屬性提煉到父類別，並聲明為 protected（部分方法可能要聲明為 public）。

（3）不同體系的類別之間（如動物和食物），依賴抽象和介面程式設計，即依賴倒置原則。

這些方法，需要長期的經驗和總結，不能一蹴而就！需要認真學習和領悟設計模式及設計原則後再使用。

27.5　程式碼整潔之道

27.5.1　命名的學問

程式中的命名包括變數名、常量名、函數名、類別名、檔案名等。一個良好的名稱能讓你的程式碼具有更好的可讀性，讓你的程式更容易被人理解；相反，一個不好的名稱不僅會降低程式碼的可讀性，甚至會有誤導的頁面作用。**良好的名稱應當是可讀的、恰當的並且容易記憶的。** 好的命名還可以取代注釋的作用，因為注釋通常會滯後於程式碼，經常會出現忘記添加注釋或注釋更新不及時的情況。

1. 語義相反的詞彙要成對出現

正確地使用詞義相反的單詞做名稱，可以提高程式碼的可讀性。比如 "first / last" 比 "first / end" 通常更讓人容易理解。下面是一些常見的例子，如表 27-1 所示。

表 27-1　常見的詞義相反的例子

第 1 組	第 2 組	第 3 組	第 4 組
add / remove	begin / end	create / destory	insert / delete
first / last	get /set	increment / decrement	up / down
lock / unlock	min / max	next / previous	old / new
open / close	show / hide	source / destination	start / stop

2. 計算限定詞作為首碼或尾碼

很多時候變數需要表達一些數值的計算結果，比如平均值或最大值。這些變數名中會包含一些計算限定詞（Avg、Sum、Total、Min、Max），這時候，可以使用限定詞在前或者限定詞在後兩種方式對變數進行命名，但不要在一個程式中同時使用兩種方法。如可以使用 priceTotal 或 totalPrice 來表達總價，但不要在一段程式碼裡同時使用。雖然這可能看起來微不足道，但這樣做確實可以避免一些歧義。

3. 變數名要能準確地表示事物的含義

作為變數名，應盡可能全面、準確地描述變數所代表的實體。設計一個好的名字的有效方法，是用連續的英文單詞來說明變數代表什麼，命名中一律要求使用英文單詞，不要使用中文拼音，更不要使用漢字，如表 27-2 所示。

表 27-2　變數名舉例

變數的目的	好的名字	不好的名字
Current time	currentTime	ct, time, current, x
Lines per page	linesPerPage	lpp, lines, x
Publish date of book	bookPublishDate	date, bookPD, x

3. 用動名詞命名函數名

函數名通常在某個物件上的某個操作中描述，因此要採用 " 動詞 + 物件名 " 的方式來作為函數名的命名約定，如 uploadFile()。

使用物件導向的語言時，在一些描述類別屬性的函數命名中加上類別名是多餘的，因為物件本身會包含在呼叫的程式碼中。例如要使用 book.getTitle() 而不是 book.get-BookTitle()，使用 report.print() 而不是 report.printReport()。

4. 變數名的縮寫

（1）**習慣性縮寫**。始終使用相同的縮寫。例如對 number 的縮寫，可以使用 num 也可以使用 no，但不要兩個同時使用，始終保證使用同一個縮寫。同樣，也不要在一些地方用縮寫而另外一些地方不用，如果用了 number 這個單詞，就不要在別的地方再用 num 這個縮寫。

（2）**使用的縮寫要可以發音**。儘量讓你的縮寫可以發音。例如，用 curSetting 而不用 crntSetting，這樣可以方便開發人員進行交流。

（3）**避免罕見的縮寫**。儘量避免不常見的縮寫。例如 msg（message）、min（Minmum）和 err（error）就是一些常見的縮寫，而 cal（calender）這個縮寫大家就不一定都能夠理解。

5. 常見命名規則

目前最常見的程式設計命名規則有以下幾種：駝峰命名法、帕斯卡命名法、匈牙利命名法、下畫線命名法。

（1）駝峰命名法（Camel）。主要特點：第一個單詞首字元小寫，後面的單詞首字元大寫，如 myData。

（2）帕斯卡命名法（Pascal）。主要特點：每一個單詞首字元大寫，如 MyData。

（3）匈牙利命名法（Hungarian）。主要特點：在變數名的前面加上表示資料類別型的首碼，如 nMyData、m_strFileName。

（4）下畫線命名法。主要特點：單詞全部小寫，單詞之間用下畫線分隔，如 my_data。

這些命名規則沒有好壞之分，只是一種習慣。Java 程式師比較喜歡駝峰命名法，而 C++ 項目中匈牙利命名法用得比較多，當然也有一些情況採用帕斯卡命名法，PHP 和 Python 用下畫線命名的比較多。一個專案一旦確認了使用某種命名規則，就要一直保持和遵守這種命名規則。

27.5.2　整潔程式碼的案例

整潔的程式碼看起來舒服，而且方便閱讀，容易理解！保持程式碼整潔的有效途徑有兩個：一是養成良好的程式設計習慣，二是重構具有壞味道的程式碼。下面是我曾經在重構一個用 C++ 開發的專案（採用 Qt 框架）時，記錄下來的真實案例。為保持其真實性，程式碼還是以 C++ 的形式呈現，讀者可以忽略具體的語法細節（如果看不懂），主要關注程式碼結構。

1. 提煉出一個通用的方法

相同（或相似）的程式碼重複出現，提煉出一個通用的方法。

程式實例 27-2　重複出現的程式碼

```
void ClassWidget::slot_onChannelUserJoined(QString uid)
{
    for ( auto widget : videoWidgetList )
```

```
{
    if ( widget->videoId == uid.toUInt() )
    {
        videoEngineMgr->someoneJoinChannel( ( void * )( widget->getVieo()-> winId() ),
uid.toUInt() );
        break;
    }
}
qDebug()<<(QString("slot_onChannelUserJoined, uid:%1").arg(uid));
}


void ClassWidget::slot_onChannelUserLeaved(QString uid)
{
    for ( auto widget : videoWidgetList )
    {
        if ( widget->videoId == uid.toUInt() )
        {
            videoEngineMgr->someoneLeaveChannel( uid.toUInt() );
            break;
        }
    }
    qDebug()<<(QString("slot_onChannelUserLeaved, uid:%1").arg(uid));
}
```

　　上面兩個函數中 for 迴圈的功能幾乎是一樣的，就是透過 uid 來找到對應的 Widget，然後進行相應的操作。這裡就可以提煉出一個 getWidgetByUid（uid）方法，兩個函數透過呼叫這個方法獲得 widget 物件並進行相應的操作。

2. 判斷放入迴圈內，減少迴圈程式碼

程式實例 27-3　減少迴圈程式碼

```
void ClassWidget::isShowMessageWidget(bool isShow)
{
    if(!isShow)
    {
        for ( auto widget : videoWidgetList )
```

```
        {
            if ( widget->user.userType == STATUS_STUDENT )
            {
                widget->show();
            }
        }
    }
    else
    {
        for ( auto widget : videoWidgetList )
        {
            if ( widget->user.userType == STATUS_STUDENT )
            {
                widget->hide();
            }
        }
    }
}
```

這時根據 isShow 變數值的不同，分別進行了兩個迴圈。可以把這種判斷放到迴圈內進行。重構後的程式碼如下：

```
void ClassWidget::isShowMessageWidget(bool isShow)
{
        for ( auto widget : videoWidgetList )
        {
                if ( widget->user.userType == STATUS_STUDENT )
                {
                                isShow ? widget->hide() : widget->show();
                }
        }
}
```

程式碼量是不是一下減少了一半？

3. 枚舉類別型的判斷用 switch...case...

程式實例 27-4　減少 if...else...

```
if(state == STATE_LOADING)
{
        ui->widgetLoading->show();
        ui->widgetLoadingFailure->hide();
        ui->widgetNoData->hide();
}
else if(state == STATE_FAILURE)
{
        ui->widgetLoading->hide();
        ui->widgetLoadingFailure->show();
        ui->widgetNoData->hide();
}
else if(state == STATE_NODATA)
{
        ui->widgetLoading->hide();
        ui->widgetLoadingFailure->hide();
        ui->widgetNoData->show();
}
```

重構後的程式碼：

```
switch (state) {
case STATE_LOADING:
{
        ui->widgetLoading->show();
        ui->widgetLoadingFailure->hide();
        ui->widgetNoData->hide();
        break;
}
case STATE_FAILURE:
{
        ui->widgetLoading->hide();
        ui->widgetLoadingFailure->show();
```

```
        ui->widgetNoData->hide();
        break;
}
case STATE_NODATA:
{
        ui->widgetLoading->hide();
        ui->widgetLoadingFailure->hide();
        ui->widgetNoData->show();
        break;
}
case STATE_FINISHED:
{
        ui->widgetLoading->hide();
        ui->widgetLoadingFailure->hide();
        ui->widgetNoData->hide();
        break;
}
default:
        break;
}
```

　　這樣就減少了很多的 if... else... 判斷，程式碼看起來更清晰。這裡其實可以進行進一步重構，就是把每一個 case 裡的程式碼片段都提煉成一個方法（函數）。

4. 減少嵌套的層次，如果有 If 判斷，對否定條件提前退出

程式實例 27-5　減少嵌套的層次

```
WidgetVideoItem* pItem =  videoWidgets.getWidgetByUid(uid);
if(pItem && pItem->isJoined())
{
        // sync page num
        pWhiteBoard->sendTurnToPageMsg(pWhiteBoard->getCurPageIdx() + 1);
        // sync status of sharing desktop
        if(inSharingDesktop)
        {
```

```
            StartSharingDesktop sharingDesktopData;
            sharingDesktopData.classId = this->classId;
            sendStartSharingDesktopMsg(sharingDesktopData);
    }
}
```

重構後的程式碼，由兩層嵌套變成了一層嵌套：

```
WidgetVideoItem* pItem = videoWidgets.getWidgetByUid(uid);
if(!pItem || !pItem->isJoined())
{
    return;
}
// sync page num
pWhiteBoard->sendTurnToPageMsg(pWhiteBoard->getCurPageIdx() + 1);
// sync status of sharing desktop
if(inSharingDesktop)
{
    StartSharingDesktop sharingDesktopData;
    sharingDesktopData.classId = this->classId;
    sendStartSharingDesktopMsg(sharingDesktopData);
}
```

這程式碼其實還算好的，只有兩層嵌套。我見過一段前端程式碼，有七八層的 if 嵌套，這種程式碼稱為 " 箭頭型 " 程式碼，圖 27-1 能很形象地表現這種結構。

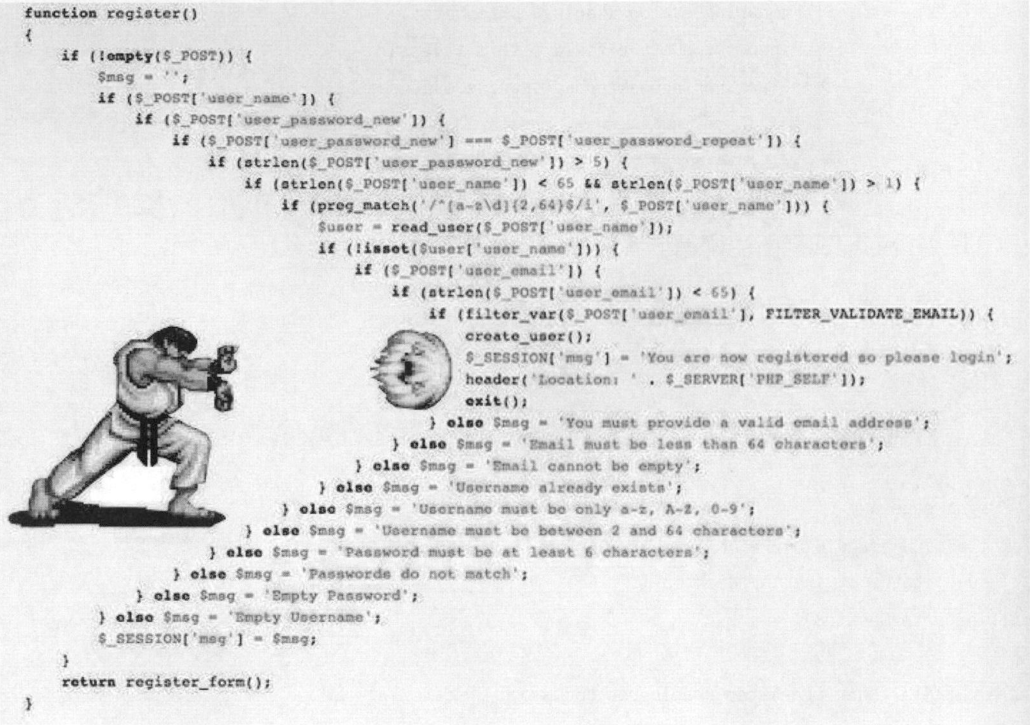

```
function register()
{
    if (!empty($_POST)) {
        $msg = '';
        if ($_POST['user_name']) {
            if ($_POST['user_password_new']) {
                if ($_POST['user_password_new'] === $_POST['user_password_repeat']) {
                    if (strlen($_POST['user_password_new']) > 5) {
                        if (strlen($_POST['user_name']) < 65 && strlen($_POST['user_name']) > 1) {
                            if (preg_match('/^[a-z\d]{2,64}$/i', $_POST['user_name'])) {
                                $user = read_user($_POST['user_name']);
                                if (!isset($user['user_name'])) {
                                    if ($_POST['user_email']) {
                                        if (strlen($_POST['user_email']) < 65) {
                                            if (filter_var($_POST['user_email'], FILTER_VALIDATE_EMAIL)) {
                                                create_user();
                                                $_SESSION['msg'] = 'You are now registered so please login';
                                                header('Location: ' . $_SERVER['PHP_SELF']);
                                                exit();
                                            } else $msg = 'You must provide a valid email address';
                                        } else $msg = 'Email must be less than 64 characters';
                                    } else $msg = 'Email cannot be empty';
                                } else $msg = 'Username already exists';
                            } else $msg = 'Username must be only a-z, A-Z, 0-9';
                        } else $msg = 'Username must be between 2 and 64 characters';
                    } else $msg = 'Password must be at least 6 characters';
                } else $msg = 'Passwords do not match';
            } else $msg = 'Empty Password';
        } else $msg = 'Empty Username';
        $_SESSION['msg'] = $msg;
    }
    return register_form();
}
```

圖 27-1　箭頭型程式碼

附錄 A
23 種經典設計模式的索引對照表

設計模式的開山鼻祖 GoF 在《設計模式：可複用物件導向軟體的基礎》一書中提出的 23 種經典設計模式被分成了三類，分別是創建型模式、結構型模式和行為型模式。本書並未對這 23 種設計模式進行一一詳解，因為有一些設計模式在現今的軟體發展中用得非常少，而有一些設計模式非常簡單，筆者認為不足以形成單獨的章節。

隨著技術的不斷革新與發展，設計模式也一直在發展，有一些模式已不再常用，同時也有一些新的模式誕生。因此本書對 19 種常用的設計模式進行了單獨章節的講解，剩餘的設計模式合在一章進行了說明；同時增加了 " 進階 " 的內容，這是基礎設計模式的衍生，也是各大程式設計語言中非常重要而常見的一種程式設計機制。

為方便熟悉經典設計模式的讀者進行快速閱讀，下面按照 GoF 的分類方式對本書中提及的經典模式進行索引。

（1）創建型模式

- 工廠方法：第 15 章　工廠模式
- 抽象工廠：第 15 章　工廠模式
- 單例模式：第 5 章　單例模式
- 構建模式：第 12 章　構建模式
- 原型模式：第 6 章　克隆模式

（2）結構型模式

- 適配模式：第 13 章　適配模式
- 橋接模式：第 20 章　其他經典設計模式
- 組合模式：第 11 章　組合模式
- 裝飾模式：第 4 章　裝飾模式
- 面板模式：第 9 章　面板模式
- 享元模式：第 18 章　享元模式
- 代理模式：第 8 章　代理模式

（3）行為型模式

- 職責模式：第 7 章　職責模式
- 命令模式：第 16 章　命令模式
- 解釋模式：第 20 章　其他經典設計模式
- 反覆運算模式：第 10 章　反覆運算模式
- 仲介模式：第 3 章　仲介模式
- 備忘模式：第 17 章　備忘模式
- 監聽模式：第 1 章　監聽模式
- 狀態模式：第 2 章　狀態模式
- 策略模式：第 14 章　策略模式
- 範本模式：第 20 章　其他經典設計模式
- 存取模式：第 19 章　存取模式

附錄 B

Python 中 _new_、_init_ 和 _call_ 的用法

以上主要是從功能和結構的角度對 23 種經典設計模式進行分類的，分別是：創建型，即關注的是物件的創建和初始化過程；結構型，即關注的是物件的內部結構設計；行為型，即關注的是對象的特性和行為。而本書則更多的是從生活場景和使用頻率的角度區分，所以並未對其進行系統分類。

在 Python 2 中，類別（Class）的定義分為新式定義和老式定義兩種。老式類別在定義時不繼承自 object 基底類別，默認繼承 type，而新式類別在定義時顯式地繼承 object 類別。

在 Python 3 中，沒有新式類別和老式類別之分，它們都繼承 object 類別，因此可以不用顯式地指定其基底類別。object 基類別中擁有的方法和屬性可通用於所有的新式類別。

本書中所有的示例都是基於 Python 3 來進行編碼和實現的，因此 Python 2 的情況這裡將不再贅述，後文中所有內容都是基於 Python 3 來進行討論的。

1. 概述

在進行詳細的介紹之前，我們要先有一個感性的認識：

（1）_new_ 負責物件的創建，而 _init_ 負責物件的初始化；

（2）_new_ 是一個類別方法，而 _init_ 和 _call_ 是一個物件方法；

（3）_call_ 聲明這個類別的物件是可呼叫的（callable）。

程式實例 pb_1.py

```
# pb_1.py
class ClassA:
    def _new_(cls):
        print("ClassA._new_")
        return super()._new_(cls)
    def _init_(self):
        print("ClassA._init_")
    def _call_(self, *args):
        print("ClassA._call_ args:", args)


a = ClassA()
a("arg1", "arg2")
```

執行結果
```
================== RESTART: D:/Design_Patterns/附錄B/pb_1.py ==================
ClassA.__new__
ClassA.__init__
ClassA.__call__ args: ('arg1', 'arg2')
```

　　從這個結果中我們可以得出，創建一個物件時，會先呼叫 _new_ 方法，再呼叫 _init_ 方法。

2. _new_ 方法

　　new 是構造函數，負責物件的創建，它需要返回一個實例。

程式實例 pb_2.py

```
# pb_2.py
class ClassB:
    def _new_(cls):
        print("ClassB._new_")
        # return super()._new_(cls)
    def _init_(self):
        print("ClassB._init_")


b = ClassB()
print(b)
```

執行結果

```
================== RESTART: D:/Design_Patterns/附錄B/pb_2.py ==================
ClassB.__new__
None
```

顯然這裡 b 被判定為 None，因為我們沒有在構造函數中返回任何物件。

如果我們在 _new_ 中返回一個其他的物件，會出現什麼情況呢？我們修改一下程式實例 pb_2.py。

程式實例 pb_3.py

```python
# pb_3.py
class ClassB:
    def _new_(cls):
        print("ClassB._new_")
        return 3.0
    def _init_(self):
        print("ClassB._init_")

b = ClassB()
print(b)
```

執行結果

```
================== RESTART: D:/Design_Patterns/附錄B/pb_3.py ==================
ClassB.__new__
3.0
```

這意味著我們完全可以透過重寫 _new_ 方法來控制類別物件的產生實體過程，甚至可以在 ClassA 的 _new_ 方法中創建 ClassB 的物件，如下面的程式實例 pb_4.py 所示。

程式實例 pb_4.py

```python
# pb_4.py
class Sample:
    def _str_(self):
        return "SAMPLE"

class ClassB:
    def _new_(cls):
        print("ClassB._new_")
        return super()._new_(Sample)
        # return Sample() # 也可以用這種寫法
```

```
    def _init_(self):
        print("ClassB._init_")

b = ClassB()
print(b)
print(type(b))
```

```
================== RESTART: D:\Design_Patterns\附錄B\pb_4.py ==================
ClassB.__new__
SAMPLE
<class '__main__.Sample'>
```

　　這只是一個測試例子，在實際項目中一定要杜絕這種寫法，否則出現問題時跟蹤將會非常困難。

3. _init_ 方法

　　init 是一個初始化函數，負責對 _new_ 產生實體的物件進行初始化，即負責物件狀態的更新和屬性的設置。因此它不允許有返回值。

程式實例 pb_5.py

```
# pb_5.py
class ClassC:

    def _init_(self):
        print("ClassC._init_")
        return 3.0

c = ClassC()
print(c)
```

```
================== RESTART: D:/Design_Patterns/附錄B/pb_5.py ==================
ClassC.__init__
Traceback (most recent call last):
  File "D:/Design_Patterns/附錄B/pb_5.py", line 8, in <module>
    c = ClassC()
TypeError: __init__() should return None, not 'float'
```

　　init 方法中除了 self 定義的參數，其他參數都必須與 _new_ 方法中除 cls 參數外的參數保持一致或者等效。

程式實例 pb_6.py

```
# pb_6.py
class ClassC:
    def _init_(self, *args, **kwargs):
        print("init", args, kwargs)

    def _new_(cls, *args, **kwargs):
        print("new", args, kwargs)
        return super()._new_(cls)

c = ClassC("arg1", "arg2", a=1, b=2)
```

執行結果
```
================= RESTART: D:/Design_Patterns/附錄B/pb_6.py =================
new ('arg1', 'arg2') {'a': 1, 'b': 2}
init ('arg1', 'arg2') {'a': 1, 'b': 2}
```

4. 物件的創建過程

為了弄清楚創建一個物件的整個過程，我們再看一個示例（程式實例 pb_7.py）。

程式實例 pb_7.py

```
# pb_7.py
class ClassD:
    def _new_(cls):
        print("ClassB._new_")
        self = super()._new_(cls)
        print(self)
        return self
    def _init_(self):
        print("ClassC._init_")
        print(self)

d = ClassD()
```

執行結果
```
================= RESTART: D:/Design_Patterns/附錄B/pb_7.py =================
ClassB.__new__
<__main__.ClassD object at 0x029D2870>
ClassC.__init__
<__main__.ClassD object at 0x029D2870>
```

從這個結果中我們可以知道，一個物件從創建到被呼叫的大致過程：

（1）_new_ 是我們透過類別名進行產生實體物件時自動呼叫的；

（2）_init_ 是在每一次產生實體物件之後呼叫的；

（3）_new_ 方法創建一個實例之後返回這個實例物件，並將其傳遞給 _init_ 方法的 self 參數。

5. _call_ 方法

在講這個概念之前，我們先瞭解一個內建函數 callable。

如果 callable 的物件參數顯示為可呼叫，則返回 True，否則返回 False。 如果返回 True，則呼叫仍然可能失敗；但如果為 False，則呼叫物件永遠不會成功。

我們平時自訂的函數、內置函數和類別都屬於可呼叫物件，但凡是可以把一對括弧 "（）" 應用到某個物件身上時，都可稱之為可呼叫物件。callable 為 True 的物件，我們就能像使用函數一樣使用它。

程式實例 pb_8.py

```python
# pb_8.py
def funTest(name):
    print("This is test function, name:", name)


print(callable(filter))
print(callable(max))
print(callable(object))
print(callable(funTest))
var = "Test"
print(callable(var))
funTest("Python")
```

執行結果

```
==================== RESTART: D:/Design_Patterns/附錄B/pb_8.py ====================
True
True
True
True
False
This is test function, name: Python
```

　call 的作用就是聲明這個類別的物件是可呼叫的（callable）。即實現 _call_ 方法之後，用 callable 呼叫這個類別的物件時，結果為 True。

程式實例 pb_9.py

```
# pb_9.py
class ClassE:
    pass


e = ClassE()
print(callable(e))
```

執行結果
```
================== RESTART: D:/Design_Patterns/附錄B/pb_9.py ==================
False
```

　　我們再看一個實現了 _call_ 的類別（程式實例 pb_10.py）。

程式實例 pb_10.py

```
# pb_10.py
class ClassE:
    def _call_(self, *args):
        print("This is _call_ function, args:", args)


e = ClassE()
print(callable(e))
e("arg1", "arg2")
```

執行結果
```
================== RESTART: D:/Design_Patterns/附錄B/pb_10.py ==================
True
This is __call__ function, args: ('arg1', 'arg2')
```

　　e 是 ClassE 的實例物件，同時還是可呼叫物件，因此就可以像呼叫函數一樣呼叫它。

附錄 C

Python 中 metaclass 的原理

1. 內置函數 type() 和 isinstance()

講 metaclass 之前，我們先瞭解一下相關的內置函數：type() 和 isinstance()。

（1）type()

type() 有兩個主要的功能：查看一個變數（物件）的類型、創建一個類（class）。

1 查看一個物件的類型

當傳入一個參數時，返回這個物件的類型（如程式實例 pc_1.py 所示）。

程式實例 pc_1.py

```python
# pc_1.py
class ClassA:
    name = "type test"

a = ClassA()
b = 3.0
print(type(a))
print(type(b))
print(type("This is string"))
print()
print(a._class_)
print(b._class_)
```

執行結果

```
==================== RESTART: D:/Design_Patterns/附錄C/pc_1.py ====================
<class '__main__.ClassA'>
<class 'float'>
<class 'str'>

<class '__main__.ClassA'>
<class 'float'>
```

這個時候，type() 通常與 object._class_ 的功能相同，都是返回物件的類型。

2　創建一個類

當傳入三個參數時，用來創建一個類（如程式實例 pc_2.py 所示）。

```
class type(name, bases, dict)
```

- name：要創建的類的類型。
- bases：要創建的類的基類，Python 中允許多繼承，因此這是一個 tuple 元組類型。
- dict：要創建的類的屬性，是一個 dict 字典類型。

程式實例 pc_2.py

```
# pc_2.py
ClassVariable = type('ClassA', (object,), dict(name="type test"))
a = ClassVariable()
print(type(a))
print(a.name)
```

執行結果

```
==================== RESTART: D:/Design_Patterns/附錄C/pc_2.py ====================
<class '__main__.ClassA'>
type test
```

在這段程式碼中，透過 type('ClassA', (object,), dict(name="type test")) 創建一個類 ClassVariable，再透過 ClassVariable() 創建一個實例 a。透過 type 創建的類 ClassA 和 class ClassA 這種定義創建的類（如程式實例 pc_3.py 所示）是一樣的。

程式實例 pc_3.py

```
# pc_3.py
```

```
class ClassA:
    name = "type test"

a = ClassA()
print(type(a))
print(a.name)
```

在正常情況下，我們都是用 class Xxx... 來定義一個類的；但是，type() 函數也允許我們動態地創建一個類。Python 是一種解釋型的動態語言，動態語言與靜態語言（如 Java、C++）的最大區別是，可以很方便地在運行期間動態地創建類。

（2）isinstance()

isinstance() 的作用是判斷一個物件是不是某個類型的實例，函數原型如下。

```
isinstance(object, classinfo)
```

- object：要判斷的物件。
- classinfo：期望的類型。

如果 object 是 classinfo 的一個實例或 classinfo 子類的一個實例，則返回 True，否則返回 False，如程式實例 pc_4.py 所示。

程式實例 pc_4.py

```
# pc_4.py
class BaseClass:
    name = "Base"

class SubClass(BaseClass):
    pass

base = BaseClass()
sub = SubClass()
print(isinstance(base, BaseClass))
print(isinstance(base, SubClass))
print()
```

```
print(isinstance(sub, SubClass))
print(isinstance(sub, BaseClass))
```

執行結果

```
=================== RESTART: D:/Design_Patterns/附錄C/pc_4.py ===================
True
False

True
True
```

如果要知道子類與父類之間的繼承關係，可用 issubclass() 方法或 object._bases_ 方法，如程式實例 pc_5.py 所示。

程式實例 pc_5.py

```
# pc_5.py
from pc_4 import SubClass, BaseClass

print(issubclass(SubClass, BaseClass))
print(issubclass(BaseClass, SubClass))
print(SubClass._bases_)
```

執行結果

```
================= RESTART: D:\Design_Patterns\附錄C\pc_5.py =================
True
False

True
True
True
False
(<class 'pc_4.BaseClass'>,)
```

2. metaclass

metaclas 直譯為元類（我還是更喜歡原名，後文也將不再翻譯），可控制類的屬性和類實例的創建過程。

在 Python 中，一切都可以是物件：一個整數是物件，一串字元是物件，一個類實例是物件，類本身也是物件。一個類也是一個物件，和其他物件一樣，它是元類（metaclass）的一個實例。我們用一張圖來表示物件（obj，或叫實例）、類（class）、元類（metaclass）之間的關係，如圖 C-1 所示。

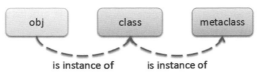

圖 C-1　物件、類、元類的關係

我們來看下面的實例（程式實例 pc_6.py）。

程式實例 pc_6.py

```
# pc_6.py
class MyClass:
    pass


m = MyClass()
print(type(MyClass))
print(type(m))
print()
print(isinstance(m, MyClass))
print(isinstance(MyClass, type))
```

執行結果
```
================= RESTART: D:\Design_Patterns\附錄C\pc_6.py =================
<class 'type'>
<class '__main__.MyClass'>

True
True
```

　　默認的 metaclass 是 type 類型的，所以上面的程式碼中我們看到 MyClass 的類型是 type。但為了向後相容，type 類型總是讓人感到困惑，因為 type 也可以當作函數來使用，返回一個物件的類型。

　　這種困擾的始作俑者就是 type，type 在 Python 中是一個極為特殊的類型。為了徹底理解 metaclass，我們先要搞清楚 type 與 object 的關係。

（1）type 與 object 的關係

　　在 Python 3 中，object 是所有類的基類，內置的類、自訂的類都直接或間接地繼承自 object 類。如果你去看源碼，會發現 type 類也繼承自 object 類。這就對我們的理解造成了極大的困擾，主要表現在以下三點：

- type 是一個 metaclass，而且是一個默認的 metaclass。也就是說，type 是 object 的類型，object 是 type 的一個實例；
- type 是 object 的一個子類，繼承 object 的所有屬性和行為；
- type 還是一個 callable，即實現了 _call_ 方法，可以當成一個函數來使用。
- 我們用一張圖來解釋 type 與 object 的關係，如圖 C-2 所示。

type 和 object 有點像 " 蛋生雞 " 與 " 雞生蛋 " 的關係，type 是 object 的子類，同時 object 又是 type 的一個實例（type 是 object 的類型），二者是不可分離的。

type 的類型也是 type，這個估計更難理解，先這麼記著吧！

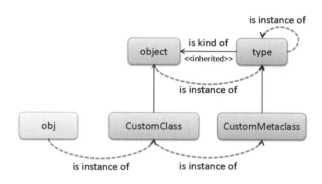

圖 C-2　type 與 object 的關係

我們可以自訂 metaclass，自訂的 metaclass 必須繼承自 type。自訂的 metaclass 通常以 Metaclass（或 Meta）作為尾碼取名以示區分（如圖 C-2 中的 CustomMetaclass）。CustomMetaclass 和 type 都是 metaclass 類型的。

所有的類都繼承自 object，包括內置的類和用戶自訂的類。一般來說，類 Class 的類型為 type（即一般的類的 metaclass 是 type，是 type 的一個實例）。如果要改變類的 metaclass，必須在定義類時顯式地指定它的 metaclass，如程式實例 pc_7.py 所示。

程式實例 pc_7.py

```
# pc_7.py
class CustomMetaclass(type):
    pass
```

```
class CustomClass(metaclass=CustomMetaclass):
    pass

print(type(object))
print(type(type))
print()
obj = CustomClass()
print(type(CustomClass))
print(type(obj))
print()
print(isinstance(obj, CustomClass))
print(isinstance(obj, object))
```

執行結果

```
================= RESTART: D:/Design_Patterns/附錄C/pc_7.py =================
<class 'type'>
<class 'type'>

<class '__main__.CustomMetaclass'>
<class '__main__.CustomClass'>

True
True
```

（2）自訂 metaclass

自訂 metaclass 時，要注意幾點。

- object 的 _init_ 方法只有 1 個參數，但自訂 metaclass 的 _init_ 有 4 個參數。

object 的 _init_ 方法只有 1 個參數：

```
def _init_(self)
```

但 type 重寫了 _init_ 方法，有 4 個參數：

```
def _init_(cls, what, bases=None, dict=None)
```

因為自訂 metaclass 繼承自 type，所以重寫 _init_ 方法時也要有 4 個參數。

- 對於普通的類，重寫 _call_ 方法說明物件是 callable 的。在 metaclass 中 _call_ 方法還負責物件的創建。

一個物件的創建過程大致如圖 C-3 所示。

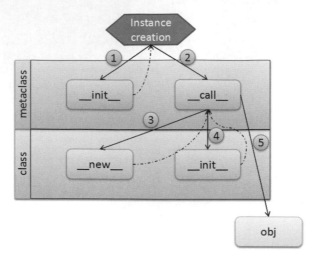

圖 C-3　物件的創建過程

我們結合實例程式碼（程式實例 pc_8.py）一起看一下。

程式實例 pc_8.py

```python
# pc_8.py
class CustomMetaclass(type):
    def _init_(cls, what, bases=None, dict=None):
        print("CustomMetaclass._init_ cls:", cls)
        super()._init_(what, bases, dict)
    def _call_(cls, *args, **kwargs):
        print("CustomMetaclass._call_ args:", args, kwargs)
        self = super(CustomMetaclass, cls)._call_(*args, **kwargs)
        print("CustomMetaclass._call_ self:", self)
        return self

class CustomClass(metaclass=CustomMetaclass):
    def _init_(self, *args, **kwargs):
        print("CustomClass._init_ self:", self)
        super()._init_()
    def _new_(cls, *args, **kwargs):
        self = super()._new_(cls)
```

```
        print("CustomClass._new_, self:", self)
        return self
    def _call_(self, *args, **kwargs):
        print("CustomClass._call_ args:", args)

obj = CustomClass("Meta arg1", "Meta arg2", kwarg1=1, kwarg2=2)
print(type(CustomClass))
print(obj)
obj("arg1", "arg2")
```

執行結果

```
================== RESTART: D:/Design_Patterns/附錄C/pc_8.py ==================
CustomMetaclass.__init__ cls: <class '__main__.CustomClass'>
CustomMetaclass.__call__ args: ('Meta arg1', 'Meta arg2') {'kwarg1': 1, 'kwarg2'
: 2}
CustomClass.__new__, self: <__main__.CustomClass object at 0x037608D0>
CustomClass.__init__ self: <__main__.CustomClass object at 0x037608D0>
CustomMetaclass.__call__ self: <__main__.CustomClass object at 0x037608D0>
<class '__main__.CustomMetaclass'>
<__main__.CustomClass object at 0x037608D0>
CustomClass.__call__ args: ('arg1', 'arg2')
```

圖中每一條實線都表示具體操作，每一條虛線表示返回的過程。實例物件的整個創建過程大致是這樣的：

（1）metaclass. _init_ 進行一些初始化的操作，如一些全域變數的初始化；

（2）metaclass. _call_ 創建實例，在創建的過程中會呼叫 class 的 _new_ 和 _init_ 方法；

（3）class. _new_ 進行具體的產生實體的操作，並返回一個實例物件 obj（0x02B921B0）；

（4）class. _init_ 對返回的實例物件 obj（0x02B921B0）進行初始化，如一些狀態和屬性的設置；

（5）返回一個使用者真正需要使用的物件 obj（0x02B921B0）。

到這裡我們應該知道了，透過 metaclass 幾乎可以自訂一個物件生命週期的各個過程。現在再回去看第 5 章中的第二種實現方式，應該能更深刻地理解其中的原理了。